NCS기반의 정보통신기술자 핸드북

정보통신설비기준·선로설비기준 이해

채 해 수 저

- 정보통신기술사, 정보통신산업기사, 통신선로산업기사, 필기·실기시험 대비서
- 정보통신기술자, 정보통신감리원, 엔지니어링기술자, 통신설계도 검토와 사용전검사 담당자 필독서

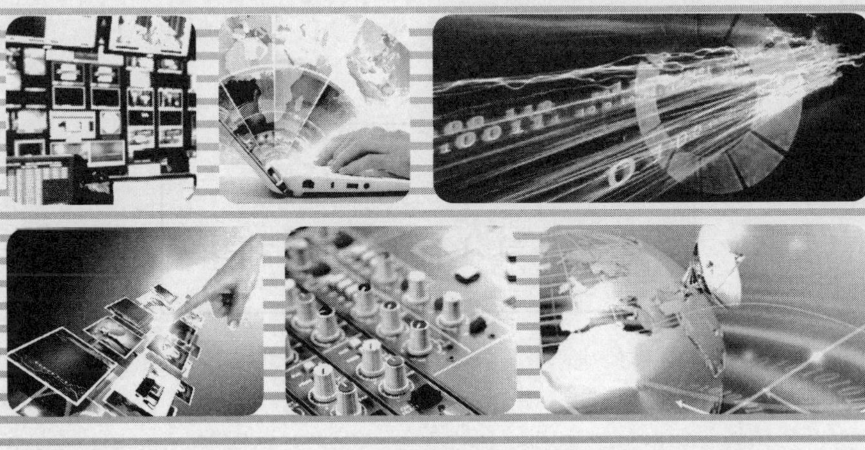

도서출판 상학당

欲爲大者 當爲人役

크고자 하거든 남을 섬기라

머리말

미래사회는 모든 사물을 통신망으로 연결하는 사회로 발전하며 연결을 위한 산업이 활성화되어, 이 분야에 종사하는 정보통신기술자들이 우리 사회에 큰 역할을 할 것으로 믿는다.

스마트 도시 조성 및 산업진흥 등에 관한 법률을 살펴보면, 건물과 건물 간, 도시의 고정된 시설과 이동하는 모든 것을 유선기술과 무선기술로 서로 연결하여 데이터를 저장하고 송·수신하는 기술을 적용해서 안전하고 편리한 도시건설을 목표로 정부가 추진하고 있으며, 이미 통신기술은 우리 생활의 필수적인 기술로 되었다.

정보통신산업기사 과목의 정보통신설비기준과 통신선로산업기사의 선로설비기준을 대상으로 필기와 실기시험을 위주로 집필을 하였으며, 올해부터 설계, 시공, 감리업무 위주의 현장에 업무와 관련된 방향으로 출제가 되고 있어서 이 책을 통하여 많은 도움이 될 것이다.

예상문제와 기출문제를 수록하여 단순 암기 위주의 책자 역할보다는 현장 위주로 기술기준을 쉽게 이해가 되도록 사진을 많이 첨부하였으며, 단원 마다 연습문제를 활용하도록 하였고, 출제기준에 따라 집필을 하였다.

첫째 단원은 방송통신의 관장과 경영, 통신기술의 진흥과 시책, 통신기술의 진흥분야, 통신사업과 통신역무의 종류와 경영에 대하여 법령과 각종 규정을 이해가 쉽도록 설명하였다.

둘째 단원은 방송통신발전기본법과 정보통신공사업법의 공사에 대한 제도와 방송통신설비의 기술기준을 설명하였다.

셋째 단원은 접지설비와 구내통신선로설비, 선로설비기술기준, 지능형 홈네트워크 설비설치 및 기술기준, 방송통신설비의 안전성·신뢰성 및 통신규약에 대한 기술기준을 설명하였다.

넷째 단원은 정보통신공사의 감리업무인 착공단계, 시공단계, 준공단계의 정보통신감리원의 업무수행방법과 기본설계와 실시설계의 용역관리(감독)업무에 대하여 설명하였다.

정보통신 관련 학과에서는 교재로 활용하여 학생들의 학습에 많은 도움이 되기를 기대하고, 정보통신산업기사와 통신선로산업기사 자격증을 취득하기를 기원하며 이 책을 출판할 수 있도록 도움을 주신 도서출판 상학당 편집부 직원들에게 깊은 감사를 드린다.

2018년 8월

저자 씀

정보통신산업기사와 통신선로산업기사 필기 및 실기문제 출제기준

정보통신산업기사	통신선로산업기사
출제기준 안내 : 한국방송통신전파진흥원	**출제기준 안내 : 한국방송통신전파진흥원**
1. 정보통신의 관장과 경영관리 1) 정보통신의 관장 2) 정보통신의 경영관리 5. 전기통신사업법 관련사항 1) 사업법 관련 용어 정의 2) 전기통신역무제공에 관한 사항 6. 정보통신설비의 보전에 관한 사항 7. 정보통신서비스에 관한 사항	1. 방송통신의 관장과 경영관리 1) 방송통신 용어의 정의 2) 통신의 관장과 경영 3) 통신기술의 진흥과 시책 4) 통신사업의 종류와 경영 5) 통신역무의 종류와 경영
2. 정보통신설비의 기술기준 1) 기술기준 관련 용어정의 2) 기술기준에 관한 사항 3) 접지설비구내통신설비·선로설비 및 통신공동구 등에 대한 기술기준 4) 지능형 홈네트워크 설치 및 기술기준 5) 방송통신발전기본법 중 기술기준에 관한 사항	3. 통신선로 관련 기술기준 1) 접지설비·구내통신설비·선로설비 및 통신공동구 등에 대한 기술기준에 관한 사항 2) 지능형 홈 네트워크 설치 및 기술기준에 관한 사항 3) 방송통신설비의 안전성 및 신뢰성에 대한 기술기준에 관한 사항
3. 정보통신망의 기술기준 관련사항 1) 기술기준 관련 용어정의 2) 기술기준에 관한 사항	
4. 정보통신공사업법관련사항 1) 공사업법 관련 용어정의 2) 공사업법에 관한 사항	2. 통신선로 관련 법령 1) 방송통신발전기본법 중 통신선로에 관한 사항 2) 정보통신공사업법 중 통신선로에 관한 사항 3) 방송통신설비의 기술기준에 관한 규정 중 통신선로에 관한 사항
8. 정보통신공사 설계 및 감리 1) 정보통신공사 설계 및 감리 용어 정의	4. 정보통신공사 감리 1) 성보통신공사 감리 용어의 징의 2) 착공·시공·준공단계 감리 업무에 관한 사항 3) 기본, 실시(상세)설계에 대한 관리업무에 관한 사항
실시시험 출제 기준	**실시시험 출제 기준**
1. 공사시공, 감리 및 안전관리하기 1) 정보통신공사 시공, 감리, 감독하기 2) 정보통신공사 안전관리하기	1. 공사시공, 감리 및 안전관리 하기 1) 공사시공 및 감리업무를 수행할 수 있어야 한다. 2) 안전관리를 할 수 있어야 한다. 2. 방송통신 설비 기술기준에 관한 규정 이해하기 1) 접지설비, 구내통신설비, 선로설비, 통신공동구등에 관한 기술기준 등을 이해할 수 있어야 한다. 2) 방송통신 설비 기술기준에 관한 규정 이해하기

차 례

제 1 부 방송통신의 관장과 경영관리

제 2 부 통신선로공사에 관한 법령

제 3 부 통신선로 관련 기술기준

제 4 부 정보통신공사 감리

제**1**부

방송통신의 관장과 경영관리

제1장 구내통신 설비 설치 분야 법령의 체계

1.1 구내통신 설비 설치 분야 법령과 행정규칙

1.1.1 구내통신 설비 설치 분야 법령과 행정규칙 관계도

구내에 전화설비, 인터넷설비, 구내이동통신설비, 방송공동수신설비, 지능형 홈네트워크설비를 설치하는 구내통신설비 설치에 관련되는 법령과 행정규칙을 이해하도록 작성한 관계도는 다음과 같다.

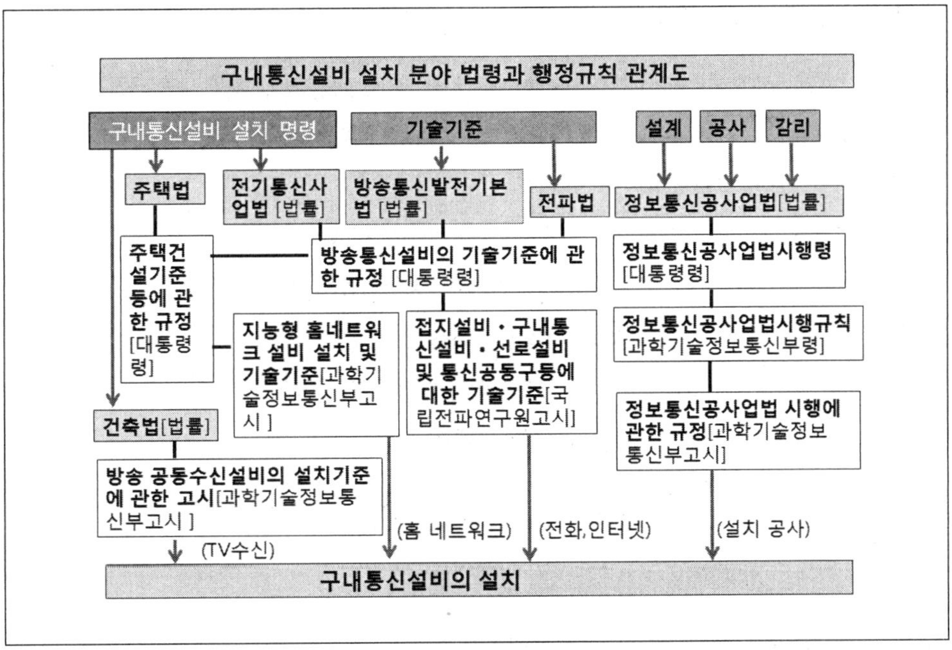

1.1.2 전파법

이 법은 전파의 효율적이고 안전한 이용 및 관리에 관한 사항을 정하여 전파이용과 전파에 관한 기술의 개발을 촉진함으로써 전파 관련 분야의 진흥과 공공복리의 증진에 이바지함을 목적으로 한다.

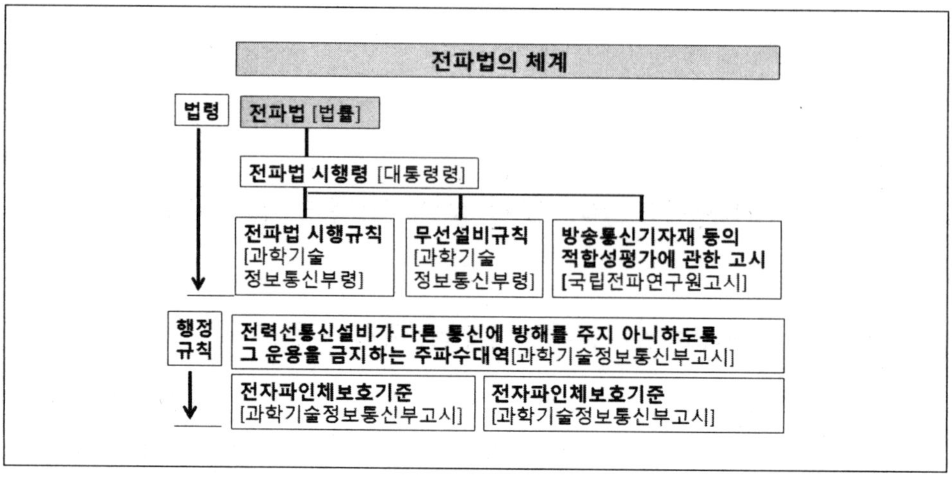

1.1.3 전기통신사업법

이 법은 전기통신사업의 적절한 운영과 전기통신의 효율적 관리를 통하여 전기통신사업의 건전한 발전과 이용자의 편의를 도모함으로써 공공복리의 증진에 이바지함을 목적으로 한다.

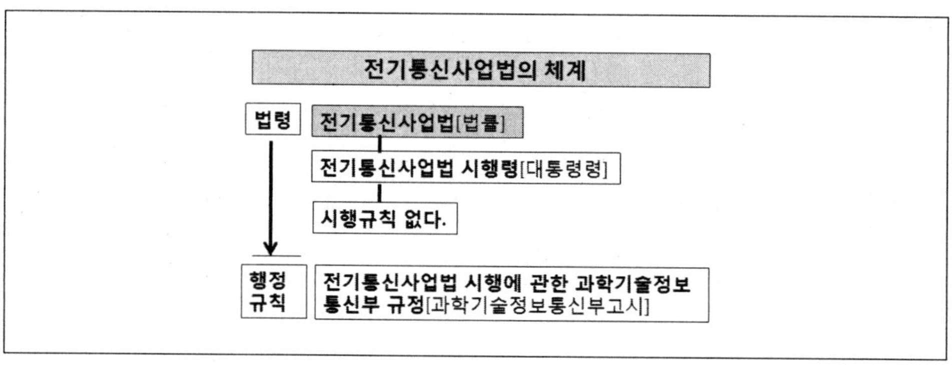

(1) 구내통신설비 설치 관련 규정

㈎ 법제69조(구내용 전기통신선로설비 등의 설치)

① 「건축법」 제2조제1항제2호에 따른 건축물에는 구내용(構內用) 전기통신선로설비 등을 갖추어야 하며, 전기통신회선설비와의 접속을 위한 일정 면적을 확보하여야 한다.

② 제1항에 따른 건축물의 범위, 전기통신선로설비 등의 설치기준 및 전기통신회선설비와의 접속을 위한 면적 확보 등에 관한 사항은 대통령령으로 정한다.

㈏ 법제69조의2(구내용 이동통신설비의 설치)

① 다음 각 호의 시설에는 구내용 이동통신설비(「전파법」에 따라 할당받은 주파수를 사용하는 기간통신역무를 이용하기 위하여 필요한 전기통신설비를 의미한다)를 설치하여야 한다.

1. 「건축법」 제2조제1항제2호에 따른 건축물 중 연면적의 합계가 1,000제곱미터 이상의 범위에서 대통령령으로 정하는 건축물
2. 「주택법」 제2조제12호에 따른 주택단지 중 500세대 이상의 범위에서 대통령령으로 정하는 주택단지에 건설된 주택 및 시설
3. 「도시철도법」 제2조제3호에 따른 도시철도시설

② 제1항에 따라 설치하여야 하는 구내용 이동통신설비의 종류, 설치기준 및 절차에 관한 사항은 대통령령으로 정한다. [본조신설 2016.1.27]

1.1.4 주택건설기준 등에 관한 규정

이 영은 「주택법」 제2조, 제35조, 제38조부터 제42조까지 및 제51조부터 제53조까지의 규정에 따라 주택의 건설기준, 부대시설 · 복리시설의 설치기준, 대지조성의 기준, 공동주택성능등급의 표시, 공동주택 바닥충격음 차단구조의 성능등급 인정, 공업화주택의 인정절차, 에너지절약형 친환경주택과 건강친화형 주택의 건설기준 및 장수명 주택 등에 관하여 위임된 사항과 그 시행에 관하여 필요한 사항을 규정함을 목적으로 한다.

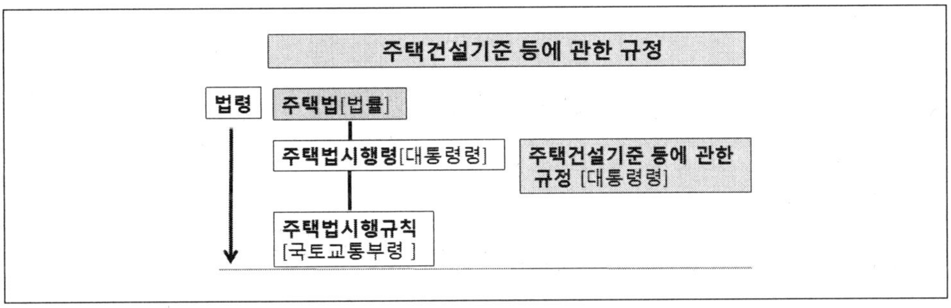

(1) 구내통신설비 설치 관련 규정 : 제32조(통신시설)

① 주택에는 세대마다 전화설치장소(거실 또는 침실을 말한다)까지 구내통신선로설비를 설치하여야 하되, 구내통신선로설비의 설치에 필요한 사항은 따로 대통령령으로 정한다.

② 경비실을 설치하는 공동주택의 각 세대에는 경비실과 통화가 가능한 구내전화를 설치하여야 한다.

③ 주택에는 세대마다 초고속 정보통신을 할 수 있는 구내통신선로설비를 설치하여야 한다.

(2) **방송통신기자재의 적합인증 관련 규정** : 법제58조의2(방송통신기자재등의 적합성평가)

① 방송통신기자재와 전자파장해를 주거나 전자파로부터 영향을 받는 기자재(이하 “방송통신기자재등”이라 한다)를 제조 또는 판매하거나 수입하려는 자는 해당 기자재에 대하여 다음 각 호의 기준(이하 “적합성평가기준”이라 한다)에 따라 제2항에 따른 적합인증, 제3항 및 제4항에 따른 적합등록 또는 제7항에 따른 잠정인증(이하 “적합성평가”라 한다)을 받아야 한다.

1.1.5 방송통신 발전 기본법

이 법은 방송과 통신이 융합되는 새로운 커뮤니케이션 환경에 대응하여 방송통신의 공익성 · 공공성을 보장하고, 방송통신의 진흥 및 방송통신의 기술기준 · 재난관리 등에 관한 사항을 정함으로써 공공복리의 증진과 방송통신 발전에 이바지함을 목적으로 한다.

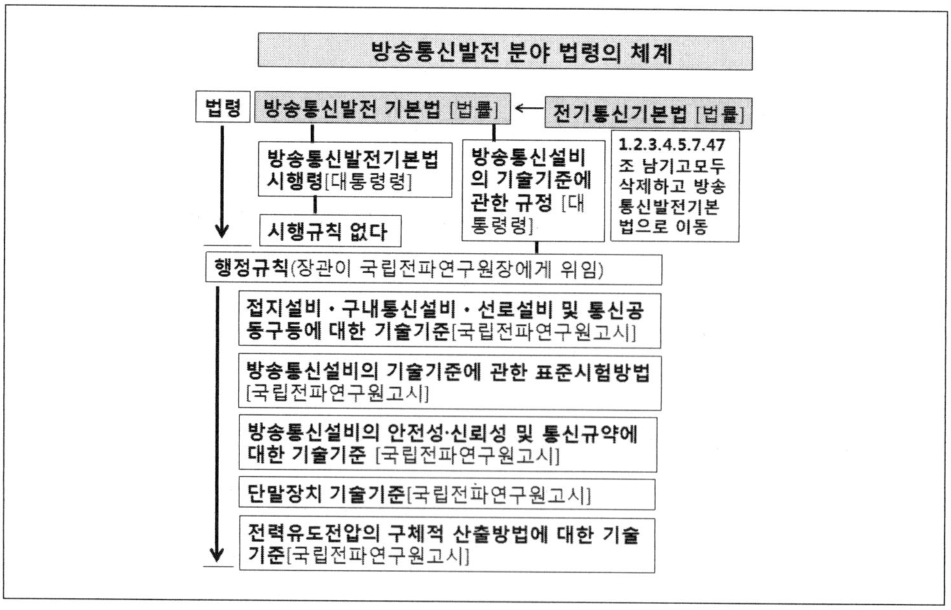

(1) 기술기준

구내통신설비 설치 관련 규정 : 법제28조(기술기준) ① 방송통신설비를 설치 · 운영하는 자는 그 설비를 대통령령으로 정하는 기술기준에 적합하게 하여야 한다.

(2) 구내통신선로설비의 설치대상

방송통신설비의 기술기준에 관한규정 제17조(구내통신선로설비의 설치대상) 「전기통신사업법」 제69조제1항에 따라 구내통신선로설비 등을 갖추어야 하는 건축물은 「건축법」 제11조제1항에 따라 허가를 받아 건축하는 건축물로 한다. 다만, 야외음악당 · 축사 · 차고 · 창고 등 통신수요가 예상되지 아니하는 비주거용 건축물은 제외한다.

(3) 구내용 이동통신설비의 설치대상

방송통신설비의 기술기준에 관한규정 제17조의2(구내용 이동통신설비의 설치대상) ① 「전기통신사업법」 제69조의2제1항제1호에서 "대통령령으로 정하는 건축물"이란 연면적의 합계가 1,000제곱미터 이상인 건축물로서 다음 각 호의 어느 하나에 해당하는 건축물을 말한다.

1. 「건축법 시행령」 제2조제17호에 따른 다중이용 건축물(주택단지에 건설된 건축물은 제외한다)
2. 지하층이 있는 건축물로서 제1호에 해당하지 아니하는 건축물(공중이 이용하는 지하도 · 터널 · 지하상가 및 지하에 설치하는 주차장 등 지하건축물을 포함한다)

② 제1항에도 불구하고 다음 각 호의 어느 하나에 해당하는 건축물은 「전기통신사업법」 제69조의2제1항제1호에 따른 건축물에서 제외한다.

1. 제3항에 따른 주택단지에 건설된 주택 및 시설
2. 「도시철도법」 제2조제3호에 따른 도시철도시설
3. 「국방 · 군사시설 사업에 관한 법률」 제2조제1호에 따른 국방 · 군사시설
4. 통신수요가 예상되지 아니한다고 과학기술정보통신부장관이 인정하는 건축물

③ 「전기통신사업법」 제69조의2제1항제2호에서 "대통령령으로 정하는 주택단지"란 500세대 이상의 공동주택이 있는 주택단지를 말한다.

1.1.6 건축법

이 법은 건축물의 대지 · 구조 · 설비 기준 및 용도 등을 정하여 건축물의 안전 · 기능 · 환경 및 미관을 향상시킴으로써 공공복리의 증진에 이바지하는 것을 목적으로 한다.

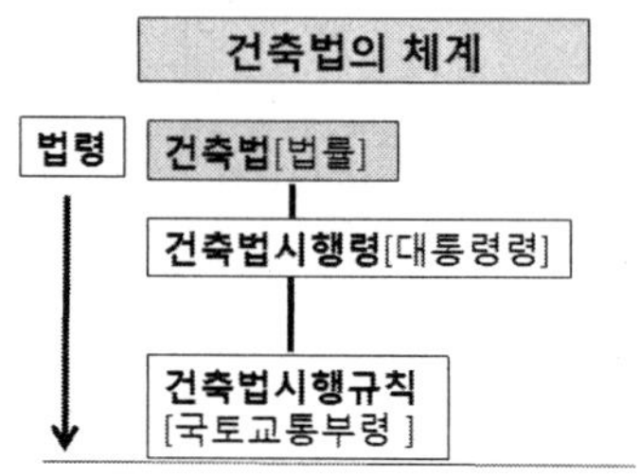

(1) 구내통신설비 설치 관련 규정

건축법시행령 제87조(건축설비 설치의 원칙)제87조(건축설비 설치의 원칙) ① 건축설비는 건축물의 안전 · 방화, 위생, 에너지 및 정보통신의 합리적 이용에 지장이 없도록 설치하여야 하고, 배관피트 및 닥트의 단면적과 수선구의 크기를 해당 설비의 수선에 지장이 없도록 하는 등 설비의 유지 · 관리가 쉽게 설치하여야 한다.

④ 건축물에는 방송수신에 지장이 없도록 공동시청 안테나, 유선방송 수신시설, 위성방송 수신설비, 에프엠(FM)라디오방송 수신설비 또는 방송 공동수신설비를 설치할 수 있다. 다만, 다음 각 호의 건축물에는 방송 공동수신설비를 설치하여야 한다.

1. 공동주택
2. 바닥면적의 합계가 5천제곱미터 이상으로서 업무시설이나 숙박시설의 용도로 쓰는 건축물

⑤ 제4항에 따른 방송 수신설비의 설치기준은 과학기술정보통신부장관이 정하여 고시하는 바에 따른다. 〈신설 2009.7〉

1.1.7 방송통신진흥 분야 법령의 체계

(1) 정보통신 진흥 및 융합 활성화 등에 관한 특별법

이 법은 정보통신을 진흥하고 정보통신을 기반으로 한 융합의 활성화를 위한 정책 추진 체계, 규제 합리화와 인력 양성, 벤처육성 및 연구개발 지원 등을 규정함으

로써 정보통신의 국제경쟁력을 제고하고 국민경제의 지속적인 발전을 도모하여 국민의 삶의 질 향상에 이바지함을 목적으로 한다.

(2) 정보통신산업진흥법

이 법은 정보통신산업의 진흥을 위한 기반을 조성함으로써 정보통신산업의 경쟁력을 강화하고 국민경제의 발전에 이바지함을 목적으로 한다.

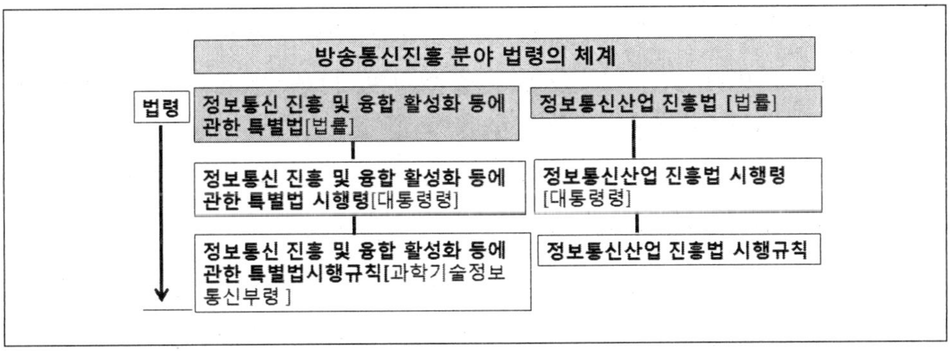

1.1.8 정보통신공사업법

이 법은 정보통신공사의 조사 · 설계 · 시공 · 감리(監理) · 유지관리 · 기술관리 등에 관한 기본적인 사항과 정보통신공사업의 등록 및 정보통신공사의 도급(都給) 등에 필요한 사항을 규정함으로써 정보통신공사의 적절한 시공과 공사업의 건전한 발전을 도모함을 목적으로 한다.

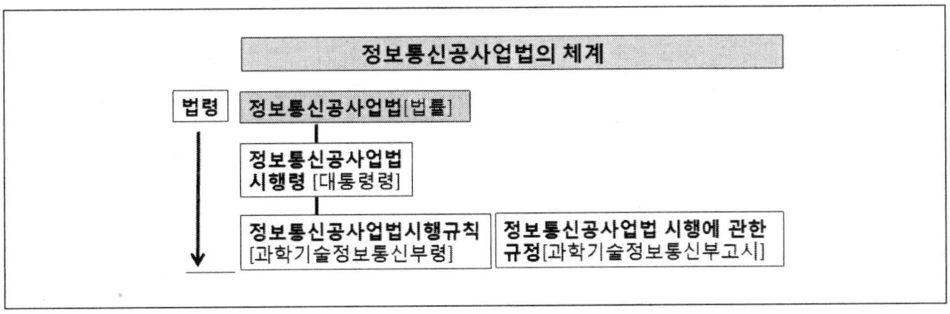

1.2 방송통신과 전기통신분야 용어

1.2.1 방송통신발전 기본법에서 용어의 정의

① 방송통신발전 기본법 제2조(용어정의) 이 법에서 사용하는 용어의 뜻

1. "방송통신"이란 유선 · 무선 · 광선(光線) 또는 그 밖의 전자적 방식에 의하여 방송통신콘텐츠를 송신(공중에게 송신하는 것을 포함한다)하거나 수신하는 것과 이에 수반하는 일련의 활동 등을 말하며, 다음 각 목의 것을 포함한다.
   가. 「방송법」 제2조에 따른 방송
   나. 「인터넷 멀티미디어 방송사업법」 제2조에 따른 인터넷 멀티미디어 방송
   다. 「전기통신기본법」 제2조에 따른 전기통신
2. "방송통신콘텐츠"란 유선 · 무선 · 광선 또는 그 밖의 전자적 방식에 의하여 송신되거나 수신되는 부호 · 문자 · 음성 · 음향 및 영상을 말한다.
3. "방송통신설비"란 방송통신을 하기 위한 기계 · 기구 · 선로(線路) 또는 그 밖에 방송통신에 필요한 설비를 말한다.
4. "방송통신기자재"란 방송통신설비에 사용하는 장치 · 기기 · 부품 또는 선조(線條) 등을 말한다.
5. "방송통신서비스"란 방송통신설비를 이용하여 직접 방송통신을 하거나 타인이 방송통신을 할 수 있도록 하는 것 또는 이를 위하여 방송통신설비를 타인에게 제공하는 것을 말한다.
6. "방송통신사업자"란 관련 법령에 따라 과학기술정보통신부장관 또는 방송통신위원회에 신고 · 등록 · 승인 · 허가 및 이에 준하는 절차를 거쳐 방송통신서비스를 제공하는 자를 말한다

   [근거 : 방송통신발전 기본법 제2조]

1.2.2 전기통신기본법에서의 전기통신 용어

① 전기통신기본법 제2조(용어정의) 이 법에서 사용하는 용어의 뜻

1. "전기통신"이라 함은 유선 · 무선 · 광선 및 기타의 전자적 방식에 의하여 부호 · 문언 · 음향 또는 영상을 송신하거나 수신하는 것을 말한다.
2. "전기통신설비"라 함은 전기통신을 하기 위한 기계 · 기구 · 선로 기타 전기통신

에 필요한 설비를 말한다.

3. “전기통신회선설비”라 함은 전기통신설비중 전기통신을 행하기 위한 송·수신 장소간의 통신로 구성설비로서 전송·선로설비 및 이것과 일체로 설치되는 교환설비 및 이들의 부속설비를 말한다.
4. “사업용전기통신설비”라 함은 전기통신사업에 제공하기 위한 전기통신설비를 말한다.
5. “자가전기통신설비”라 함은 사업용전기통신설비외의 것으로서 특정인이 자신의 전기통신에 이용하기 위하여 설치한 전기통신설비를 말한다.
6. “전기통신기자재”라 함은 전기통신설비에 사용하는 장치·기기·부품 또는 선조 등을 말한다.
7. “전기통신역무”라 함은 전기통신설비를 이용하여 타인의 통신을 매개하거나 전기통신설비를 타인의 통신용으로 제공하는 것을 말한다.
8. “전기통신사업”이라 함은 전기통신역무를 제공하는 사업을 말한다.

[근거 : 전기통신기본법 제2조]

1.2.3 전기통신사업법에서 용의 정의

① 전기통신사업법 제2조(용어정의) 이 법에서 사용하는 용어의 뜻

1. “전기통신”이란 유선·무선·광선 또는 그 밖의 전자적 방식으로 부호·문언·음향 또는 영상을 송신하거나 수신하는 것을 말한다.
2. “전기통신설비”란 전기통신을 하기 위한 기계·기구·선로 또는 그 밖에 전기통신에 필요한 설비를 말한다.
3. “전기통신회선설비”란 전기통신설비 중 전기통신을 행하기 위한 송신·수신 장소 간의 통신로 구성설비로서 전송설비·선로설비 및 이것과 일체로 설치되는 교환설비와 이들의 부속설비를 말한다.
4. “사업용전기통신설비”란 전기통신사업에 제공하기 위한 전기통신설비를 말한다.
5. “자가전기통신설비”란 사업용전기통신설비 외의 것으로서 특정인이 자신의 전기통신에 이용하기 위하여 설치한 전기통신설비를 말한다.
6. “전기통신역무”란 전기통신설비를 이용하여 타인의 통신을 매개하거나 전기통신설비를 타인의 통신용으로 제공하는 것을 말한다.
7. “전기통신사업”이란 전기통신역무를 제공하는 사업을 말한다.

8. "전기통신사업자"란 이 법에 따른 허가를 받거나 등록 또는 신고(신고가 면제된 경우를 포함한다)를 하고 전기통신역무를 제공하는 자를 말한다.
9. "이용자"란 전기통신역무를 제공받기 위하여 전기통신사업자와 전기통신역무의 이용에 관한 계약을 체결한 자를 말한다.
10. "보편적 역무"란 모든 이용자가 언제 어디서나 적절한 요금으로 제공받을 수 있는 기본적인 전기통신역무를 말한다.
11. "기간통신역무"란 전화 · 인터넷접속 등과 같이 음성 · 데이터 · 영상 등을 그 내용이나 형태의 변경 없이 송신 또는 수신하게 하는 전기통신역무 및 음성 · 데이터 · 영상 등의 송신 또는 수신이 가능하도록 전기통신회선설비를 임대하는 전기통신역무를 말한다. 다만, 과학기술정보통신부장관이 정하여 고시하는 전기통신서비스(제6호의 전기통신역무의 세부적인 개별 서비스를 말한다. 이하 같다)는 제외한다.
12. "부가통신역무"란 기간통신역무 외의 전기통신역무를 말한다.
13. "특수한 유형의 부가통신역무"란 다음 각 목의 어느 하나에 해당하는 업무를 말한다.
    가. 「저작권법」 제104조에 따른 특수한 유형의 온라인서비스제공자의 부가통신역무
    나. 문자메시지 발송시스템을 전기통신사업자의 전기통신설비에 직접 또는 간접적으로 연결하여 문자메시지를 발송하는 부가통신역무
14. "전기통신번호"란 전기통신역무를 제공하거나 이용할 수 있도록 통신망, 전기통신서비스, 지역 또는 이용자 등을 구분하여 식별할 수 있는 번호를 말한다.

[근거 : 전기통신사업법 제2조]

1.2.4 정보통신 진흥 및 융합 활성화 등에 관한 특별법에서 용어의 정의

① 정보통신 진흥 및 융합 활성화 등에 관한 특별법 제2조(용어정의) 이 법에서 사용하는 용어의 뜻

1. "정보통신"이란 「전기통신사업법」 제2조제2호에 따른 전기통신설비 또는 컴퓨터 등을 이용하거나 활용한 정보의 수집 · 가공 · 저장 · 처리 · 검색 · 송신 · 수신 및 서비스 제공 등과 관련되는 기기 · 기술 · 서비스 및 산업 등 일련의 활동과 수단을 말하며, 다음 각 목의 것을 포함한다.
    가. 「정보통신망 이용촉진 및 정보보호 등에 관한 법률」 제2조제2호에 따른

정보통신서비스

나. 「방송통신발전 기본법」 제2조제5호에 따른 방송통신서비스

다. 「정보통신산업 진흥법」 제2조제2호에 따른 정보통신산업

라. 「문화산업진흥 기본법」 제2조제5호에 따른 디지털콘텐츠의 제작 · 유통 등과 관련된 기술 · 서비스 및 산업

2. "정보통신융합"이란 정보통신 간 또는 정보통신과 다른 산업 간에 기술 또는 서비스의 결합 또는 복합을 통하여 새로운 사회적 · 시장적 가치를 창출하는 창의적이고 혁신적인 활동 및 현상을 말한다.

9. "정보통신장비"란 정보통신 관련 장치 · 기계 · 기구(器具) · 부품 · 선로(線路) 및 그 밖의 필요한 설비를 말한다.

[근거 : 정보통신 진흥 및 융합 활성화 등에 관한 특별법 제2조]

1.2.5 방송통신설비의 기술기준에 관한 규정에서 용어정의

① 방송통신설비의 기술기준에 관한 규정 제2조(용어정의) 이 규정에서 사용하는 용어의 뜻

1. "사업용방송통신설비"란 방송통신서비스를 제공하기 위한 방송통신설비로서 다음 각 목의 설비를 말한다.

가. 「전기통신기본법」 제7조에 따른 기간통신사업자 · 별정통신사업자 및 부가통신사업자(이하 "사업자"라 한다)가 설치 · 운용 또는 관리하는 방송통신설비

나. 「방송법」 제2조제14호에 따른 전송망사업자가 설치 · 운용 또는 관리하는 방송통신설비(이하 "전송망사업용설비"라 한다)

다. 「인터넷 멀티미디어 방송사업법」 제2조제5호가목에 따른 인터넷 멀티미디어 방송 제공사업자가 설치 · 운용 또는 관리하는 방송통신설비

2. "이용자방송통신설비"란 방송통신서비스를 제공받기 위하여 이용자가 관리 · 사용하는 구내통신선로설비, 이동통신구내선로설비, 방송공동수신설비, 단말장치 및 전송설비 등을 말한다.

3. "방송통신망"이란 방송통신을 행하기 위하여 계통적 · 유기적으로 연결 · 구성된 방송통신설비의 집합체를 말한다.

[근거 : 방송통신설비의 기술기준에 관한 규정 제3조]

1.3 통신의 관장과 경영

1.3.1 관장의 주체

전기통신에 관한 사항은 이 법 또는 다른 법률에 특별히 규정한 것을 제외하고는 과학기술정보통신부장관이 이를 관장한다.

[근거 : 전기통신기본법 제3조]

1.3.2 기간통신사업의 허가

기간통신사업을 경영하려는 자는 과학기술정보통신부장관의 허가를 받아야 한다.

[근거 : 전기통신사업법 제6조]

1.4 통신기술의 진흥과 시책

1.4.1 방송통신발전기본법에서 방송통신의 진흥

① 과학기술정보통신부장관은 방송통신기술의 진흥을 통한 방송통신서비스 발전을 위하여 다음 각 호의 시책을 수립·시행하여야 한다.

1. 방송통신과 관련된 기술수준의 조사, 기술의 연구개발, 개발기술의 평가 및 활용에 관한 사항
2. 방송통신 기술협력, 기술지도 및 기술이전에 관한 사항
3. 방송통신기술의 표준화 및 새로운 방송통신기술의 도입 등에 관한 사항
4. 방송통신 기술정보의 원활한 유통을 위한 사항
5. 방송통신기술의 국제협력에 관한 사항
6. 그 밖에 방송통신기술의 진흥에 관한 사항

[근거 : 방송통신발전기본법 제16조]

1.4.2 기술지도의 대상 및 방법

① 법 제20조제2항에 따른 기술지도의 대상은 다음 각 호와 같다.

1. 방송통신기자재에 대한 기술표준의 적용
2. 방송통신기자재에 대한 생산기술의 효율화
3. 방송통신기자재의 기능 및 특성의 개선
4. 방송통신기자재의 설치 및 운영에 적용하는 표준공법
5. 방송통신기자재의 품질보증
6. 새로운 방송통신기술의 채택 · 응용 및 개발

[근거 : 방송통신발전기본법시행령 제8조]

1.4.3 방송통신에 관한 기술정보의 관리

① 과학기술정보통신부장관은 방송통신기술의 진흥을 위하여 방송통신에 관한 기술정보를 체계적이고 종합적으로 관리 · 보급하는 방안을 마련하여야 한다.

② 과학기술정보통신부장관은 방송통신의 원활한 발전을 위하여 방송통신에 관한 새로운 기술을 예고할 수 있다.

[근거 : 방송통신발전기본법 제17조]

1.4.4 연구기관의 지원

① 과학기술정보통신부장관과 방송통신위원회는 방송통신의 진흥을 위하여 방송통신을 연구하는 기관 및 단체에 대한 재정적 지원 등 필요한 시책을 수립 · 시행하여야 한다.

[근거 : 방송통신발전기본법 제18조]

1.4.5 연구활동의 지원

① 과학기술정보통신부장관과 방송통신위원회는 방송통신기술의 연구 · 개발을 위하여 필요하면 방송통신기술에 관한 연구과제 선정 등 연구활동을 지원할 수 있다.

[근거 : 방송통신발전기본법 제19조]

1.4.6 기술지도

과학기술정보통신부장관은 방송통신기자재의 방송통신 방식 및 규격 등을 생산단계에서부터 정확하게 적용하고 방송통신서비스의 품질을 확보하기 위하여 필요한

경우에는 방송통신기자재의 생산을 업(業)으로 하는 자 또는 「정보통신공사업법」에 따른 정보통신공사업자에게 기술의 표준화, 기술훈련, 기술정보의 제공 또는 국제기구와의 협력 등에 관하여 기술지도를 할 수 있다.

[근거 : 방송통신발전기본법 제20조]

1.4.7 방송통신 전문인력의 양성

① 과학기술정보통신부장관은 방송통신 발전에 필요한 방송통신 전문인력을 양성하기 위하여 다음 각 호의 계획을 수립 · 시행하여야 한다.

[근거 : 방송통신발전기본법 제21조]

1.4.8 남북 간 방송통신 교류 · 협력

① 정부는 남북 간 방송통신부문의 상호 교류 및 협력을 증진할 수 있도록 노력하여야 한다.

[근거 : 방송통신발전기본법 제22조]

1.4.9 방송통신 국제협력

① 과학기술정보통신부장관 또는 방송통신위원회는 방송통신 분야에 관한 국제적 동향을 파악하고 국제협력을 추진하여야 한다.

[근거 : 방송통신발전기본법 제23조]

1.5 정보통신진흥 및 융합활성화 등에 관한 특별법에서 통신진흥

1.5.1 국내 전문인력 양성

① 과학기술정보통신부장관은 정보통신 분야의 전문적인 기술, 지식 등을 가진 인력의 육성에 관한 시책을 수립 · 추진하여야 하며, 특히 소프트웨어 교육의 저변 확대 및 지역산업의 발전을 위한 소프트웨어 특화교육 활성화를 위하여 노력하여야 한다.

[근거 : 정보통신 진흥 및 융합 활성화 등에 관한 특별법 제11조]

1.5.2 학점이수 인턴제도

① 정부는 「고등교육법」 제2조제1호부터 제6호까지의 규정에 따른 대학, 산업대학, 교육대학, 전문대학, 원격대학, 기술대학 중 대통령령으로 정하는 정보통신 관련 학과에 재학 중인 사람이 2년을 초과하지 아니하는 기간 내에서 대통령령으로 정하는 중소기업 및 벤처 등에서 인턴으로 근무하도록 할 수 있다.

[근거 : 정보통신 진흥 및 융합 활성화 등에 관한 특별법 제12조]

1.5.3 산업기능요원 실태조사

① 과학기술정보통신부장관은 우수한 전문인력의 부당한 경력단절 예방 및 효율적인 정보통신 진흥을 위하여 정보통신 분야 산업기능요원의 수요 파악을 위한 실태조사를 매년 실시하여야 한다.

[근거 : 정보통신 진흥 및 융합 활성화 등에 관한 특별법 제12조의2]

1.5.4 해외 우수 인력의 발굴 · 육성

① 정부는 핵심적인 정보통신 기술, 지식 또는 노하우 등을 가진 해외 우수 인력의 발굴 및 육성을 위한 시책을 수립 · 추진하여야 한다.

[근거 : 정보통신 진흥 및 융합 활성화 등에 관한 특별법 제13조]

1.5.5 정보통신 네트워크의 고도화

① 과학기술정보통신부장관은 정보통신 진흥 및 융합 활성화를 위하여 정보통신 네트워크의 고도화를 지속적으로 추진하여야 한다.

[근거 : 정보통신 진흥 및 융합 활성화 등에 관한 특별법 제14조]

1.5.6 유망 기술 · 서비스 등의 지정

① 과학기술정보통신부장관은 새로운 정보통신 기술 · 서비스를 활성화하고 다른 산업 분야와 연계하기 위하여 대통령령으로 정하는 바에 따라 매년 유망 정보통신 융합등 기술 · 서비스(디지털콘텐츠를 포함한다) 등을 지정하여 지원할 수 있다.

[근거 : 정보통신 진흥 및 융합 활성화 등에 관한 특별법 제15조]

1.5.7 기술 · 서비스 등의 표준화

① 과학기술정보통신부장관은 정보통신 진흥 및 융합 활성화를 위하여 정보통신 융합등 기술·서비스 등의 표준화에 관한 사업을 추진할 수 있다.

[근거 : 정보통신 진흥 및 융합 활성화 등에 관한 특별법 제16조]

1.5.8 기술 · 서비스 등의 품질인증

① 과학기술정보통신부장관은 정보통신융합등 기술·서비스 등의 편의성·안정성·신뢰성·확장성 등에 관한 인증기준(이하 "품질기준"이라 한다)을 정하여 고시할 수 있다.

[근거 : 정보통신 진흥 및 융합 활성화 등에 관한 특별법 제17조]

1.5.9 중소기업 등의 연구개발 지원

① 과학기술정보통신부장관은 이 법에서 정한 정보통신 관련 연구개발 사업을 추진함에 있어 해당 사업의 예산 중 대통령령으로 정하는 일정 비율 이상을 중소기업 및 벤처를 위하여 우선적으로 사용하여야 한다.

[근거 : 정보통신 진흥 및 융합 활성화 등에 관한 특별법 제18조]

1.5.10 유망 정보통신융합등 기술 · 서비스 등의 사업화 지원

① 과학기술정보통신부장관은 제15조에 따라 과학기술정보통신부장관이 고시하는 유망 정보통신융합등 기술·서비스 등에 대하여 사업화에 필요한 지원을 할 수 있다.

[근거 : 정보통신 진흥 및 융합 활성화 등에 관한 특별법 제19조]

1.5.11 정보통신융합등 기술 · 서비스의 공공구매의 활성화

정부는 정보통신 진흥 및 융합 활성화 등에 관한 특별법 제17조에 따라 과학기술정보통신부장관이 품질인증한 정보통신융합등 기술·서비스의 수요를 창출하기 위하여 우선적으로 구매하는 등 필요한 지원시책을 마련하여야 한다.

[근거 : 정보통신 진흥 및 융합 활성화 등에 관한 특별법 제30조]

1.5.12 디지털콘텐츠의 진흥과 활성화

① 정부는 디지털콘텐츠 제작자의 창의성을 높이고, 유망 디지털콘텐츠가 창작 · 유통 · 이용될 수 있는 환경을 조성하여야 하며, 관련 산업의 경쟁력을 강화하기 위하여 노력하여야 한다.

[근거 : 정보통신 진흥 및 융합 활성화 등에 관한 특별법 제21조]

1.5.13 디지털콘텐츠 유통질서 확립

① 정부는 디지털콘텐츠의 공정한 유통질서 확립을 위하여 노력하여야 하며, 관련 시책을 마련하여 시행하여야 한다.

[근거 : 정보통신 진흥 및 융합 활성화 등에 관한 특별법 제22조]

1.5.14 공공부문 소프트웨어 사업의 합리화

① 관계 중앙행정기관, 지방자치단체 또는 공공기관의 장은 소프트웨어사업을 발주할 경우 사업수행에 필요한 적정 사업기간을 산정하여야 하며, 사업기간이 1년을 초과할 경우 장기계속계약을 체결할 수 있다. 이 경우 각 회계연도 예산의 범위에서 해당 계약을 이행하게 하여야 한다.

[근거 : 정보통신 진흥 및 융합 활성화 등에 관한 특별법 제23조]

1.5.15 소프트웨어정책연구소 운영

① 과학기술정보통신부장관은 소프트웨어 연구를 효율적으로 지원하기 위하여 소프트웨어정책연구소를 운영할 수 있다.

[근거 : 정보통신 진흥 및 융합 활성화 등에 관한 특별법 제24조]

1.5.16 소프트웨어 융합의 촉진

① 정부는 소프트웨어 융합을 촉진하기 위하여 필요한 시책을 마련하여야 한다.

[근거 : 정보통신 진흥 및 융합 활성화 등에 관한 특별법 제25조]

1.5.17 소프트웨어 연구개발 활성화

① 정부는 관계 법령에 따라 소프트웨어 분야의 국가 연구개발 사업을 실시함에

있어 지식정보재로서의 소프트웨어산업 분야의 특성을 감안하여 지원체계 및 평가 방법을 별도로 정할 수 있다.

[근거 : 정보통신 진흥 및 융합 활성화 등에 관한 특별법 제26조]

1.5.18 상용소프트웨어 활용촉진

① 국가기관 등의 장은 상용소프트웨어 활용촉진과 유지관리 비용을 포함한 적정한 대가산정을 위하여 노력하여야 한다.

[근거 : 정보통신 진흥 및 융합 활성화 등에 관한 특별법 제27조]

1.5.19 공공부문의 정보통신장비 구축사업

① 중앙행정기관, 지방자치단체 및 공공기관의 장은 정보통신장비 구축사업의 계약을 체결하는 경우 「국가를 당사자로 하는 계약에 관한 법률」 제10조제2항제3호에 따른 입찰자를 낙찰자로 하는 계약 방식을 우선적으로 적용하여야 한다. 다만, 계약을 체결하려는 정보통신장비 구축사업의 특성상 필요한 경우에는 그러하지 아니하다.

[근거 : 정보통신 진흥 및 융합 활성화 등에 관한 특별법 제28조]

1.6 통신기술의 시책

1.6.1 전기통신의 시책

과학기술정보통신부장관은 전기통신기본법의 목적을 달성하기 위하여 전기통신에 관한 기본적이고 종합적인 정부의 시책을 강구하여야 한다.

[근거 : 전기통신기본법 제4조]

1.6.2 방송통신의 발전을 위한 시책 수립

① 과학기술정보통신부장관 또는 방송통신위원회는 공공복리의 증진과 방송통신의 발전을 위하여 필요한 기본적이고 종합적인 국가의 시책을 마련하여야 한다.

[근거 : 방송통신발전기본법 제7조]

1.6.3 전기통신기본법에서 기본계획 수립

① 과학기술정보통신부장관은 전기통신의 원활한 발전과 정보사회의 촉진을 위하여 전기통신기본계획(이하 "基本計劃"이라 한다)을 수립하여 이를 공고하여야 한다.

[근거 : 전기통신기본법 제5조]

1.6.4 방송통신발전기본법에서 기본계획수립

① 과학기술정보통신부장관과 방송통신위원회는 방송통신을 통한 국민의 복리 향상과 방송통신의 원활한 발전을 위하여 방송통신기본계획(이하 "기본계획"이라 한다)을 수립하고 이를 공고하여야 한다.

[근거 : 방송통신발전기본법 제8조]

1.6.5 전기통신기본법 목적

전기통신기본법은 전기통신에 관한 기본적인 사항을 정하여 전기통신을 효율적으로 관리하고 그 발전을 촉진함으로써 공공복리의 증진에 이바지함을 목적으로 한다.

[근거 : 전기통신기본법 제1조]

1.6.6 방송통신발전기본법 목적

이 법은 방송과 통신이 융합되는 새로운 커뮤니케이션 환경에 대응하여 방송통신의 공익성·공공성을 보장하고, 방송통신의 진흥 및 방송통신의 기술기준·재난관리 등에 관한 사항을 정함으로써 공공복리의 증진과 방송통신 발전에 이바지함을 목적으로 한다.

[근거 : 방송통신발전기본법 제1조]

1.6.7 정보통신 진흥 및 융합 활성화 등에 관한 특별법에서 시책(기본계획의 수립 및 시행)

① 과학기술정보통신부장관은 정보통신 진흥 및 융합 활성화를 위하여 3년 단위의 기본계획(이하 "기본계획"이라 한다)을 3년마다 수립하여 시행하되, 필요한 경우 수립주기를 단축하거나 기본계획을 변경할 수 있다.

[근거 : 정보통신 진흥 및 융합 활성화 등에 관한 특별법 제5조]

1.6.8 실행계획의 수립 및 시행

① 관계 중앙행정기관의 장은 기본계획을 구체화하기 위하여 정보통신 진흥 및 융합 활성화 실행계획(이하 "실행계획"이라 한다)을 매년 수립하여 시행하여야 한다.

[근거 : 정보통신 진흥 및 융합 활성화 등에 관한 특별법 제6조]

1.7 전기통신사업의 종류와 경영

1.7.1 전기통신기본법에서 전기통신사업자의 구분

전기통신사업자는 전기통신사업법이 정하는 바에 의하여 기간통신사업자, 별정통신사업자 및 부가통신사업자로 구분한다.

[근거 : 전기통신기본법 제7조]

1.7.2 전기통신사업법에서 전기통신사업의 구분

① 전기통신사업은 기간통신사업, 별정통신사업 및 부가통신사업으로 구분한다.

② 기간통신사업은 전기통신회선설비를 설치하고, 그 전기통신회선설비를 이용하여 기간통신역무를 제공하는 사업으로 한다.

③ 별정통신사업은 다음 각 호의 어느 하나에 해당하는 사업으로 한다.

1. 제6조에 따른 기간통신사업의 허가를 받은 자(이하 "기간통신사업자"라 한다)의 전기통신회선설비 등을 이용하여 기간통신역무를 제공하는 사업
2. 대통령령으로 정하는 구내(構內)에 전기통신설비를 설치하거나 그 전기통신설비를 이용하여 그 구내에서 전기통신역무를 제공하는 사업

④ 부가통신사업은 부가통신역무를 제공하는 사업으로 한다.

[근거 : 전기통신사업법 제5조]

1.7.3 통신사업의 경영

1) 전기통신기본법 : 전기통신을 효율적으로 관리하고 그 발전을 촉진함으로써 공공복리의 증진에 이바지함을 목적

2) 방송통신발전기본법 : 방송통신의 공익성 · 공공성을 보장하고, 방송통신의 진

흥 및 방송통신의 기술기준 · 재난관리 등에 관한 사항을 정함으로써 공공복리의 증진과 방송통신 발전에 이바지 이바지함을 목적

1.7.4 통신역무의 종류

1) 전기통신사업법 시행령 보편적 역무

① 「전기통신사업법」 제4조제3항에 따른 보편적 역무의 내용은 다음 각 호와 같다.

1. 유선전화 서비스
2. 긴급통신용 전화 서비스
3. 장애인 · 저소득층 등에 대한 요금감면 서비스

[근거 : 전기통신사업법시행령 제2조]

1.7.5 전기통신사업법 시행령 보편적 역무의 세부 내용

② 전기통신사업법시행령 제2조제1항에 따른 보편적 역무의 세부 내용은 다음 각 호와 같다.

1. 유선전화 서비스 : 과학기술정보통신부장관이 이용방법 및 조건 등을 고려하여 고시한 지역(이하 "통화권"이라 한다) 안의 전화 서비스 중 다음 각 목의 어느 하나에 해당하는 전화 서비스
   가. 시내전화 서비스 : 가입용 전화를 사용하는 통신을 매개하는 전화 서비스 [다목의 도서통신(島嶼通信) 서비스는 제외한다. 이하 같다]
   나. 공중전화 서비스 : 공중용 전화를 사용하는 통신을 매개하는 전화 서비스
   다. 도서통신 서비스 : 육지와 섬 사이 또는 섬과 섬 사이에 무선으로 통신을 매개히는 전화 서비스
2. 긴급통신용 전화 서비스 : 사회질서 유지 및 인명(人命)의 안전을 위한 다음 각 목의 어느 하나에 해당하는 전화 서비스
   가. 기간통신역무 중 과학기술정보통신부장관이 정하여 고시하는 특수번호 전화 서비스
   나. 선박 무선전화 서비스 : 기간통신역무 중 육지와 선박 사이 또는 선박과 선박 사이의 통신을 매개하는 전화 서비스
3. 장애인 · 저소득층 등에 대한 요금감면 서비스 : 사회복지 증진을 위한 장애인 · 저소득층 등에 대한 다음 각 목의 어느 하나에 해당하는 서비스

가. 시내전화 서비스 및 통화권 간의 전화 서비스(이하 “시외전화 서비스”라 한다)
나. 시내전화 서비스 및 시외전화 서비스의 부대 서비스인 번호안내 서비스
다. 기간통신역무 중 이동전화 서비스, 개인휴대통신 서비스, 아이엠티이천 서비스 및 엘티이 서비스
라. 인터넷 가입자접속 서비스
마. 인터넷전화 서비스
[근거 : 전기통신사업법시행령 제2조 ②항]

1.7.6 역무의 제공 의무

① 전기통신사업자는 정당한 사유 없이 전기통신역무의 제공을 거부하여서는 아니 된다.

② 전기통신사업자는 그 업무를 처리할 때 공평하고 신속하며 정확하게 하여야 한다.

③ 전기통신역무의 요금은 전기통신사업이 원활하게 발전할 수 있고 이용자가 편리하고 다양한 전기통신역무를 공평하고 저렴하게 제공받을 수 있도록 합리적으로 결정되어야 한다.

[근거 : 전기통신사업법 제3조]

1.7.7 보편적 역무의 제공

① 모든 전기통신사업자는 보편적 역무를 제공하거나 그 제공에 따른 손실을 보전(補塡)할 의무가 있다.

[근거 : 전기통신사업법 제4조]

1.7.8 장애인 중계서비스 역무

①「장애인차별금지 및 권리구제 등에 관한 법률」 제21조제4항에 따라 통신설비를 이용한 중계서비스를 제공하여야 하는 자는 통신중계서비스를 직접 제공하거나 과학기술정보통신부장관이 지정하는 운영기관 등에 위탁하여 제공할 수 있다.

[근거 : 전기통신사업법 제4조의2]

1.7.9 통신역무의 경영

1) 방송통신의 공익성 · 공공성

① 국가와 지방자치단체는 방송통신의 공익성 · 공공성에 기반한 공적 책임을 완수하기 위하여 다음 각 호의 사항을 달성하도록 노력하여야 한다.

1. 방송통신을 통한 공공복리의 증진과 지역 간 또는 계층 간의 균등한 발전 및 건전한 사회공동체의 형성
2. 건전한 방송통신문화 창달 및 올바른 방송통신 이용환경 조성
3. 방송통신기술과 서비스의 발전 장려 및 공정한 경쟁 환경의 조성
4. 사회적 소수 또는 약자계층 등의 방송통신 소외 방지
5. 방송통신을 이용한 미디어 환경의 다원성과 다양성의 활성화
6. 투명하고 개방적인 의사결정을 통한 방송통신 정책의 수립 및 추진

[근거 : 방송통신발전기본법 제3조]

1.7.10 방송통신발전기금 설치

과학기술정보통신부장관과 방송통신위원회는 방송통신의 진흥을 지원하기 위하여 방송통신발전기금(이하 “기금”이라 한다)을 설치한다.

[근거 : 방송통신발전기본법 제24조]

1.7.11 기금의 조성

① 기금은 다음 각 호의 재원으로 조성한다.

1. 정부의 출연금 또는 융자금
2. 「전파법」 제7조제2항에 따른 징수금, 같은 법 제11조제1항(같은 법 제16조제4항에 따라 준용되는 경우를 포함한다)에 따른 주파수할당 대가 및 같은 법 제11조제5항에 따른 보증금, 같은 법 제17조제2항에 따라 산정된 금액
3. 제2항부터 제4항까지의 규정에 따른 분담금
4. 방송사업자의 출연금
5. 기금 운용에 따른 수익금
6. 그 밖에 대통령령으로 정하는 수입금

[근거 : 방송통신발전기본법 제25조]

1.7.12 기간통신사업의 허가

① 기간통신사업을 경영하려는 자는 과학기술정보통신부장관의 허가를 받아야 한다.

② 과학기술정보통신부장관은 제1항에 따른 허가를 할 때에는 다음 각 호의 사항을 종합적으로 심사하여야 한다.

1. 기간통신역무 제공계획의 이행에 필요한 재정적 능력
2. 기간통신역무 제공계획의 이행에 필요한 기술적 능력
3. 이용자 보호계획의 적정성
4. 그 밖에 기간통신역무의 안정적 제공에 필요한 능력에 관한 사항으로서 대통령령으로 정하는 사항

[근거 : 전기통신사업법 제6조]

1.7.13 별정통신사업의 등록

① 별정통신사업을 경영하려는 자는 대통령령으로 정하는 바에 따라 다음 각 호의 사항을 갖추어 과학기술정보통신부장관에게 등록 하여야 한다.

1. 재정 및 기술적 능력
2. 이용자 보호계획
3. 그 밖에 사업계획서 등 대통령령으로 정하는 사항

[근거 : 전기통신사업법 제21조]

1.7.14 부가통신사업의 신고

① 부가통신사업을 경영하려는 자는 대통령령으로 정하는 요건 및 절차에 따라 과학기술정보통신부장관에게 신고(정보통신망에 의한 신고를 포함한다)하여야 한다.

[근거 : 전기통신사업법 제22조]

1.7.15 타인 사용의 제한

누구든지 전기통신사업자가 제공하는 전기통신역무를 이용하여 타인의 통신을 매개하거나 이를 타인의 통신용으로 제공하여서는 아니 된다.

[근거 : 전기통신사업법 제30조]

1.7.16 전송 · 선로설비의 사용

① 「방송법」에 따른 종합유선방송사업자 · 전송망사업자 또는 중계유선방송사업자는 대통령령으로 정하는 방법에 따라 보유하고 있는 전송 · 선로설비 또는 유선방송설비를 기간통신사업자에게 제공할 수 있다.

[근거 : 전기통신사업법 제31조]

1.7.17 이용자 보호

① 전기통신사업자는 전기통신역무에 관하여 이용자 피해를 예방하기 위하여 노력하여야 하며, 이용자로부터 제기되는 정당한 의견이나 불만을 즉시 처리하여야 한다. 이 경우 즉시 처리하기 곤란한 경우에는 이용자에게 그 사유와 처리일정을 알려야 한다.

[근거 : 전기통신사업법 제32조]

1.7.18 설비의 제공

① 기간통신사업자 또는 도로, 철도, 지하철도, 상 · 하수도, 전기설비, 전기통신회선설비 등을 건설 · 운용 · 관리하는 기관(이하 "시설관리기관"이라 한다)은 다른 전기통신사업자가 관로(管路) · 공동구(共同溝) · 전주(電柱) · 케이블이나 국사(局舍) 등의 설비(전기통신설비를 포함한다. 이하 같다) 또는 시설(이하 "설비등"이라 한다)의 제공을 요청하면 협정을 체결하여 설비등을 제공할 수 있다.

[근거 : 전기통신사업법 제35조]

1.7.19 가입자선로의 공동활용

① 기간통신사업자는 이용자와 직접 연결되어 있는 교환설비에서부터 이용자까지의 구간에 설치한 선로(이하 이 조에서 "가입자선로"라 한다)에 대하여 과학기술정보통신부장관이 정하여 고시하는 다른 전기통신사업자가 공동활용에 관한 요청을 하면 이를 허용하여야 한다.

[근거 : 전기통신사업법 제36조]

1.8 전기통신설비의 설치 및 보전

1.8.1 토지등의 사용(제72조)

① 기간통신사업자는 전기통신업무에 제공되는 선로 및 안테나와 그 부속설비(이하 "선로등"이라 한다)를 설치하기 위하여 필요하면 타인의 토지 또는 이에 정착한 건물 · 공작물과 수면 · 수저(水底)(이하 "토지등"이라 한다)를 사용할 수 있다. 이 경우 기간통신사업자는 미리 그 토지등의 소유자나 점유자와 협의하여야 한다.

② 기간통신사업자는 제1항에 따른 협의가 성립되지 아니하거나 협의를 할 수 없으면 「공익사업을 위한 토지 등의 취득 및 보상에 관한 법률」에서 정하는 바에 따라 타인의 토지등을 사용할 수 있다.

[근거 : 전기통신사업법 제72조]

1.8.2 토지등의 일시 사용(제73조)

① 기간통신사업자는 선로등에 관한 측량, 전기통신설비의 설치공사 또는 보전공사를 하기 위하여 필요한 경우에는 현재의 사용을 뚜렷하게 방해하지 아니하는 범위에서 사유 또는 국유 · 공유의 전기통신설비 및 토지등을 일시 사용할 수 있다.

② 누구든지 제1항에 따른 선로등의 측량, 전기통신설비의 설치공사 또는 보전공사와 이를 위한 전기통신설비 및 토지등의 일시 사용을 정당한 사유 없이 방해하여서는 아니 된다.

③ 기간통신사업자는 제1항에 따라 사유 또는 국유 · 공유 재산을 일시 사용하려면 미리 점유자에게 사용목적과 사용기간을 알려야 한다. 다만, 미리 알리는 것이 곤란한 경우에는 사용을 할 때 또는 사용 후 지체 없이 알리고, 점유자의 주소나 거소를 알 수 없어 사용목적과 사용기간을 알릴 수 없는 경우에는 이를 공고하여야 한다.

④ 제1항에 따른 토지등의 일시 사용기간은 6개월을 초과할 수 없다.

⑤ 제1항에 따라 사유 또는 국유 · 공유의 전기통신설비나 토지등을 일시 사용하는 사람은 그 권한을 표시하는 증표를 지니고 이를 관계인에게 보여주어야 한다.

[근거 : 전기통신사업법 제73조]

1.8.3 토지등에의 출입

① 기간통신사업자의 전기통신설비를 설치·보전하기 위한 측량·조사 등을 위하여 필요하면 타인의 토지등에 출입할 수 있다. 다만, 출입하려는 곳이 주거용 건물인 경우에는 거주자의 승낙을 받아야 한다.

② 누구든지 제1항에 따른 전기통신설비의 설치와 보전을 위한 측량·조사 등과 이를 위하여 토지등에 출입하는 것을 정당한 사유 없이 방해하여서는 아니 된다.

③ 제1항에 따라 측량이나 조사 등에 종사하는 사람이 사유 또는 국유·공유의 토지등에 출입하는 경우 그 통지 및 증표 제시에 관하여는 제73조제3항 및 제5항을 준용한다.

[근거 : 전기통신사업법 제74조]

1.8.4 장해물등의 제거 요구

① 기간통신사업자는 선로등의 설치 또는 전기통신설비에 장해를 주거나 줄 우려가 있는 가스관·수도관·하수도관·전등선·전력선 또는 자가전기통신설비(이하 "장해물등"이라 한다)의 소유자나 점유자에게 그 장해물등의 이전·개조·수리 또는 그 밖의 조치를 요구할 수 있다.

② 기간통신사업자는 식물이 선로등의 설치·유지 또는 전기통신에 장해를 주거나 줄 우려가 있으면 그 소유자나 점유자에게 식물의 제거를 요구할 수 있다.

③ 기간통신사업자는 식물의 소유자나 점유자가 제2항에 따른 요구에 따르지 아니하거나 그 밖의 부득이한 사유가 있는 경우에는 과학기술정보통신부장관의 허가를 받아 그 식물을 벌채하거나 이식할 수 있다. 이 경우 해당 식물의 소유자나 점유자에게 지체 없이 그 사실을 알려야 한다. 〈개정 2013.3.23., 2017.7.26.〉

④ 기간통신사업자의 전기통신설비에 장해를 주거나 줄 우려가 있는 장해물등의 소유자나 점유자는 그 장해물등을 신설·증설·개수(改修)·철거 또는 변경할 필요가 있으면 미리 기간통신사업자와 협의하여야 한다.

[근거 : 전기통신사업법 제75조]

1.8.5 원상회복의 의무

기간통신사업자는 제72조 및 제73조에 따른 토지등의 사용이 끝나거나 사용하고 있는 토지등을 전기통신업무에 제공할 필요가 없게 되면 그 토지등을 원상으로 회복하여야 하며, 원상으로 회복하지 못하는 경우에는 그 소유자나 점유자가 입은 손실에 대하여 정당한 보상을 하여야 한다.

[근거 : 전기통신사업법 제76조]

1.8.6 손실보상

기간통신사업자는 제73조제1항 · 제74조제1항 또는 제75조의 경우에 타인에게 손실을 끼친 경우에는 손실을 입은 자에게 정당한 보상을 하여야 한다.

[근거 : 전기통신사업법 제77조]

1.8.7 토지등의 손실보상의 절차

① 기간통신사업자는 다음 각 호의 어느 하나에 해당하는 사유로 법제76조 또는 법제77조에 따른 손실보상을 할 때에는 그 손실을 입은 자와 협의하여야 한다.

1. 제73조제1항에 따른 토지등의 일시 사용
2. 제74조제1항에 따른 토지등에의 출입
3. 제75조에 따른 장해물등의 이전 · 개조 · 수리 또는 식물의 제거 등
4. 제76조에 따른 원상회복의 불가능

② 제1항에 따른 협의가 성립되지 아니하거나 협의를 할 수 없는 경우에는 「공익사업을 위한 토지 등의 취득 및 보상에 관한 법률」에 따른 관할 토지수용위원회에 재결(裁決)을 신청하여야 한다.

③ 이 법에서 규정한 것 외에 제1항의 토지등의 손실보상 등에 관한 기준 · 방법 및 절차와 제2항의 재결신청 등에 관하여는 「공익사업을 위한 토지 등의 취득 및 보상에 관한 법률」을 준용한다.

[근거 : 전기통신사업법 제78조]

1.8.8 전기통신설비의 보호

① 누구든지 전기통신설비를 파손하여서는 아니 되며, 전기통신설비에 물건을 접촉하거나 그 밖의 방법으로 그 기능에 장해를 주어 전기통신의 소통을 방해하는 행위를 하여서는 아니 된다.

② 누구든지 전기통신설비에 물건을 던지거나 이에 동물·배 또는 뗏목 따위를 매는 등의 방법으로 전기통신설비를 오손(汚損)하거나 전기통신설비의 측량표를 훼손하여서는 아니 된다.

③ 기간통신사업자는 해저(海底)에 설치한 통신용 케이블과 그 부속설비(이하 "해저케이블"이라 한다)를 보호하기 위하여 필요하면 해저케이블 경계구역의 지정을 과학기술정보통신부장관에게 신청할 수 있다.

[근거 : 전기통신사업법 제79조]

1.8.9 설비의 이전 등

① 기간통신사업자의 전기통신설비가 설치되어 있는 토지등이나 이에 인접한 토지등의 이용목적이나 이용방법이 변경되어 그 설비가 토지등의 이용에 방해가 되는 경우에는 그 토지등의 소유자나 점유자는 기간통신사업자에게 전기통신설비의 이전이나 그 밖에 방해 제거에 필요한 조치를 요구할 수 있다.

② 기간통신사업자는 제1항에 따른 요구를 받은 경우 해당 조치를 하는 것이 업무의 수행상 또는 기술상 곤란한 경우가 아니면 필요한 조치를 하여야 한다.

③ 제2항의 조치에 필요한 비용은 해당 설비의 설치 이후에 그 설비의 이전이나 그 밖에 방해 제거에 필요한 조치의 원인을 제공한 자가 부담한다. 다만, 기간통신사업자는 그 비용을 부담하는 자가 해당 토지등의 소유자나 점유자인 경우로서 다음 각 호의 어느 하나에 해당하는 경우에는 해당 설비를 설치할 때 보상금액, 설비기간 등을 고려하여 그 토지등의 소유자나 점유자가 부담하는 비용을 감면할 수 있다.

1. 기간통신사업자가 해당 전기통신설비의 이전이나 그 밖에 방해요소를 없애기 위한 계획을 수립하여 시행하는 경우
2. 해당 전기통신설비의 이전이나 그 밖에 방해요소 제거가 다른 전기통신설비에 유익하게 되는 경우
3. 국가나 지방자치단체가 전기통신설비의 이전이나 그 밖에 방해요소 제거를 요구하는 경우
4. 사유지 내의 전기통신설비가 해당 토지등을 이용하는 데에 크게 지장을 주어 이전하는 경우

[근거 : 전기통신사업법 제80조]

1.9 정보통신망 이용

1.9.1 근거 법령 : 정보통신망 이용촉진 및 정보보호 등에 관한 법률

이 법은 정보통신망의 이용을 촉진하고 정보통신서비스를 이용하는 자의 개인정보를 보호함과 아울러 정보통신망을 건전하고 안전하게 이용할 수 있는 환경을 조성하여 국민생활의 향상과 공공복리의 증진에 이바지함을 목적으로 한다.

[근거 : 정보통신망 이용촉진 및 정보보호 등에 관한 법률 제1조]

1.9.2 용의어의 정의

① 이 법에서 사용하는 용어의 뜻은 다음과 같다.

1. "정보통신망"이란 「전기통신사업법」 제2조제2호에 따른 전기통신설비를 이용하거나 전기통신설비와 컴퓨터 및 컴퓨터의 이용기술을 활용하여 정보를 수집 · 가공 · 저장 · 검색 · 송신 또는 수신하는 정보통신체제를 말한다.
2. "정보통신서비스"란 「전기통신사업법」 제2조제6호에 따른 전기통신역무와 이를 이용하여 정보를 제공하거나 정보의 제공을 매개하는 것을 말한다.
3. "정보통신서비스 제공자"란 「전기통신사업법」 제2조제8호에 따른 전기통신사업자와 영리를 목적으로 전기통신사업자의 전기통신역무를 이용하여 정보를 제공하거나 정보의 제공을 매개하는 자를 말한다.
4. "이용자"란 정보통신서비스 제공자가 제공하는 정보통신서비스를 이용하는 자를 말한다.
5. "전자문서"란 컴퓨터 등 정보처리능력을 가진 장치에 의하여 전자적인 형태로 작성되어 송수신되거나 저장된 문서형식의 자료로서 표준화된 것을 말한다.
6. "개인정보"란 생존하는 개인에 관한 정보로서 성명 · 주민등록번호 등에 의하여 특정한 개인을 알아볼 수 있는 부호 · 문자 · 음성 · 음향 및 영상 등의 정보(해당 정보만으로는 특정 개인을 알아볼 수 없어도 다른 정보와 쉽게 결합하여 알아볼 수 있는 경우에는 그 정보를 포함한다)를 말한다.
7. "침해사고"란 해킹, 컴퓨터바이러스, 논리폭탄, 메일폭탄, 서비스 거부 또는 고출력 전자기파 등의 방법으로 정보통신망 또는 이와 관련된 정보시스템을 공

격하는 행위를 하여 발생한 사태를 말한다.

8. 삭제

9. "게시판"이란 그 명칭과 관계없이 정보통신망을 이용하여 일반에게 공개할 목적으로 부호 · 문자 · 음성 · 음향 · 화상 · 동영상 등의 정보를 이용자가 게재할 수 있는 컴퓨터 프로그램이나 기술적 장치를 말한다.

10. "통신과금서비스"란 정보통신서비스로서 다음 각 목의 업무를 말한다.
   가. 타인이 판매 · 제공하는 재화 또는 용역(이하 "재화등"이라 한다)의 대가를 자신이 제공하는 전기통신역무의 요금과 함께 청구 · 징수하는 업무
   나. 타인이 판매 · 제공하는 재화등의 대가가 가목의 업무를 제공하는 자의 전기통신역무의 요금과 함께 청구 · 징수되도록 거래정보를 전자적으로 송수신하는 것 또는 그 대가의 정산을 대행하거나 매개하는 업무

11. "통신과금서비스제공자"란 제53조에 따라 등록을 하고 통신과금서비스를 제공하는 자를 말한다.

12. "통신과금서비스이용자"란 통신과금서비스제공자로부터 통신과금서비스를 이용하여 재화등을 구입 · 이용하는 자를 말한다.

13. "전자적 전송매체"란 정보통신망을 통하여 부호 · 문자 · 음성 · 화상 또는 영상 등을 수신자에게 전자문서 등의 전자적 형태로 전송하는 매체를 말한다.

[근거 : 정보통신망 이용촉진 및 정보보호 등에 관한 법률 제2조]

1.9.3 정보통신서비스 제공자 및 이용자의 책무

① 정보통신서비스 제공자는 이용자의 개인정보를 보호하고 건전하고 안전한 정보통신서비스를 제공하여 이용자의 권익보호와 정보이용능력의 향상에 이바지하여야 한다.

② 이용자는 건전한 정보사회가 정착되도록 노력하여야 한다.

③ 정부는 정보통신서비스 제공자단체 또는 이용자단체의 개인정보보호 및 정보통신망에서의 청소년 보호 등을 위한 활동을 지원할 수 있다.

[근거 : 정보통신망 이용촉진 및 정보보호 등에 관한 법률 제3조]

1.9.4 정보통신망 이용촉진 및 정보보호등에 관한 시책의 마련

① 과학기술정보통신부장관 또는 방송통신위원회는 정보통신망의 이용촉진 및 안

정적 관리 · 운영과 이용자의 개인정보보호 등(이하 "정보통신망 이용촉진 및 정보보호등"이라 한다)을 통하여 정보사회의 기반을 조성하기 위한 시책을 마련하여야 한다.

② 제1항에 따른 시책에는 다음 각 호의 사항이 포함되어야 한다.

1. 정보통신망에 관련된 기술의 개발 · 보급
2. 정보통신망의 표준화
3. 정보내용물 및 제11조에 따른 정보통신망 응용서비스의 개발 등 정보통신망의 이용 활성화
4. 정보통신망을 이용한 정보의 공동활용 촉진
5. 인터넷 이용의 활성화
6. 정보통신망을 통하여 수집 · 처리 · 보관 · 이용되는 개인정보의 보호 및 그와 관련된 기술의 개발 · 보급
7. 정보통신망에서의 청소년 보호
8. 정보통신망의 안전성 및 신뢰성 제고
9. 그 밖에 정보통신망 이용촉진 및 정보보호등을 위하여 필요한 사항

[근거 : 정보통신망 이용촉진 및 정보보호 등에 관한 법률 제4조]

1.10 정보통신망의 이용촉진

1.10.1 기술개발의 추진

① 과학기술정보통신부장관은 정보통신망과 관련된 기술 및 기기의 개발을 효율적으로 추진하기 위하여 대통령령으로 정하는 바에 따라 관련 연구기관으로 하여금 연구개발 · 기술협력 · 기술이전 또는 기술지도 등의 사업을 하게 할 수 있다.

[근거 : 정보통신망 이용촉진 및 정보보호 등에 관한 법률 제6조]

1.10.2 기술관련 정보의 관리 및 보급

① 과학기술정보통신부장관은 정보통신망과 관련된 기술 및 기기에 관한 정보를 체계적이고 종합적으로 관리하여야 한다.

[근거 : 정보통신망 이용촉진 및 정보보호 등에 관한 법률 제7조]

1.10.3 정보통신망의 표준화 및 인증

① 과학기술정보통신부장관은 정보통신망의 이용을 촉진하기 위하여 정보통신망에 관한 표준을 정하여 고시하고, 정보통신서비스 제공자 또는 정보통신망과 관련된 제품을 제조하거나 공급하는 자에게 그 표준을 사용하도록 권고할 수 있다. 다만, 「산업표준화법」 제12조에 따른 한국산업표준이 제정되어 있는 사항에 대하여는 그 표준에 따른다.

[근거 : 정보통신망 이용촉진 및 정보보호 등에 관한 법률 제8조]

1.10.5 정보통신망 응용서비스의 개발 촉진

① 정부는 국가기관 · 지방자치단체 및 공공기관이 정보통신망을 활용하여 업무를 효율화 · 자동화 · 고도화하는 응용서비스(이하 "정보통신망 응용서비스"라 한다)를 개발 · 운영하는 경우 그 기관에 재정 및 기술 등 필요한 지원을 할 수 있다.

1.10.6 정보의 공동활용체제 구축

① 정부는 정보통신망을 효율적으로 활용하기 위하여 정보통신망 상호 간의 연계 운영 및 표준화 등 정보의 공동활용체제 구축을 권장할 수 있다.

② 정부는 제1항에 따른 정보의 공동활용체제를 구축하는 자에게 재정 및 기술 등 필요한 지원을 할 수 있다.

③ 제1항과 제2항에 따른 권장 및 지원에 필요한 사항은 대통령령으로 정한다.

[근거 : 정보통신망 이용촉진 및 정보보호 등에 관한 법률 제12조]

1.10.7 정보통신망의 이용촉진 등에 관한 사업

① 과학기술정보통신부장관은 공공, 지역, 산업, 생활 및 사회적 복지 등 각 분야의 정보통신망의 이용촉진과 정보격차의 해소를 위하여 관련 기술 · 기기 및 응용서비스의 효율적인 활용 · 보급을 촉진하기 위한 사업을 대통령령으로 정하는 바에 따라 실시할 수 있다.

[근거 : 정보통신망 이용촉진 및 정보보호 등에 관한 법률 제13조]

1.10.8 인터넷 서비스의 품질 개선

① 과학기술정보통신부장관은 인터넷 서비스 이용자의 권익을 보호하고 인터넷 서비스의 품질 향상 및 안정적 제공을 보장하기 위한 시책을 마련하여야 한다.

[근거 : 정보통신망 이용촉진 및 정보보호 등에 관한 법률 제15조]

1.11 정보통신망의 안정성 확보 등

1.11.1 정보통신망의 안정성 확보

① 정보통신서비스 제공자는 정보통신서비스의 제공에 사용되는 정보통신망의 안정성 및 정보의 신뢰성을 확보하기 위한 보호조치를 하여야 한다.

② 과학기술정보통신부장관은 제1항에 따른 보호조치의 구체적 내용을 정한 정보보호조치에 관한 지침(이하 "정보보호지침"이라 한다)을 정하여 고시하고 정보통신서비스 제공자에게 이를 지키도록 권고할 수 있다.

③ 정보보호지침에는 다음 각 호의 사항이 포함되어야 한다.

1. 정당한 권한이 없는 자가 정보통신망에 접근 · 침입하는 것을 방지하거나 대응하기 위한 정보보호시스템의 설치 · 운영 등 기술적 · 물리적 보호조치
2. 정보의 불법 유출 · 위조 · 변조 · 삭제 등을 방지하기 위한 기술적 보호조치
3. 정보통신망의 지속적인 이용이 가능한 상태를 확보하기 위한 기술적 · 물리적 보호조치
4. 정보통신망의 안정 및 정보보호를 위한 인력 · 조직 · 경비의 확보 및 관련 계획수립 등 관리적 보호조치

[근거 : 정보통신망 이용촉진 및 정보보호 등에 관한 법률 제45조]

1.11.2 정보통신망 침해행위 등의 금지

① 누구든지 정당한 접근권한 없이 또는 허용된 접근권한을 넘어 정보통신망에 침입하여서는 아니 된다.

② 누구든지 정당한 사유 없이 정보통신시스템, 데이터 또는 프로그램 등을 훼손 · 멸실 · 변경 · 위조하거나 그 운용을 방해할 수 있는 프로그램(이하 "악성프로그램"이

라 한다)을 전달 또는 유포하여서는 아니 된다.

③ 누구든지 정보통신망의 안정적 운영을 방해할 목적으로 대량의 신호 또는 데이터를 보내거나 부정한 명령을 처리하도록 하는 등의 방법으로 정보통신망에 장애가 발생하게 하여서는 아니 된다.

[근거 : 정보통신망 이용촉진 및 정보보호 등에 관한 법률 제48조]

1.11.3 침해사고의 대응

① 과학기술정보통신부장관은 침해사고에 적절히 대응하기 위하여 다음 각 호의 업무를 수행하고, 필요하면 업무의 전부 또는 일부를 한국인터넷진흥원이 수행하도록 할 수 있다.

1. 침해사고에 관한 정보의 수집 · 전파
2. 침해사고의 예보 · 경보
3. 침해사고에 대한 긴급조치
4. 그 밖에 대통령령으로 정하는 침해사고 대응조치

② 다음 각 호의 어느 하나에 해당하는 자는 대통령령으로 정하는 바에 따라 침해사고의 유형별 통계, 해당 정보통신망의 소통량 통계 및 접속경로별 이용 통계 등 침해사고 관련 정보를 과학기술정보통신부장관이나 한국인터넷진흥원에 제공하여야 한다.

1. 주요정보통신서비스 제공자
2. 집적정보통신시설 사업자
3. 그 밖에 정보통신망을 운영하는 자로서 대통령령으로 정하는 자

③ 한국인터넷진흥원은 제2항에 따른 정보를 분석하여 과학기술정보통신부장관에게 보고하여야 한다.

④ 과학기술정보통신부장관은 제2항에 따라 정보를 제공하여야 하는 사업자가 정당한 사유 없이 정보의 제공을 거부하거나 거짓 정보를 제공하면 상당한 기간을 정하여 그 사업자에게 시정을 명할 수 있다.

[근거 : 정보통신망 이용촉진 및 정보보호 등에 관한 법률 제48조의2]

연 | 습 | 문 | 제

1. "방송통신"이란 유선 · 무선 · 광선(光線) 또는 그 밖의 (   ) 방식에 의하여 방송통신콘텐츠를 송신하거나 수신하는 것과 이에 수반하는 일련의 활동 등을 말하다.

답 전자적 방식
[근거 : 방송통신발전 기본법 제2조]

2. "방송통신설비"란 방송통신을 하기 위한 기계·기구 · 선로(線路) 또는 그 밖에 (   )에 필요한 설비를 말한다.

답 방송통신
[근거 : 방송통신발전 기본법 제2조]

3. "방송통신사업자"란 관련 법령에 따라 (   )장관 또는 방송통신위원회에 신고 · 등록 · 승인 · 허가 및 이에 준하는 절차를 거쳐 방송통신서비스를 제공하는 자를 말한다

답 과학기술정보통신부
[근거 : 방송통신발전 기본법 제2조]

4. "전기통신"이라 함은 유선·무선·광선 및 기타의 전자적 방식에 의하여 부호·문언·음향 또는 (   )을 송신하거나 수신하는 것을 말한다.

답 영상
[근거 : 전기통신기본법 제2조]

5. "전기통신역무"란 전기통신설비를 이용하여 타인의 통신을 매개하거이나 (   )를 타인의 통신용으로 제공하는 것을 말한다.

답 전기통신설비
[근거 : 전기통신기본법 제2조]

6. "전기통신사업자"란 이 법에 따른 허가를 받거나 등록 또는 신고를 하고 (   )를 제공하는 자를 말한다.

답 전기통신역무
[근거 : 전기통신기본법 제2조]

7. "보편적 역무"란 모든 이용자가 언제 어디서나 적절한 (   )으로 제공받을 수 있는 기본적인 전기통신역무를 말한다.

답 요금
[근거 : 전기통신기본법 제2조]

8. "정보통신융합"이란 정보통신 간 또는 (   )과 다른 산업 간에 기술 또는 서비스의 결합 또는 복합을 통하여 새로운 사회적 · 시장적 가치를 창출하는 창의적이고 혁신적인 활동 및 현상을 말한다.

답 정보통신
[근거 : 정보통신 진흥 및 융합 활성화 등에 관한 특별법 제2조]

9. "이용자방송통신설비"란 방송통신서비스를 제공받기 위하여 이용자가 관리·사용하는 (   )설비, 이동통신구내선로설비, 방송공동수신설비, 단말장치 및 전송설비 등을 말한다.

답 구내통신선로
[근거 : 방송통신설비의 기술기준에 관한 규정 제3조]

10. 전기통신에 관한 사항은 이 법 또는 다른 법률에 특별히 규정한 것을 제외하고는 (   )장관이 이를 관장한다.

답 과학기술정보통신부
[근거 : 전기통신기본법 제3조]

11. 과학기술정보통신부장관은 방송통신기술의 진흥을 통한 방송통신서비스 발전을 위하여 다음 각 호의 시책을 수립 · 시행 설명 중 틀린 것은?

가. 방송통신과 관련된 기술수준의 조사, 기술의 연구개발, 개발기술의 평가 및 활용에 관한 사항

나. 방송통신 기술협력, 기술지도 및 기술이전에 관한 사항

다. 방송통신기술의 표준화 및 새로운 방송통신기술의 도입 등에 관한 사항

라. 방송통신 기술정보의 원활한 사업을 위한 사항

답 라. 방송통신 기술정보의 원활한 유통을 위한 사항

[근거 : 전기통신기본법 제3조]

12. 정보통신 진흥 기반조성에서 통신진흥을 위한 정책이 아닌 것은?

가. 해외 전문인력 양성

나. 산업기능요원 실태조사

다. 해외 우수 인력의 발굴 · 육성

라. 정보통신 네트워크의 고도화

답 가. 국내 전문인력 양성

[근거 : 정보통신 진흥 및 융합 활성화 등에 관한 특별법 제11조]

13. 신규 정보통신 기술 및 서비스의 진흥의 정책이 아닌 것은?

가. 유망 기술 · 서비스 등의 지정

나. 기술 · 서비스 등의 표준화와 품질인증

다. 대기업 등의 연구개발 지원

라. 정보통신융합등 기술 · 서비스의 공공구매의 활성화

답 다. 중소기업 등의 연구개발 지원

[근거 : 정보통신 진흥 및 융합 활성화 등에 관한 특별법 제18조]

14. (   )장관은 이 법의 목적을 달성하기 위하여 전기통신에 관한 기본적이고 종합적인 정부의 시책을 강구하여야 한다.

답 과학기술정보통신부

[근거 : 전기통신기본법 제4조]

15. 과학기술정보통신부장관 또는 방송통신위원회가 방송통신의 발전을 위한 시책 수립의 사항이 아닌 것은?

가. 공공복리의 증진과 방송통신의 발전을 위하여 필요한 기본적이고 종합적인 국가의 시책을 마련

나. 경제적, 지리적, 신체적 차이 등에 따른 소수자 또는 사회적 약자가 방송통신에서 불이익을 받거나 소외되지 아니하도록 구체적인 지원 방안을 수립 · 시행

다. 국민이 방송통신에 참여하고, 정부를 통하여 다양한 문화를 추구할 수 있도록 하고 국민이 보편적이고 기본적인 방송통신서비스를 제공받을 수 있도록 필요한 시책을 수립 · 시행

라. 방송통신을 통한 국민의 명예 훼손과 권리 침해를 방지하고 정보보호를 위하여 필요한 시책을 수립 · 시행하고 모든 국민이 방송통신서비스를 효율적이고 안전하게 이용할 수 있도록 관련 서비스의 품질 평가, 교육 및 홍보 활동 등에 관한 시책을 수립 · 시행

답 다. 국민이 방송통신에 참여하고, 방송통신을 통하여 다양한 문화를 추구할 수 있도록 하고 국민이 보편적이고 기본적인 방송통신서비스를 제공받을 수 있도록 필요한 시책을 수립 · 시행

[근거 : 방송통신발전 기본법 제7조]

16. 전기통신 기본계획에는 포함되지 않는 것은?
    가. 전기통신의 이용방법에 관한 사항
    나. 전기통신의 질서유지에 관한 사항
    다. 전기통신사업과 전기통신설비에 관한 사항
    라. 전기통신기술의 진흥에 관한 사항

답 가. 전기통신의 이용효율화에 관한 사항
[근거 : 전기통신기본법 제5조]

17. 전기통신사업은 기간통신사업, 별정통신사업 및 (   )사업으로 구분한다.

답 부가통신사업
[근거 : 전기통신사업법 제5조]

18. 기간통신사업은 전기통신회선설비를 설치하고, 그 전기통신회선설비를 이용하여 (   )를 제공하는 사업으로 한다.

답 기간통신역무
[근거 : 전기통신사업법 제5조]

19. 별정통신사업은 구내에 전기통신설비를 설치하거나 그 전기통신설비를 이용하여 그 구내에서 (   )역무를 제공하는 사업

답 전기통신역무를 제공하는 사업
[근거 : 전기통신사업법 제5조]

20. 전기통신사업법에서 보편적 역무의 내용이 아닌 것은?
    가. 유선전화 서비스
    나. 긴급통신용 전화 서비스
    다. 구내방송 서비스
    라. 장애인·저소득층 등에 대한 요금감면 서비스

답 다. 구내방송 서비스
[근거 : 전기통신사업법시행령 제2조]

21. 역무의 제공 방법이 아닌 것은?
    가. 전기통신사업자는 정당한 사유 없이 전기통신역무의 제공을 거부하여서는 아니 된다.
    나. 전기통신사업자는 그 업무를 처리할 때 공평하고 신속하며 정확하게 하여야 한다.
    다. 전기통신역무의 요금은 전기통신사업이 원활하게 발전할 수 있고 이용자가 편리 하게 제공받을 수 있도록 합리적으로 결정되어야 한다.
    라. 다양한 전기통신역무를 공평하고 수익성 있는 금액으로 제공받을 수 있도록 합리적으로 결정되어야 한다.

답 라. 다양한 전기통신역무를 공평하고 저렴하게 제공받을 수 있도록 합리적으로 결정되어야 한다.
[근거 : 전기통신사업법 제3조]

22. 국가와 지방자치단체는 방송통신의 공익성·공공성에 기반한 공적 책임을 완수하기 위하여 노력하는 내용이 아닌 것은?
    가. 방송통신을 통한 공공복리의 증진과 지역 간 또는 계층 간의 균등한 발전 및 건전한 사회공동체의 형성
    나. 방송통신을 이용한 미디어 환경의 다원성과 단일성의 활성화
    다. 방송통신기술과 서비스의 발전 장려 및 공정한 경쟁 환경의 조성
    라. 사회적 소수 또는 약자계층 등의 방송통신 소외 방지

답 나. 방송통신을 이용한 미디어 환경의 다원성과 다양성의 활성화
[근거 : 방송통신발전기본법 제3조]

23. 부가통신 사업을 경영하려는 자는 대통령령으로 정하는 요건 및 절차에 따라 (   )부장관에게 신고하여야 한다.

답 과학기술정보통신부장관에게 신고하여야 한다.
[근거 : 전기통신사업법 제22조]

24. 정보통신공사업법의 목적 설명에서 이 법은 정보통신공사의 조사 · 설계 · 시공 · 감리(監理) · 유지관리 · 기술관리 등에 관한 기본적인 사항과 정보통신공사업의 등록 및 정보통신공사의 도급 등에 필요한 사항을 규정함으로써 정보통신공사의 (　　)시공과 공사업의 건전한 발전을 도모함을 목적으로 한다.

답 적절한 시공

[근거 : 정보통신공사업법 제1조]

25. "(　　)설비"란 유선, 무선, 광선, 그 밖의 전자적 방식으로 부호 · 문자 · 음향 또는 영상 등의 정보를 저장 · 제어 · 처리하거나 송수신하기 위한 기계 · 기구(器具) · 선로(線路) 및 그 밖에 필요한 설비를 말한다.

답 정보통신설비

[근거 : 정보통신공사업법 제2조]

26. "용역업자"란 「엔지니어링산업 진흥법」 제21조제1항에 따라 엔지니어링사업자로 신고하거나 「기술사법」 제6조에 따라 기술사사무소의 개설자로 등록한 자로서 통신 · 전자 · 정보처리 등 대통령령으로 정하는 (　　) 관련 분야의 자격을 보유하고 용역업을 경영하는 자를 말한다.

답 정보통신

[근거 : 정보통신공사업법 제2조]

27. 선로설비공사를 정보통신공사업자가 아니면 도급받을 수 없는 공사는?

가. 과학기술정보통신부장관의 허가를 받은 기간통신사업자가 허가받은 역무를 수행하기 위하여 공사를 시공하는 경우

나. 대통령령으로 정하는 경미한 공사를 도급받거나 시공하는 경우

다. 통신구(通信溝) 설비공사 또는 도로공사에 딸려서 그와 동시에 시공되는 정보통신 지하관로(地下管路)의 설비공사를 대통령령으로 정하는 바에 따라 도급받거나 시공하는 경우

라. 건축물에 설치되는 6회선의 구내통신선로 설비공사

답 건축물에 설치되는 6회선의 구내통신선로 설비공사는 정보통신공사업자만 공사를 할 수 있다.

[근거 : 정보통신공사업법 제3조]

28. 발주자는 (　　)업자에게 선로설비공사의 공사의 설계를 발주하여야 한다.

답 발주자는 용역업자에게 공사의 설계를 발주하여야 한다.

[근거 : 정보통신공사업법 제7조]

29. 용역업자에게 선로설비공사의 설계를 발주하여야 하는 공사는 ?

가. 제4조에 따른 경미한 공사

나. 천재 · 지변 또는 비상재해로 인한 긴급복구공사 및 그 부대공사

다. 도시철도의 터널의 통신설비공사

라. 기존 설비를 대 · 개체하는 공사로서 설계도면의 새로운 작성이 불필요한 공사

답 다. 도시철도의 터널의 통신설비공사는 용역업자에게 공사의 설계를 발주하여야 한다.

[근거 : 정보통신공사업법시행령 제6조]

30. 선로설비공사의 현장에 공사의 시공관리와 기술상의 관리를 하기 위하여 공사 현장에 정보통신기술자 배치에 대한 설명 중 다른 것은?

가. 정보통신기술자 1명 이상을 배치하고

나. 배치 결과를 그 공사의 감리원에게 알려야 한다.

다. 배치된 정보통신기술자는 해당 공사의 발주자의 승낙을 받지 아니하고는 정당한 사유 없이 그 공사 현장을 이탈하여서는 아니 된다.

라. 배치된 정보통신기술자가 업무수행의

능력이 현저히 부족하다고 인정되는 경우에는 수급인에게 정보통신기술자의 교체를 요청할 수 있다.

답 나. 배치 결과를 그 공사의 발주자에게 알려야 한다.
[근거 : 정보통신공사업법 제33조]

31. 정보통신서비스 제공자 및 이용자의 책무가 아닌 것은?

가. 정보통신서비스 제공자는 이용자의 개인정보를 보호하고 건전하고 안전한 정보통신서비스를 제공하여 이용자의 권익보호와 정보이용능력의 향상에 이바지하여야 한다.

나. 이용자는 건전한 정보사회가 정착되도록 노력하여야 한다.

다. 정부는 정보통신서비스 제공자단체 또는 이용자단체의 개인정보보호 및 정보통신망에서의 청소년 보호 등을 위한 활동을 지원할 수 있다.

라. 이용자는 통신망을 보전하는데 노력하여야 한다.

답 라.
[근거 : 정보통신망 이용촉진 및 정보보호 등에 관한 법률 제3조]

32. 정보통신망의 이용촉진 및 안정적 관리 · 운영과 이용자의 개인정보보호와 정보사회의 기반을 조성하기 위한 시책을 마련 내용 중 중 다른 것은?

가. 정보통신망에 관련된 기술의 개발 · 보급

나. 정보통신망의 기업별 규격화

다. 정보통신망 응용서비스의 개발 등 정보통신망의 이용 활성화

라. 정보통신망을 이용한 정보의 공동활용 촉진

답 나. 정보통신망의 표준화
[근거 : 정보통신망 이용촉진 및 정보보호 등에 관한 법률 제4조]

33. 정보통신망의 이용촉진 및 안정적 관리 · 운영과 이용자의 개인정보보호와 정보사회의 기반을 조성하기 위한 시책을 마련 내용중 중 다른 것은?

가. 인터넷 이용의 활성화

나. 정보통신망을 통하여 수집 · 처리 · 보관 · 이용되는 개인정보의 보호 및 그와 관련된 기술의 개발 · 보급

다. 정보통신망에서의 노약자 보호

라. 정보통신망의 안전성 및 신뢰성 제고와 정보통신망 이용촉진 및 정보보호 등을 위하여 필요한 사항

답 다. 정보통신망에서의 청소년 보호
[근거 : 정보통신망 이용촉진 및 정보보호 등에 관한 법률 제4조]

34. 정보통신망의 안정성 확보 시책의 내용이 아닌 것은?

가. 정보통신서비스 제공자는 정보통신서비스의 제공에 사용되는 정보통신망의 안정성을 확보하기 위한 보호조치를 하여야 한다.

나. 과학기술정보통신부장관은 보호조치의 구체적 내용을 정한 정보보호조치에 관한 지침을 정하여 고시한다.

다. 정보보호조치에 관한 지침 정보통신서비스 제공자에게 이를 지키도록 의무적으로 따르게 할 수 있다.

라. 정보통신서비스 제공자는 정보통신서비스의 제공에 사용되는 정보통신망 정보의 신뢰성을 확보하기 위한 보호조치를 하여야 한다.

답 다. 정보보호조치에 관한 지침 정보통신서비스 제공자에게 이를 지키도록 권고할 수 있다.
[근거 : 정보통신망 이용촉진 및 정보보호 등에 관한 법률 제45조]

35. 정보보호지침에 포함되어야 할 사항이 아닌 것은?

가. 정당한 권한이 없는 자가 정보통신망에 접근·침입하는 것을 방지하거나 대응하기 위한 정보보호시스템의 설치·운영 등 기술적·물리적 보호조치

나. 정보의 불법 유출·위조·변조·삭제 등을 방지하기 위한 행정적 보호조치

다. 정보통신망의 지속적인 이용이 가능한 상태를 확보하기 위한 기술적·물리적 보호조치

라. 정보통신망의 안정 및 정보보호를 위한 인력·조직·경비의 확보 및 관련 계획수립 등 관리적 보호조치

답 나. 정보의 불법 유출·위조·변조·삭제 등을 방지하기 위한 기술적 보호조치

[근거 : 정보통신망 이용촉진 및 정보보호 등에 관한 법률 제45조]

36. 정보통신망 침해행위 등의 금지의 내용이 아닌 것은?

가. 누구든지 정당한 접근권한 없이 정보통신망에 침입하여서는 아니 된다.

나. 누구든지 정당한 사유 없이 정보통신시스템, 데이터 또는 프로그램 등을 훼손·멸실·변경·위조하거나 그 운용을 방해할 수 있는 프로그램을 전달 또는 유포하여서는 아니 된다.

다. 누구든지 정보통신망의 안정적 운영을 방해할 목적으로 대량의 신호 또는 데이터를 보내거나 부정한 명령을 처리하도록 하는 등의 방법으로 정보통신망에 장애가 발생하게 하여서는 아니 된다.

라. 허용된 접근권한을 넘어 정보통신망에 침입 할 수 있다.

답 라. 허용된 접근권한을 넘어 정보통신망에 침입 할 수 없다.

[근거 : 정보통신망 이용촉진 및 정보보호 등에 관한 법률 제48조]

37. 침해사고에 적절히 대응하기 위한 한국인터넷진흥원이 수행업무가 아닌 것은?

가. 침해사고에 관한 정보의 수집·전파하면 확대가 될 수 있어 금지한다.

나. 침해사고의 예보·경보

다. 침해사고에 대한 긴급조치

라. 그 밖에 대통령령으로 정하는 침해사고 대응조치

답 가. 침해사고에 관한 정보의 수집·전파하여야한다.

[근거 : 정보통신망 이용촉진 및 정보보호 등에 관한 법률 제48조의2]

제**2**부

통신선로공사에 관한 법령

제1장 방송통신발전기본법의 설계와 공사에 관한 사항
제2장 정보통신공사업법의 통신선로공사에 관한 사항
제3장 방송통신설비의 기술기준에 관한 규정
■ 연습문제

제1장 방송통신발전기본법의 설계와 공사에 관한 사항

1.1 방송통신발전기본법의 통신선로에 관한 사항

1.1.1 방송통신발전기본법의 기술기준

① 방송통신설비를 설치·운영하는 자는 그 설비를 대통령령으로 정하는 기술기준에 적합하게 하여야 한다.

② 방송통신사업자는 과학기술정보통신부장관이 정하여 고시하는 방송통신설비를 설치하거나 설치한 설비를 확장한 경우에는 방송통신서비스를 제공하기 전에 그 방송통신설비가 제1항에 따른 기술기준에 적합한지를 시험하고 그 결과를 기록·관리하여야 한다. 다만, 방송통신설비를 임차하여 방송통신서비스를 제공하는 등 대통령령으로 정하는 방송통신사업자의 경우에는 그러하지 아니하다.

③ 방송통신설비의 설치 및 보전은 설계도서에 따라 하여야 한다.

④ 제3항에 따른 설계도서의 작성에 필요한 사항은 대통령령으로 정한다.

⑤ 과학기술정보통신부장관은 방송통신설비가 기술기준에 적합하게 설치·운영되는지를 확인하기 위하여 다음 각 호의 어느 하나에 해당하는 경우에는 소속 공무원으로 하여금 방송통신설비를 설치·운영하는 자의 설비를 조사하거나 시험하게 할 수 있다.

1. 방송통신설비 관련 시책을 수립하기 위한 경우
2. 국가비상사태에 대비하기 위한 경우
3. 재해·재난 예방을 위한 경우 및 재해·재난이 발생한 경우
4. 방송통신설비의 이상으로 광범위한 방송통신 장애가 발생할 우려가 있는 경우

⑥ 제5항에 따른 조사 또는 시험을 하는 경우에는 조사 또는 시험 7일 전까지 그 일시, 이유 및 내용 등 조사·시험계획을 방송통신설비를 설치·운용하는 자에게 알려야 한다. 다만, 긴급한 경우이거나 사전에 통지를 하는 경우 증거인멸 등으로 조사·시험 목적을 달성할 수 없다고 인정하는 경우에는 그러하지 아니하다.

⑦ 제6항에 따른 조사 또는 시험을 하는 공무원은 그 권한을 표시하는 증표를 지니고 이를 관계인에게 보여주어야 하며, 출입 시 성명, 출입시간, 출입목적 등이 표시된 문서를 관계인에게 주어야 한다.

⑧ 제1항에 따라 방송통신설비를 설치·운영하는 자는 불법복제 검출시스템에 의하여 복제가 의심되는 것으로 검출된 이동전화(「전기통신사업법」 제5조제2항에 따른 기간통신역무 중 주파수를 할당받아 제공하는 역무를 이용하기 위한 통신단말장치를 말한다)를 과학기술정보통신부장관에게 신고하여야 한다.

[근거 : 방송통신발전기본법 제28조]

1.1.2 관리규정

방송통신설비 등을 직접 설치·보유하고 방송통신서비스를 제공하는 방송통신사업자 중 대통령령으로 정하는 자는 방송통신서비스를 안정적으로 제공하기 위하여 대통령령으로 정하는 바에 따라 방송통신설비의 관리 규정을 정하고 그 규정에 따라 방송통신설비를 관리하여야 한다.

[근거 : 방송통신발전기본법 제30조]

1.1.3 기술기준 위반에 대한 시정명령

과학기술정보통신부장관은 설치된 방송통신설비가 법제28조에 따른 기술기준에 적합하지 아니하게 된 경우에는 이의 시정이나 그 밖에 필요한 조치를 명할 수 있다.

[근거 : 방송통신발전기본법 제31조]

1.1.4 새로운 방송통신 방식 등의 채택

과학기술정보통신부장관은 방송통신의 원활한 발전을 위하여 새로운 방송통신 방식 등을 채택할 수 있다.

[근거 : 방송통신발전기본법 제32조]

1.1.5 표준화의 추진

① 과학기술정보통신부장관은 방송통신의 건전한 발전과 시청자 및 이용자의 편의를 도모하기 위하여 방송통신의 표준화를 추진하고 방송통신사업자 또는 방송통신기자재 생산업자에게 그에 따를 것을 권고할 수 있다. 다만, 「산업표준화법」에 따른 한국산업표준이 제정되어 있는 사항에 대하여는 그 표준에 따른다.

[근거 : 방송통신발전기본법 제33조]

1.1.6 한국정보통신기술협회

① 정보통신의 표준 제정, 보급 및 정보통신 기술 지원 등 표준화에 관한 업무를 효율적으로 추진하기 위하여 과학기술정보통신부장관의 인가를 받아 한국정보통신기술협회(이하 "기술협회"라 한다)를 설립할 수 있다.

② 기술협회는 법인으로 한다.

③ 정부는 정보통신의 표준화에 관한 업무를 추진하기 위하여 필요한 경우 예산의 범위에서 기술협회에 출연할 수 있다.

[근거 : 방송통신발전기본법 제34조]

1.1.7 설계도서의 작성

① 방송통신발전기본법 제28조제3항에 따른 설계도서는 다음 각 호의 어느 하나에 해당하는 자가 작성하여야 한다.

1. 「엔지니어링산업 진흥법 시행령」 별표 1에 따른 통신·정보처리부문의 엔지니어링사업자
2. 「기술사법」 제6조제1항에 따라 기술사사무소의 개설 등록을 한 기술사로서 같은 법 시행령 별표 1에 따른 통신정보처리분야의 기술사
3. 「정보통신공사업법 시행령」 별표 6 제1호에 따른 기술계 정보통신기술자

② 과학기술정보통신부장관은 필요하다고 인정하는 경우에는 제1항제1호에 해당하는 자만이 설계할 수 있는 방송통신설비 설치공사의 범위를 정하여 고시할 수 있다.

[근거 : 방송통신발전기본법시행령 제20조]

제2장 정보통신공사업법의 통신선로공사에 관한 사항

2.1 정보통신공사업법 이해

2.1.1 정보통신공사업법의 목적

이 법은 정보통신공사의 조사 · 설계 · 시공 · 감리(監理) · 유지관리 · 기술관리 등에 관한 기본적인 사항과 정보통신공사업의 등록 및 정보통신공사의 도급(都給) 등에 필요한 사항을 규정함으로써 정보통신공사의 적절한 시공과 공사업의 건전한 발전을 도모함을 목적으로 한다.

[근거 : 정보통신공사업법 제1조]

2.1.2 정보통신공사업법에서 사용하는 용어

1. "정보통신설비"란 유선, 무선, 광선, 그 밖의 전자적 방식으로 부호 · 문자 · 음향 또는 영상 등의 정보를 저장 · 제어 · 처리하거나 송수신하기 위한 기계 · 기구(器具) · 선로(線路) 및 그 밖에 필요한 설비를 말한다.
2. "정보통신공사"란 정보통신설비의 설치 및 유지 · 보수에 관한 공사와 이에 따르는 부대공사(附帶工事)로서 대통령령으로 정하는 공사를 말한다.
3. "정보통신공사업"이란 도급이나 그 밖에 명칭이 무엇이든 이 법을 적용받는 정보통신공사(이하 "공사"라 한다)를 업(業)으로 하는 것을 말한다.
4. "정보통신공사업자"란 이 법에 따른 정보통신공사업(이하 "공사업"이라 한다)의 등록을 하고 공사업을 경영하는 자를 말한다.
5. "용역"이란 다른 사람의 위탁을 받아 공사에 관한 조사, 설계, 감리, 사업관리 및 유지관리 등의 역무를 하는 것을 말한다.
6. "용역업"이란 용역을 영업으로 하는 것을 말한다.
7. "용역업자"란 「엔지니어링산업 진흥법」 제21조제1항에 따라 엔지니어링사업자로 신고하거나 「기술사법」 제6조에 따라 기술사사무소의 개설자로 등록한 자로서 통신 · 전자 · 정보처리 등 대통령령으로 정하는 정보통신 관련 분야의 자

격을 보유하고 용역업을 경영하는 자를 말한다.

8. “설계”란 공사(「건축사법」 제4조에 따른 건축물의 건축등은 제외한다)에 관한 계획서, 설계도면, 시방서(示方書), 공사비명세서, 기술계산서 및 이와 관련된 서류(이하 “설계도서”라 한다)를 작성하는 행위를 말한다.
9. “감리”란 공사(「건축사법」 제4조에 따른 건축물의 건축등은 제외한다)에 대하여 발주자의 위탁을 받은 용역업자가 설계도서 및 관련 규정의 내용대로 시공되는지를 감독하고, 품질관리·시공관리 및 안전관리에 대한 지도 등에 관한 발주자의 권한을 대행하는 것을 말한다.
10. “감리원(監理員)”이란 공사(「건축사법」 제4조에 따른 건축물의 건축등은 제외한다)의 감리에 관한 기술 또는 기능을 가진 사람으로서 제8조에 따라 과학기술정보통신부장관의 인정을 받은 사람을 말한다.
11. “발주자”란 공사(용역을 포함한다. 이하 이 조에서 같다)를 공사업자(용역업자를 포함한다. 이하 이 조에서 같다)에게 도급하는 자를 말한다. 다만, 수급인(受給人)으로서 도급받은 공사를 하도급(下都給)하는 자는 제외한다.
12. “도급”이란 원도급(原都給), 하도급, 위탁, 그 밖에 명칭이 무엇이든 공사를 완공할 것을 약정하고, 발주자가 그 일의 결과에 대하여 대가를 지급할 것을 약정하는 계약을 말한다.
13. “하도급”이란 도급받은 공사의 일부에 대하여 수급인이 제3자와 체결하는 계약을 말한다.
14. “수급인”이란 발주자로부터 공사를 도급받은 공사업자를 말한다.
15. “하수급인”이란 수급인으로부터 공사를 하도급받은 공사업자를 말한다.
16. “정보통신기술자”란 「국가기술자격법」에 따라 정보통신 관련 분야의 기술자격을 취득한 사람과 정보통신설비에 관한 기술 또는 기능을 가진 사람으로서 제39조에 따라 과학기술정보통신부장관의 인정을 받은 사람을 말한다.

[근거 : 정보통신공사업법 제2조]

2.2 선로설비의 정보통신공사

2.2.1 정보통신설비의 설치 및 유지 · 보수에 관한 공사의 범위

①「정보통신공사업법」 제2조제2호에 따른 정보통신설비의 설치 및 유지 · 보수에 관한 공사와 이에 따른 부대공사는 다음 각 호와 같다.

1. 전기통신관계법령 및 전파관계법령에 따른 통신설비공사
2. 「방송법」 등 방송관계법령에 따른 방송설비공사
3. 정보통신관계법령에 따라 정보통신설비를 이용하여 정보를 제어 · 저장 및 처리하는 정보설비공사
4. 수전설비를 제외한 정보통신전용 전기시설설비공사 등 그 밖의 설비공사
5. 제1호부터 제4호까지의 규정에 따른 공사의 부대공사
6. 제1호부터 제5호까지의 규정에 따른 공사의 유지 · 보수공사

[근거 : 정보통신공사업법시행령 제2조]

2.2.2 용역업자의 범위

정보통신공사업법 제2조제7호에서 "대통령령으로 정하는 정보통신 관련 분야"란 정보통신 · 정보관리 · 산업계측제어 · 전자계산기 · 전자계산조직응용 · 전자응용 및 철도신호를 말한다.

[근거 : 정보통신공사업법시행령 제3조]

2.3 선로설비공사의 제한

2.3.1 공사의 제한

공사(工事)는 정보통신공사업자가 아니면 도급받거나 시공할 수 없다. 다만, 다음 각 호의 어느 하나에 해당하면 그러하지 아니하다.

1. 「전기통신사업법」 제5조에 따라 과학기술정보통신부장관의 허가를 받은 기간통신사업자가 허가받은 역무를 수행하기 위하여 공사를 시공하는 경우

2. 대통령령으로 정하는 경미한 공사를 도급받거나 시공하는 경우
3. 통신구(通信溝) 설비공사 또는 도로공사에 딸려서 그와 동시에 시공되는 정보통신 지하관로(地下管路)의 설비공사를 대통령령으로 정하는 바에 따라 도급받거나 시공하는 경우

[근거 : 정보통신공사업법 제3조]

2.3.2 공사제한의 예외

① 정보통신공사업법 제3조제2호에 따라 정보통신공사업자(이하 "공사업자"라 한다) 외의 자가 도급받거나 시공할 수 있는 경미한 공사의 범위는 다음 각 호와 같다.

1. 간이무선국 · 아마추어국 및 실험국의 무선설비설치공사
2. 연면적(둘 이상의 건축물에 설비를 연결하여 설치하는 경우에는 각 건축물의 연면적 합계를 말한다. 이하 같다) 1천 제곱미터 이하의 건축물의 자가유선방송설비 · 구내방송설비 및 폐쇄회로텔레비젼의 설비공사
3. 건축물에 설치되는 5회선 이하의 구내통신선로 설비공사
4. 라우터 또는 허브의 증설을 수반하지 아니하는 5회선 이하의 근거리통신망(LAN)선로의 증설공사
5. 다음 각 목의 공사로서 「소프트웨어산업 진흥법」 제24조의2제2항에 따라 중소소프트웨어사업자만 참여하는 공사[6회선 이상의 근거리통신망(LAN)선로설비공사는 제외한다]
   가. 서버 · 백업장비 · 주변기기 등 전산장비(이하 "전산장비"라 한다)의 설치공사 및 유지보수
   나. 전산장비의 대 · 개체공사
   다. 주전산장치의 성능향상을 위한 주변기기의 설치공사
   라. 연면적 1천 제곱미터 이하의 건축물에 설치되는 공사로서 구내통신선로설비 · 방송설비 · 경비보안설비와 연계되지 아니하는 정보시스템 구축공사
   마. 하드웨어구입비를 제외한 전체사업비 중 소프트웨어관련비(소프트웨어개발비 · 소프트웨어유지보수비 · 데이터베이스구축비 등)의 비중이 80퍼센트 이상인 정보시스템 구축공사
6. 군 및 경찰의 긴급작전을 위한 공사로서 과학기술정보통신부장관이 관계 중앙행정기관의 장과 협의하여 정하는 공사

7. 다음 각 목의 공사로서 과학기술정보통신부장관이 정하여 고시하는 공사
   가. 정보통신설비의 단말기, 차량용 전화 등의 설치 또는 증설공사
   나. 무선통신설비의 이전 · 변경 · 증설 또는 대체 등의 공사
   다. 자기의 정보통신설비의 유지 · 보수공사
8. 제1호부터 제4호까지, 제7호 가목 및 나목의 공사와 유사한 기술수준의 공사로서 과학기술정보통신부장관이 정하여 고시하는 공사

② 정보통신공사업법 제3조제3호에서 "대통령령으로 정하는 바에 따라 도급받거나 시공하는 경우"란 다음 각 호의 자가 단독으로 또는 공사업자와 공동으로 공사를 도급받거나 시공하는 경우를 말한다.

1. 통신구설비공사의 경우 「건설산업기본법」 제9조에 따라 토목공사업 또는 토목건축공사업의 등록을 한 자
2. 도로공사에 부수되어 그와 동시에 시공되는 정보통신 지하관로설비공사의 경우 해당 도로의 공사를 도급받아 시공하는 자

[근거 : 정보통신공사업법시행령 제4조]

2.4 선로설비공사의 기술기준 준수

2.4.1 기술기준의 준수

① 공사를 설계하는 자는 대통령령으로 정하는 기술기준에 적합하게 설계하여야 한다.

② 감리원은 설계도서 및 관련 규정에 적합하게 공사를 감리하여야 한다.

[근거 : 정보통신공사업법 제6조]

2.4.2 설계에 있어서의 기술기준

① 정보통신공사업법 제6조제1항에서 "대통령령으로 정하는 기술기준"이란 다음 각 호의 기술기준을 말한다.

1. 「방송통신발전 기본법」 제28조제1항에 따른 기술기준

1의2. 「전기통신사업법」 제61조, 제68조제2항, 제69조제2항 및 제69조의2제2항에

따른 기술기준

2. 「전파법」 제37조제1항, 제45조, 제47조, 제47조의2제1항 · 제2항 및 제47조의3 제1항에 따른 기술기준
3. 「방송법」 제79조제1항에 따른 기술기준
4. 「건축법 시행령」 제87조제5항 및 「주택건설기준 등에 관한 규정」 제32조, 제32조의2, 제39조 및 제42조에 따른 기술기준
5. 다른 법령에서 공사의 설계 등과 관련하여 과학기술정보통신부장관이 정하도록 한 기술기준이나 표준

[근거 : 정보통신공사업법시행령 제5조]

2.5 선로설비공사의 설계

2.5.1 설계

① 발주자는 용역업자에게 공사의 설계를 발주하여야 한다.

② 제1항에 따라 설계도서를 작성한 자는 그 설계도서에 서명 또는 기명날인하여야 한다.

③ 제1항 및 제2항에 따른 설계 대상인 공사의 범위, 설계도서의 보관, 그 밖에 필요한 사항은 대통령령으로 정한다.

[근거 : 정보통신공사업법 제7조]

2.5.2 설계대상인 공사의 범위

① 정보통신공사업법 제7조에 따라 용역업자에게 설계를 발주하여야 하는 공사는 다음 각 호의 어느 하나에 해당하는 공사를 제외한 공사로 한다.

1. 제4조에 따른 경미한 공사
2. 천재 · 지변 또는 비상재해로 인한 긴급복구공사 및 그 부대공사
3. 별표 1에 따른 통신구설비공사
4. 기존 설비를 대 · 개체하는 공사로서 설계도면의 새로운 작성이 불필요한 공사

② 제1항에도 불구하고 다음 각 호의 어느 하나에 해당하는 공사로서 별표 6에 따

른 기술계 정보통신기술자인 발주자의 소속직원이 관계법령에 따라 설계하는 공사의 경우에는 용역업자에게 발주하지 아니할 수 있되, 그 소속직원은 설계하려는 공사규모에 해당하는 제11조제1항에 따른 적합한 기술등급을 보유하여야 한다. 이 경우 제11조제1항 각 호 중 "특급감리원"은 "특급기술자"로, "고급감리원 이상의 감리원"은 "고급기술자 이상의 기술자"로, "중급감리원 이상의 감리원"은 "중급기술자 이상의 기술자"로, "초급감리원 이상의 감리원"은 "초급기술자 이상의 기술자"로 본다.

1. 국방 및 국가안보 등과 관련하여 기밀유지가 요구되는 공사
2. 다음 각 목의 어느 하나에 해당하는 기관이 시행하는 공사
   가. 국가 및 지방자치단체
   나. 「지방공기업법」에 따른 지방공사
   다. 그 밖에 정보통신 관련 공공기관으로서 과학기술정보통신부장관이 정하여 고시하는 기관
3. 제1호 및 제2호에 따른 공사 외의 공사로서 총공사금액(도급금액에 발주자가 공급하는 자재비를 포함한 금액을 말한다. 이하 같다)이 1억원 미만인 공사

[근거 : 정보통신공사업법시행령 제6조]

2.5.3 설계도서의 보관의무

정보통신공사업법 제7조제3항에 따라 공사의 설계도서는 다음 각 호의 기준에 따라 보관하여야 한다.

1. 공사의 목적물의 소유자는 공사에 대한 실시·준공설계도서를 공사의 목적물이 폐지될 때까지 보관할 것. 다만, 소유자가 보관하기 어려운 사유가 있을 때에는 관리주체가 보관하여야 하며, 시설교체 등으로 실시·준공설계도서가 변경된 경우에는 변경된 후의 실시·준공설계도서를 보관하여야 한다.

2. 공사를 설계한 용역업자는 그가 작성 또는 제공한 실시설계도서를 해당 공사가 준공된 후 5년간 보관할 것

[근거 : 정보통신공사업법시행령 제7조]

2.6 선로설비공사의 시공

2.6.1 공사업의 등록

공사업을 경영하려는 자는 대통령령으로 정하는 바에 따라 특별시장 · 광역시장 · 특별자치시장 · 도지사 또는 특별자치도지사에게 등록하여야 한다.

[근거 : 정보통신공사업법 제14조]

2.6.2 선로설비공사의 도급

1) 도급의 분리

발주자는 공사를 공사업자에게 도급하여야 한다.

[근거 : 정보통신공사업법 제29조]

2) 도급의 분리

공사는 「건설산업기본법」에 따른 건설공사 또는 「전기공사업법」에 따른 전기공사 등 다른 공사와 분리하여 도급하여야 한다. 다만, 공사의 성질상 또는 기술관리상 분리하여 도급하는 것이 곤란한 경우로서 대통령령으로 정하는 경우에는 그러하지 아니하다.

2.6.3 공사도급의 원칙

① 공사도급의 당사자는 각기 대등한 입장에서 합의에 따라 공정하게 계약을 체결하고, 신의에 따라 성실하게 계약을 이행하여야 한다.

② 공사도급의 당사자는 그 계약을 체결할 때 도급금액, 공사기간, 그 밖에 대통령령으로 정하는 사항을 계약서에 명시하여야 하며, 서명 · 날인한 계약서를 서로 내주고 보관하여야 한다.

[근거 : 정보통신공사업법 제26조]

2.7 선로설비공사의 하도급

2.7.1 하도급제한

① 공사업자는 도급받은 공사의 100분의 50을 초과하여 다른 공사업자에게 하도급을 하여서는 아니 된다. 다만, 다음 각 호의 어느 하나에 해당하는 경우에는 공사의 전부를 하도급하지 아니하는 범위에서 100분의 50을 초과하여 하도급할 수 있다.

1. 발주자가 공사의 품질이나 시공상의 능력을 높이기 위하여 필요하다고 인정하는 경우
2. 공사에 사용되는 자재를 납품하는 공사업자가 그 납품한 자재를 설치하기 위하여 공사하는 경우

② 하수급인은 하도급받은 공사를 다른 공사업자에게 다시 하도급을 하여서는 아니 된다. 다만, 하도급금액의 100분의 50 미만에 해당하는 부분을 대통령령으로 정하는 범위에서 다시 하도급하는 경우에는 그러하지 아니하다.

③ 공사업자가 도급받은 공사 중 그 일부를 다른 공사업자에게 하도급하거나 하수급인이 하도급받은 공사 중 그 일부를 다른 공사업자에게 다시 하도급하려면 그 공사의 발주자로부터 서면으로 승낙을 받아야 한다.

[근거 : 정보통신공사업법 제31조]

2.8 선로설비공사의 시공관리

2.8.1 정보통신기술자 배치

① 공사업자는 공사의 시공관리와 그 밖의 기술상의 관리를 하기 위하여 대통령령으로 정하는 바에 따라 공사 현장에 정보통신기술자 1명 이상을 배치하고, 이를 그 공사의 발주자에게 알려야 한다.

② 제1항에 따라 배치된 정보통신기술자는 해당 공사의 발주자의 승낙을 받지 아니하고는 정당한 사유 없이 그 공사 현장을 이탈하여서는 아니 된다.

③ 발주자는 제1항에 따라 배치된 정보통신기술자가 업무수행의 능력이 현저히

부족하다고 인정되는 경우에는 수급인에게 정보통신기술자의 교체를 요청할 수 있다. 이 경우 수급인은 정당한 사유가 없으면 이에 따라야 한다.

[근거 : 정보통신공사업법 제33조]

2.8.2 정보통신기술자의 현장배치기준

① 정보통신공사업법 제33조제1항에 따라 공사의 현장에 배치하여야 하는 정보통신기술자는 해당 공사의 종류에 상응하는 정보통신기술자이어야 한다.

② 공사업자는 공사가 시공 중인 때에는 다음 각 호의 구분에 따라 정보통신기술자를 현장에 상주하게 하여 공사관리를 하여야 한다. 다만, 공사가 중단된 기간은 그러하지 아니하다.

1. 도급금액이 5억원 이상의 공사 : 중급기술자 이상인 정보통신기술자
2. 도급금액이 5천만원 이상 5억원 미만인 공사 : 초급기술자 이상인 정보통신기술자

③ 공사현장에 배치된 정보통신기술자는 공사에 따른 위험 및 장해가 발생하지 아니하도록 모든 안전조치를 강구하여야 하며, 관계법령에 따라 그 업무를 성실히 수행하여야 한다.

④ 공사업자는 다음 각 호의 어느 하나에 해당하는 경우에는 발주자의 승낙을 얻어 1명의 정보통신기술자에게 2개의 공사를 관리하게 할 수 있다.

1. 도급금액이 1억원 미만의 공사로서 동일한 시(특별시 · 광역시 및 특별자치시를 포함한다) · 군에서 행하여지는 동일한 종류의 공사
2. 이미 시공 중에 있는 공사의 현장에서 새로이 행하여지는 동일한 종류의 공사

[근거 : 정보통신공사업법시행령 제34조]

2.9 구내선로설비공사의 사용전검사

2.9.1 공사의 사용전검사

① 대통령령으로 정하는 공사를 발주한 자(자신의 공사를 스스로 시공한 공사업자 및 제3조제2호에 따라 자신의 공사를 스스로 시공한 자를 포함하며, 이하 이 조

에서 “발주자등”이라 한다)는 해당 공사를 시작하기 전에 설계도를 특별자치시장 · 특별자치도지사 · 시장 · 군수 · 구청장(자치구의 구청장을 말한다. 이하 같다)에게 제출하여 제6조에 따른 기술기준에 적합한지를 확인받아야 하며, 그 공사를 끝냈을 때에는 특별자치시장 · 특별자치도지사 · 시장 · 군수 · 구청장의 사용전검사를 받고 정보통신설비를 사용하여야 한다.

[근거 : 정보통신공사업법 제36조]

2.9.2 착공전 설계도 확인 및 사용전검사의 대상공사

① 정보통신공사업법 제36조제1항에서 “대통령령으로 정하는 공사”란 별표 1에 따른 구내통신선로 · 이동통신구내선로 · 방송공동수신설비의 공사를 말한다. 다만, 다음 각 호의 구분에 따른 공사는 제외한다.

1. 착공전 설계도 확인의 경우
   가. 연면적 150제곱미터 이하인 건축물에 설치되는 공사
   나. 「건축법」 제14조에 따른 신고대상건축물에 설치되는 공사
2. 사용전검사의 경우
   가. 제1호가목 또는 나목의 공사
   나. 감리를 실시한 공사

② 공사를 발주한 자는 제1항제1호의 경우 제14조에 따라 발주자에게 통보한 감리결과보고서의 사본(설계도면 등 부속서류는 제외한다)을 특별자치시장 · 특별자치도지사 · 시장 · 군수 · 구청장(자치구의 구청장을 말한다. 이하 같다)에게 제출하여야 한다.

[근거 : 정보통신공사업법시행령 제35조]

2.10 선로설비공사의 하자담보책임

2.10.1 공사의 하자 담보책임

수급인은 발주자에 대하여 공사의 완공일부터 5년 이내의 범위에서 공사의 종류별로 대통령령으로 정하는 기간 내에 발생한 하자(瑕疵)에 대하여 담보책임이 있다.

[근거 : 정보통신공사업법 제37조]

2.10.2 공사의 하자담보책임

① 정보통신공사업법 제37조제1항에서 "공사의 종류별로 대통령령으로 정하는 기간"이란 다음 각 호의 기간을 말한다.

1. 터널식 또는 개착식 등의 통신구공사 : 5년
2. 「전기통신기본법」 제2조제4호에 따른 사업용전기통신설비 중 케이블 설치공사(구내에서 시공되는 공사는 제외한다), 관로공사, 철탑공사, 교환기설치공사, 전송설비공사, 위성통신설비공사 : 3년
3. 제1호 및 제2호의 공사 외의 공사 : 1년

[근거 : 정보통신공사업법시행령 제37조]

2.11 선로설비공사 관리 정보통신기술자

2.11.1 정보통신기술자의 인정

① 정보통신기술자로 인정을 받으려는 사람은 대통령령으로 정하는 바에 따라 과학기술정보통신부장관에게 자격 인정을 신청하여야 한다.

② 과학기술정보통신부장관은 제1항에 따른 신청인이 대통령령으로 정하는 정보통신기술자의 자격에 해당하는 경우에는 정보통신기술자로 인정하여야 한다.

[근거 : 정보통신공사업법 제39조]

제3장 방송통신설비의 기술기준에 관한 규정

3.1 근거규정

「방송통신발전기본법」 제28조제1항, 「전기통신사업법」 제35조의2 · 제61조 · 제68조제2항 · 제69조제2항 · 제69조의2제2항, 「전파법」 제58조의2 제1항 및 「주택건설기준 등에 관한 규정」 제32조에 따라 방송통신설비 · 관로 · 구내통신선로설비 구내용 이동통신설비 및 방송통신기자재 등의 기술기준을 규정(대통령령 제24445호(대통령령 제28210호)

3.1.1 방송통신발전기본법 제28조제1항의 내용

제28조(기술기준) ① 방송통신설비를 설치 · 운영하는 자는 그 설비를 대통령령으로 정하는 기술기준에 적합하게 하여야 한다.

3.1.2 전기통신사업법 제35조의2 내용

제35조의2(공중케이블 정비의무) ① 전기통신사업자와 시설관리기관은 도시미관의 보호를 위하여 전주에 설치되는 케이블(이하 이 조에서 “공중케이블”이라 한다)을 정비하여야 한다.

② 과학기술정보통신부장관은 제1항에 따른 정비가 체계적으로 추진될 수 있도록 공중케이블 정비계획(이하 이 조에서 “정비계획”이라 한다)을 매년 수립하여야 한다. 이 경우 관계 부처 및 관련 전기통신사업자 등으로 구성된 공중케이블정비협의회의 심의를 거쳐야 한다.

③ 전기통신사업자와 시설관리기관은 정비계획에 따라야 하며, 정비계획의 시행에 소요되는 비용은 대통령령으로 정하는 바에 따라 해당 설비등을 제공 · 이용하는 자가 공동으로 분담한다.

④ 제2항에 따른 공중케이블정비협의회의 구성 · 운영 등에 필요한 사항은 대통령령으로 정한다.

3.1.3 전기통신사업법 제61조의 내용

제61조(전기통신설비의 유지 · 보수) 전기통신사업자는 그가 제공하는 전기통신역무의 안정적인 공급을 위하여 해당 전기통신설비를 대통령령으로 정하는 기술기준에 적합하도록 유지 · 보수하여야 한다.

3.1.4 전기통신사업법 제68조제2항의 내용

제68조 ② 기간통신사업자가 제1항에 따른 공동구 또는 관로 등의 설치에 관하여 제시하는 의견은 대통령령으로 정하는 관로 설치기준에 적합하여야 한다.

3.1.5 전기통신사업법 제69조제2항의 내용

제69조(구내용 전기통신선로설비 등의 설치) ①「건축법」 제2조제1항제2호에 따른 건축물에는 구내용(構內用) 전기통신선로설비 등을 갖추어야 하며, 전기통신회선설비와의 접속을 위한 일정 면적을 확보하여야 한다.

② 건축물의 범위, 전기통신선로설비 등의 설치기준 및 전기통신회선설비와의 접속을 위한 면적확보 등에 관한 사항은 대통령령으로 정한다.

「건축법」 제2조제1항제2호 내용

"건축물"이란 토지에 정착(定着)하는 공작물 중 지붕과 기둥 또는 벽이 있는 것과 이에 딸린 시설물, 지하나 고가(高架)의 공작물에 설치하는 사무소 · 공연장 · 점포 · 차고 · 창고, 그 밖에 대통령령으로 정하는 것을 말한다.

3.1.6 전기통신사업법 제69조의2제2항의 내용

제69조의2(구내용 이동통신설비의 설치) ② 제1항에 따라 설치하여야 하는 구내용 이동통신설비의 종류, 설치기준 및 절차에 관한 사항은 대통령령으로 정한다.

3.1.7 주택건설기준 등에 관한 규정 제32조의 내용

제32조(통신시설) ① 주택에는 세대마다 전화설치장소(거실 또는 침실을 말한다)까지 구내통신선로설비를 설치하여야 하되, 구내통신선로설비의 설치에 필요한 사항은 따로 대통령령으로 정한다.

② 경비실을 설치하는 공동주택의 각 세대에는 경비실과 통화가 가능한 구내전화를 설치하여야 한다.

③ 주택에는 세대마다 초고속 정보통신을 할 수 있는 구내통신선로설비를 설치하여야 한다.

3.1.8 전파법 제58조의2제1항의 내용

제58조의2(방송통신기자재 등의 적합성 평가) ① 방송통신기자재와 전자파장해를 주거나 전자파로부터 영향을 받는 기자재(이하 "방송통신기자재 등"이라 한다)를 제조 또는 판매하거나 수입하려는 자는 해당 기자재에 대하여 다음 각 호의 기준(이하 "적합성 평가기준"이라 한다)에 따라 제2항에 따른 적합인증, 제3항 및 제4항에 따른 적합등록 또는 제7항에 따른 잠정인증(이하 "적합성 평가"라 한다)을 받아야 한다.

1. 제37조 및 제45조에 따른 기술기준
2. 제47조의2에 따른 전자파 인체보호기준
3. 제47조의3제1항에 따른 전자파 적합성기준
4. 「방송통신발전 기본법」 제28조에 따른 기술기준
5. 「전기통신사업법」 제61조 · 제68조 · 제69조에 따른 기술기준
6. 「방송법」 제79조에 따른 기술기준
7. 다른 법률에서 방송통신기자재 등과 관련하여 과학기술정보통신부장관이 정하도록 한 기술기준이나 표준

3.1.9 용어의 정의

① 이 영에서 사용하는 용어의 뜻은 다음 각 호와 같다.

1. "방송 공동수신설비"란 방송 공동수신 안테나 시설과 종합유선방송 구내전송선로설비를 말한다.
2. "방송 공동수신 안테나 시설"이란 「방송법」에 따라 허가받은 지상파텔레비전방송, 에프엠(FM)라디오방송, 이동멀티미디어방송 및 위성방송(이하 "지상파방송, 위성방송"이라 한다)을 공동으로 수신하기 위하여 설치하는 수신안테나 · 선로 · 관로 · 증폭기 및 분배기 등과 그 부속설비를 말한다.
3. "종합유선방송 구내전송선로설비"란 종합유선방송을 수신하기 위하여 수신자가 구내에 설치하는 선로 · 관로 · 증폭기 및 분배기 등과 그 부속설비를 말한다.

4. “수신안테나”란 지상파방송, 위성방송의 신호를 수신하기 위하여 건축물의 옥상 또는 옥외에 설치하는 안테나를 말한다.
5. “보호기”란 벼락이나 강전류 전선과의 접촉 등에 따라 발생하는 이상전류 또는 이상전압이 수신안테나 등으로 흘러들어오는 것을 제한하거나 차단하는 장치를 말한다.
6. “레벨조정기”란 수신안테나로부터 들어오는 각 채널별 텔레비전방송신호의 세기를 고르게 조정하는 장치를 말한다.
7. “증폭기”란 동축케이블 · 광케이블 · 분배기 및 분기기 등으로 인하여 발생한 신호의 손실을 회복하기 위하여 사용하는 장치를 말한다.
8. “분배기”란 입력신호에너지를 둘 이상으로 분배하는 장치를 말한다.
9. “분기기”란 입력신호에너지를 간선에서 지선으로 나누는 장치를 말한다.
10. “신호처리기”란 지상파텔레비전방송, 에프엠(FM)라디오방송, 이동멀티미디어방송의 신호를 수신하여 증폭하고, 불필요한 신호의 제거 등을 통하여 일정수준 이상으로 출력하여 주는 장치를 말한다.
11. “장치함”이란 지상파방송, 위성방송 및 종합유선방송의 신호를 각 세대별 또는 층별로 분배하기 위하여 증폭기와 분배기 등을 설치한 분배함을 말한다.
11의2. “층 장치함”이란 방송 공동수신설비의 출력신호의 분배 및 통신 선로 등에 공용하여 각 세대별 또는 지하 주차장 등에 인입하기 위하여 각 층(지하층 포함)에 설치한 분배함을 말한다.
12. “세대단자함”이란 세대 안으로 들어오는 통신선로 또는 방송 공동수신설비 등의 배선을 효율적으로 분배 · 접속하기 위하여 이용자의 전용공간에 설치하는 분배함을 말한다.
13. “직렬단자”란 선로와 직렬로 접속되어 지상파방송, 위성방송 및 종합유선방송의 신호를 분배하거나 분기할 수 있으며, 그 내부에 텔레비전수상기 및 에프엠라디오수신기에 방송신호를 전달하여 주는 접속단자가 내장되어 있는 것을 말한다.
14. “성형배선”이란 세대단자함에서 각각의 직렬단자까지 직접 배선되는 방식을 말한다.
15. “방송 주파수대역”이란 방송을 수신하기 위하여 방송 공동수신설비에서 사용하는 주파수대역을 말한다.

② 제1항에서 정한 사항 외에 이 기준에서 사용하는 용어의 뜻은 「전파법 시행령」 및 「방송통신설비의 기술기준에 관한 규정」에서 정하는 바에 따른다.

[근거규정] 방송통신설비의 기술기준에 관한 규정 제3조

3.2 일반적 조건

3.2.1 분계점

① 방송통신설비가 다른 사람의 방송통신설비와 접속되는 경우에는 그 건설과 보전에 관한 책임 등의 한계를 명확하게 하기 위하여 분계점이 설정되어야 한다.

② 각 설비 간의 분계점은 다음 각 호와 같다.

1. 사업용방송통신설비의 분계점은 사업자 상호 간의 합의에 따른다. 다만, 미래창조과학부장관이 분계점을 고시한 경우에는 이에 따른다.
2. 사업용방송통신설비와 이용자방송통신설비의 분계점은 도로와 택지 또는 공동주택단지의 각 단지와의 경계점으로 한다. 다만, 국선과 구내선의 분계점은 사업용방송통신설비의 국선접속설비와 이용자방송통신설비가 최초로 접속되는 점으로 한다.

[근거규정] 방송통신설비의 기술기준에 관한 규정 제4조

3.2.2 분계점에서의 접속기준

① 분계점에서의 접속방식은 간단하게 분리 · 시험할 수 있어야 하며, 미래창조과학부장관이 그 접속방식을 정하여 고시한 경우에는 이에 따른다.

② 방송통신망 간 접속기준은 사업자 상호 간의 합의에 따른다. 다만, 과학기술정보통신부장관이 접속기준을 고시한 경우에는 이에 따른다.

③ 사업자는 이용자로부터 단말장치의 접속을 요청받은 경우 기술기준에 부적합하거나 그 밖에 특별한 경우를 제외하고는 이를 거부하여서는 아니 된다.

[근거규정] 방송통신설비의 기술기준에 관한 규정 제5조

3.2.3 위해 등의 방지

① 방송통신설비는 이에 접속되는 다른 방송통신설비를 손상시키거나 손상시킬 우려가 있는 전압 또는 전류가 송출되는 것이어서는 아니 된다.

② 방송통신설비는 이에 접속되는 다른 방송통신설비의 기능에 지장을 주거나 지장을 줄 우려가 있는 방송통신콘텐츠가 송출되는 것이어서는 아니 된다.

③ 전력선통신을 행하기 위한 방송통신설비는 다음 각 호의 기능을 갖추어야 한다.

1. 전력선과의 접속부분을 안전하게 분리하고 이를 연결할 수 있는 기능
2. 전력선으로부터 이상전압이 유입된 경우 인명 · 재산 및 설비자체를 보호할 수 있는 기능

④ 제3항에 따른 전력선통신을 행하기 위한 방송통신설비의 위해방지 등에 대한 세부기술기준은 과학기술정보통신부장관이 정하여 고시한다.

[근거규정] 방송통신설비의 기술기준에 관한 규정 제6조

3.2.4 보호기 및 접지

① 벼락 또는 강전류전선과의 접촉 등으로 이상전류 또는 이상전압이 유입될 우려가 있는 방송통신설비에는 과전류 또는 과전압을 방전시키거나 이를 제한 또는 차단하는 보호기가 설치되어야 한다.

② 제1항에 따른 보호기와 금속으로 된 주배선반 · 지지물 · 단자함 등이 사람 또는 방송통신설비에 피해를 줄 우려가 있을 경우에는 접지되어야 한다.

③ 제1항 및 제2항에 따른 방송통신설비의 보호기 성능 및 접지에 대한 세부기술기준은 과학기술정보통신부장관이 정하여 고시한다.

[근거규정] 방송통신설비의 기술기준에 관한 규정 제7조

3.2.5 전송설비 및 선로설비의 보호

① 전송설비 및 선로설비는 다른 사람이 설치한 설비나 사람 · 차량 또는 선박 등의 통행에 피해를 주거나 이로부터 피해를 받지 아니하도록 하여야 하며, 시공상 불가피한 경우에는 그 주위에 설비에 관한 안전표지를 설치하는 등의 보호대책을 마련하여야 한다.

② 제1항에 따른 전송설비 및 선로설비 설치방법에 대한 세부기술기준은 과학기술정보통신부장관이 정하여 고시한다.

[근거규정] 방송통신설비의 기술기준에 관한 규정 제8조

3.2.6 전력유도의 방지

① 전송설비 및 선로설비는 전력유도로 인한 피해가 없도록 건설 · 보전되어야 한다.

② 전력유도의 전압이 다음 각 호의 제한치를 초과하거나 초과할 우려가 있는 경우에는 전력유도 방지조치를 하여야 한다. 〈개정 2011.1.4.〉

1. 이상시 유도위험전압 : 650볼트. 다만, 고장시 전류제거시간이 0.1초 이상인 경우에는 430볼트로 한다.
2. 상시 유도위험종전압 : 60볼트
3. 기기 오동작 유도종전압 : 15볼트. 다만, 해당 방송통신설비의 통신선로가 왕복 2개의 선으로 구성되어 있는 경우에는 적용하지 아니하되, 통신선로의 2개의 선 중 1개의 선이 대지를 통하도록 구성되어 있는 경우(대지귀로방식)에는 적용한다.
4. 잡음전압 : 0.5밀리볼트. 다만, 전철시설로 인한 잡음전압이 0.5밀리볼트보다 크고 2.5밀리볼트 보다 작은 경우에는 1분 동안에 0.5밀리볼트보다 크고 2.5밀리볼트보다 작은 잡음전압과 그 잡음전압이 지속되는 시간(초)을 곱한 전압의 총 합계가 30밀리볼트 · 초를 초과하지 아니하여야 한다.

③ 제2항에 따른 전력유도전압의 구체적 산출방법에 대한 세부기술기준은 과학기술정보통신부장관이 정하여 고시한다.

[근거규정] 방송통신설비의 기술기준에 관한 규정 제9조

3.2.7 전원설비

① 방송통신설비에 사용되는 전원설비는 그 방송통신설비가 최대로 사용되는 때의 전력을 안정적으로 공급할 수 있는 용량으로서 동작전압과 전류의 변동률을 정격전압 및 정격전류의 ±10퍼센트 이내로 유지할 수 있는 것이어야 한다.

② 제1항에 따른 전원설비가 상용전원을 사용하는 사업용방송통신설비인 경우에는 상용전원이 정전된 경우 최대 부하전류를 공급할 수 있는 축전지 또는 발전기 등의 예비전원설비가 설치되어야 한다. 다만, 상용전원의 정전 등에 따른 방송통신서비스 중단의 피해가 경미하고 예비전원설비를 설치하기 곤란한 경우에는 그러하지 아니하다.

③ 사업용방송통신설비 외의 방송통신설비에 대한 전원설비의 설치기준에 필요한 세부 기술기준은 과학기술정보통신부장관이 정하여 고시한다.

[근거규정] 방송통신설비의 기술기준에 관한 규정 제10조

3.2.8 절연저항

선로설비의 회선 상호 간, 회선과 대지 간 및 회선의 심선 상호 간의 절연저항은 직류 500볼트 절연저항계로 측정하여 10메가옴 이상이어야 한다.

[근거규정] 방송통신설비의 기술기준에 관한 규정 제12조

3.2.9 누 화

평형회선은 회선 상호 간 방송통신콘텐츠의 내용이 혼입되지 아니하도록 두 회선 사이의 근단누화 또는 원단누화의 감쇠량은 68데시벨 이상이어야 한다. 다만, 과학기술정보통신부장관이 별도로 세부기술기준을 고시한 경우에는 이에 따른다.

[근거규정] 방송통신설비의 기술기준에 관한 규정 제13조

3.3 이용자방송통신설비

3.3.1 단말장치의 기술기준

① 과학기술정보통신부장관은 방송통신설비의 운용자와 이용자의 안전 및 방송통신서비스의 품질향상을 위하여 다음 각 호의 사항에 관한 단말장치의 기술기준을 정할 수 있다.

1. 방송통신망 및 방송통신망 운용자에 대한 위해방지에 관한 사항
2. 방송통신망의 오용 및 요금산정기기의 고장방지에 관한 사항
3. 방송통신망 또는 방송통신서비스에 대한 장애인의 용이한 접근에 관한 사항
4. 비상방송통신서비스를 위한 방송통신망의 접속에 관한 사항
5. 방송통신망과 단말장치 간 또는 단말장치와 단말장치 간의 상호작동에 관한 사항
6. 전송품질의 유지에 관한 사항
7. 전화역무 간의 상호운용에 관한 사항
8. 그 밖에 방송통신망의 보호를 위하여 필요한 사항

② 과학기술정보통신부장관은 제1항 각 호의 사항에 관한 단말장치의 세부 기술기준을 정한 때에는 이를 고시하여야 한다.

③ 기간통신사업자는 제1항 각 호의 사항에 관하여 제2항에 따른 기술기준 외의 기술기준을 정할 수 있으며, 그 기준을 정한 경우에는 과학기술정보통신부장관의 승인을 받아 이를 공시하여야 한다.

[근거규정] 방송통신설비의 기술기준에 관한 규정 제14조

3.3.2 전자파장해 방지기준

단말장치의 전자파장해 방지기준 및 전자파장해로부터의 보호기준 등은 전파에 관한 법령이 정하는 바에 따른다.

[근거규정] 방송통신설비의 기술기준에 관한 규정 제15조

3.3.3 전파를 사용하는 단말장치

전파를 사용하거나 전파를 사용하는 기능이 부가되어 있는 단말장치의 기술기준에 관하여 이 영에서 정한 것 외에는 전파에 관한 법령이 정하는 바에 따른다.

[근거규정] 방송통신설비의 기술기준에 관한 규정 제16조

3.3.4 구내통신선로설비의 설치대상

「전기통신사업법」 제69조제1항에 따라 구내통신선로설비 등을 갖추어야 하는 건축물은 「건축법」 제11조제1항에 따라 허가를 받아 건축하는 건축물로 한다. 다만, 야외음악당 · 축사 · 차고 · 창고 등 통신수요가 예상되지 아니하는 비주거용 건축물은 제외한다.

[근거규정] 방송통신설비의 기술기준에 관한 규정 제17조

「건축법」 제11조(건축허가) ① 건축물을 건축하거나 대수선하려는 자는 특별자치시장 · 특별자치도지사 또는 시장 · 군수 · 구청장의 허가를 받아야 한다. 다만, 21층 이상의 건축물 등 대통령령으로 정하는 용도 및 규모의 건축물을 특별시나 광역시에 건축하려면 특별시장이나 광역시장의 허가를 받아야 한다.

「전기통신사업법」 제69조 ② 제1항에 따른 건축물의 범위, 전기통신선로설비 등의 설치기준 및 전기통신회선설비와의 접속을 위한 면적확보 등에 관한 사항은 대통령령으로 정한다.

3.3.5 구내용 이동통신설비의 설치대상

① 「전기통신사업법」 제69조의2제1항제1호에서 "대통령령으로 정하는 건축물"이란 연면적의 합계가 1,000제곱미터 이상인 건축물로서 다음 각 호의 어느 하나에 해당하는 건축물을 말한다.

1. 「건축법 시행령」 제2조제17호에 따른 다중이용 건축물(주택단지에 건설된 건축물은 제외한다)
2. 지하층이 있는 건축물로서 제1호에 해당하지 아니하는 건축물(공중이 이용하는

지하도 · 터널 · 지하상가 및 지하에 설치하는 주차장 등 지하건축물을 포함한다)

② 제1항에도 불구하고 다음 각 호의 어느 하나에 해당하는 건축물은 「전기통신사업법」 제69조의2제1항제1호에 따른 건축물에서 제외한다.

1. 제3항에 따른 주택단지에 건설된 주택 및 시설
2. 「도시철도법」 제2조제3호에 따른 도시철도시설
3. 「국방 · 군사시설 사업에 관한 법률」 제2조제1호에 따른 국방 · 군사시설
4. 통신수요가 예상되지 아니한다고 과학기술정보통신부장관이 인정하는 건축물

③ 「전기통신사업법」 제69조의2제1항제2호에서 "대통령령으로 정하는 주택단지"란 500세대 이상의 공동주택이 있는 주택단지를 말한다.

[근거규정] 방송통신설비의 기술기준에 관한 규정 제17조의2 [본조신설 2017.4.25.]

3.3.6 구내용 이동통신설비의 설치장소

「전기통신사업법」 제69조의2제1항 각 호의 시설별로 구내용 이동통신설비를 설치하여야 하는 장소는 [별표 1]과 같다.

[별표 1] 구내용 이동통신설비의 설치장소(제17조의3제1항 관련)

구 분	설 치 대 상	설 치 장 소
1. 「전기통신사업법」 제69조의2제1항제1호, 이 영 제17조의2제1항 및 제2항에 따른 건축물	가. 「건축법 시행령」 제2조제17호에 따른 다중이용 건축물(주택단지에 건설된 건축물은 제외한다)	각 지하층 및 각 지상층
	나. 가목에 해당하지 않는 지하층이 있는 건축물(공중이 이용하는 지하도 · 터널 · 지하상가 및 지하에 설치하는 주차장 등 지하건축물을 포함한다)	각 지하층
2. 「전기통신사업법」 제69조의2제1항제2호 및 이 영 제17조의2제3항에 따른 주택 및 시설	가. 제24조의2제1항에 따라 협의하여 지상층에 이동통신구내중계설비를 설치하기로 한 주택 및 시설	각 지하층 및 과학기술정보통신부장관이 정하여 고시하는 기준에 적합한 지상층
	나. 가목에 해당하지 않는 지하층이 있는 주택 및 시설	각 지하층
3. 「전기통신사업법」 제69조의2제1항제3호에 따른 도시철도시설	과학기술정보통신부장관이 정하여 고시하는 기준에 적합한 장소	

[비고]
위 표에서 규정한 사항 외에 구내용 이동통신설비를 설치하여야 하는 장소에 관한 세부사항은 과학기술정보통신부장관이 정하여 고시한다.

[근거규정] 방송통신설비의 기술기준에 관한 규정 제17조의3 [본조신설 2017.4.25.]

3.3.7 설치방법

① 구내통신선로설비 및 이동통신구내선로설비는 그 구성과 운영 및 사업용방송통신설비와의 접속이 쉽도록 설치하여야 한다.

② 구내통신선로설비의 옥외회선은 지하로 인입(引入)하여야 한다.

③ 구내통신선로설비를 구성하는 접지설비와 이동통신구내선로설비를 구성하는 접지설비는 공동으로 사용할 수 있도록 설치하여야 한다.

④ 구내통신선로설비를 구성하는 배관시설과 이동통신구내선로설비를 구성하는 배관시설은 공동으로 사용할 수 있도록 설치하여야 하며, 설치된 후 배선의 교체 및 증설시공이 쉽게 이루어질 수 있는 구조로 설치하여야 한다.

⑤ 제1항부터 제4항까지의 규정에 따른 구내통신선로설비 및 이동통신구내선로설비의 구체적인 설치방법 등에 대한 세부기술기준은 과학기술정보통신부장관이 정하여 고시한다.

[근거규정] 방송통신설비의 기술기준에 관한 규정 제18조

제4조제2항제2호 사업용방송통신설비와 이용자방송통신설비의 분계점은 도로와 택지 또는 공동주택단지의 각 단지와의 경계점으로 한다. 다만, 국선과 구내선의 분계점은 사업용방송통신설비의 국선접속설비와 이용자방송통신설비가 최초로 접속되는 점으로 한다.

「전기통신사업법」 제28조(이용약관의 신고 등) ① 기간통신사업자는 그가 제공하려는 전기통신서비스에 관하여 그 서비스별로 요금 및 이용조건(이하 "이용약관"이라 한다)을 정하여 과학기술정보통신부장관에게 신고하여야 한다.

3.3.8 구내통신실의 면적확보

「전기통신사업법」 제69조제2항에 따른 전기통신회선설비와의 접속을 위한 면적기준은 다음 각 호와 같다.

1. 업무용건축물에는 국선·국선단자함 또는 국선배선반과 초고속통신망장비, 이동통신망장비 등 각종 구내통신선로설비 및 구내용 이동통신설비를 설치하기 위한 공간으로서 다음 각 목의 구분에 따라 집중구내통신실과 층구내통신실을 확보하여야 한다.
   가. 집중구내통신실 : [별표 2]에 따른 면적확보 기준을 충족할 것
   나. 층구내통신실 : 각 층별로 [별표 2]에 따른 면적확보 기준을 충족할 것
2. 주거용건축물 중 공동주택에는 [별표 3]에 따른 면적확보 기준을 충족하는 집중구내통신실을 확보하여야 한다.

3. 하나의 건축물에 업무용건축물과 주거용건축물 중 공동주택이 복합된 건축물에는 각각 별표 2 및 별표 3에 따른 면적확보 기준을 충족하는 집중구내통신실을 용도별로 각각 분리된 공간에 확보하여야 하며, 업무용건축물에 해당하는 부분에는 별표 2에 따른 면적확보 기준을 충족하는 층구내통신실을 확보하여야 한다. 다만, 업무용건축물에 해당하는 부분의 연면적이 500제곱미터 미만인 건축물로서 다음 각 목의 요건을 모두 충족하는 경우에는 집중구내통신실을 용도별로 분리하지 아니하고 통합된 공간에 확보할 수 있다.
   가. 집중구내통신실의 면적이 별표 2와 별표 3에 따른 면적확보 기준을 합산한 면적 이상일 것
   나. 집중구내통신실이 해당 용도별 전기통신회선설비와의 접속기능을 원활히 수행할 수 있을 것

「전기통신사업법」 제69조(구내용 전기통신선로설비 등의 설치) ① 「건축법」 제2조제1항제2호에 따른 건축물에는 구내용(構內用) 전기통신선로설비 등을 갖추어야 하며, 전기통신회선설비와의 접속을 위한 일정 면적을 확보하여야 한다.
② 제1항에 따른 건축물의 범위, 전기통신선로설비 등의 설치기준 및 전기통신회선설비와의 접속을 위한 면적확보 등에 관한 사항은 대통령령으로 정한다.

[별표 2] 업무용건축물의 구내통신실 면적확보기준(제19조제1호 및제3호 관련)

건축물 규모	확보대상	확보면적
1. 6층 이상이고 연면적 5천제곱미터 이상인 업무용건축물	가. 집중구내통신실	10.2제곱미터 이상으로 1개소 이상
	나. 층구내통신실	1) 각 층별 전용면적이 1천제곱미터 이상인 경우에는 각 층별로 10.2제곱미터 이상으로 1개소 이상 2) 각 층별 전용면적이 800제곱미터 이상인 경우에는 각 층별로 8.4제곱미터 이상으로 1개소 이상 3) 각 층별 전용면적이 500제곱미터 이상인 경우에는 각 층별로 6.6제곱미터 이상으로 1개소 이상 4) 각 층별 전용면적이 500제곱미터 미만인 경우에는 5.4제곱미터 이상으로 1개소 이상
2. 제1호 외의 업무용건축물	집중구내통신실	건축물의 연면적이 500제곱미터 이상인 경우 10.2제곱미터 이상으로 1개소 이상. 다만, 500제곱미터 미만인 경우는 5.4제곱미터 이상으로 1개소 이상.

[비고]

1. 같은 층에 집중구내통신실과 층구내통신실을 확보하여야 하는 경우에는 집중구내통신실만을 확보할 수 있다.
2. 층별 전용면적이 500제곱미터 미만인 경우로서 각 층별로 통신실을 확보하기가 곤란한 경우에는 하나의 층구내통신실에 2개층 이상의 통신설비를 통합하여 수용할 수 있다. 이 경우 층구내통신실 확보면적은 통합 수용된 각 층의 전용면적을 합하여 위 표 제1호 중 층구내통신실의 확보면적란의 기준을 적용한다.
3. 같은 층에 층구내통신실을 2개소 이상으로 분리 설치하려는 경우에는 층구내통신실의 면적은 최소 5.4제곱미터 이상이어야 한다.
4. 집중구내통신실은 외부환경에 영향이 적은 지상에 확보되어야 한다. 다만, 부득이한 사유로 지상확보가 곤란한 경우에는 침수우려가 없고 습기가 차지 아니하는 지하층에 설치할 수 있다.
5. 집중구내통신실에는 조명시설과 통신장비전용의 전원설비를 갖추어야 한다.
6. 각 통신실의 면적은 벽이나 기둥 등을 제외한 면적으로 한다.
7. 집중구내통신실의 출입구에는 시건장치를 설치하여야 한다.

[별표 3] 공동주택의 구내통신실 면적확보기준(제19조제2호 및 제3호 관련)

건축물 규모	확보대상	확보면적
1. 50세대 이상 500세대 이하 단지	집중구내통신실	10제곱미터 이상으로 1개소
2. 500세대 초과 1,000세대 이하 단지	집중구내통신실	15제곱미터 이상으로 1개소
3. 1,000세대 초과 1,500세대 이하 단지	집중구내통신실	20제곱미터 이상으로 1개소
4. 1,500세대 초과 단지	집중구내통신실	25제곱미터 이상으로 1개소

[비고]

1. 집중구내통신실은 외부환경에 영향이 적은 지상에 확보되어야 한다. 다만, 부득이한 사유로 지상확보가 곤란한 경우에는 침수우려가 없고 습기가 차지 아니하는 지하층에 설치할 수 있다.
2. 집중구내통신실에는 조명시설과 통신장비전용의 전원설비를 구비하여야 한다.
3. 각 통신실의 면적은 벽이나 기둥 등을 제외한 면적으로 한다.
4. 집중구내통신실의 출입구에는 시건장치를 설치하여야 한다.

[근거규정] 방송통신설비의 기술기준에 관한 규정 제19조

3.3.9 회선 수

① 구내통신선로설비에는 다음의 사항에 지장이 없도록 충분한 회선을 확보하여야 한다.

1. 구내로 인입되는 국선의 수용

2. 구내회선의 구성

〈별표 4〉 구내통신 회선 수 확보기준(제20조제2항 관련)

대상건축물	회선 수 확보기준
1. 주거용건축물	다음 각 목의 기준 중 어느 하나 이상을 충족할 것 가. 국선단자함에서 세대단자함 또는 인출구까지 단위세대당 1회선(4쌍 꼬임케이블 기준) 이상 또는 광섬유케이블 2코아 이상 나. 광다중화 기능을 갖는 국선단자함과 동단자함이 있는 경우에는 국선단자함에서 동단자함까지 광섬유케이블 8코아 이상, 동단자함에서 세대단자함이나 인출구까지 단위세대당 1회선(4쌍 꼬임케이블 기준) 이상 또는 광섬유케이블 2코아 이상
2. 업무용건축물	다음 각 목의 기준 중 어느 하나 이상을 충족할 것 가. 국선단자함에서 세대단자함 또는 인출구까지 업무구역(10제곱미터) 당 1회선(4쌍 꼬임케이블 기준) 이상 또는 광섬유케이블 2코아 이상 나. 광다중화 기능을 갖는 국선단자함과 동단자함이 있는 경우에는 국선단자함에서 동단자함까지 광섬유케이블 8코아 이상, 동단자함에서 세대단자함이나 인출구까지 업무구역(10제곱미터) 당 1회선(4쌍 꼬임케이블 기준) 이상 또는 광섬유케이블 2코아 이상

[비고]
1. 위 표 제1호 및 제2호 외의 건축물은 건축물의 용도를 고려하여 위 표 제1호 또는 제2호에 따른 회선 수 확보기준을 신축적으로 적용할 수 있다.
2. 위 표에서 "세대단자함"이란 세대에 인입되는 통신선로 등의 배선을 효율적으로 분배·접속하기 위하여 이용자의 주거 용도로만 쓰이는 실내공간에 설치되는 분배함을 말한다.
3. 위 표에서 "동단자함"이란 건물 상호간을 연결하는 통신케이블과 건물 내 수직 구간을 연결하는 통신케이블을 종단하여 상호 연결하는 통신용 분배함을 말한다.

3. 단말장치 등의 증설

② 제1항의 규정에 따라 확보하여야 하는 최소 회선 수의 기준은 [별표4]와 같다.

[근거규정] 방송통신설비의 기술기준에 관한 규정 제20조

3.3.10 종합유선방송 구내전송선로설비

종합유선방송 구내전송선로설비 및 텔레비전 공동시청안테나시설의 설치방법에 대한 세부기술기준은 「방송법」 제79조 및 「건축법 시행령」 제87조 및 「주택건설기준 등에 관한 규정」에서 각각 정하는 바에 따른다.

[근거규정] 방송통신설비의 기술기준에 관한 규정 제21조

「방송법」 제79조(유선방송국설비 등에 관한 기술기준과 준공검사 등) ① 미래창조과학부장관은 유선방송국설비(종합유선방송국 및 중계유선방송·음악유선방송을 행하기 위한 설비를 포함한다. 이하 같다)의 설치 및 유지에 관한 사항과 전송·선로설비의 분계점 등에 필요한 기술기준(이하 "기술기준"이라 한다)을 정하여 고시하여야 한다.

② 종합유선방송사업자·중계유선방송사업자 및 음악유선방송사업자는 대통령령이 정하는 기한까지 기술기준이 정하는 바에 의하여 유선방송국설비를 설치하고 미래창조과학부장관의 준공검사를 받아야 한다. 설치한 유선방송국설비를 변경한 때에도 또한 같다.

③ 종합유선방송사업자·중계유선방송사업자 및 음악유선방송사업자는 전송·선로설비를 자체적으로 설치하거나 전송망사업자의 전송·선로설비 또는 「전기통신사업법」에 따른 기간통신사업자의 전기통신설비를 이용할 수 있으며, 종합유선방송사업자와 중계유선방송사업자는 전송·선로설비를 상호 이용할 수 있다.

④ 종합유선방송사업자·중계유선방송사업자 및 음악유선방송사업자는 천재·지변기타 불가피한 사유로 대통령령이 정하는 기한까지 유선방송국설비를 설치할 수 없는 때에는 대통령령이 정하는 바에 의하여 과학기술정보통신부장관에게 설비 설치기한의 연기를 요청할 수 있다.

「건축법 시행령」 제87조(건축설비 설치의 원칙) ④ 건축물에는 방송수신에 지장이 없도록 공동시청 안테나, 유선방송 수신시설, 위성방송 수신설비, 에프엠(FM)라디오방송 수신설비 또는 방송 공동수신설비를 설치할 수 있다. 다만, 다음 각 호의 건축물에는 방송 공동수신설비를 설치하여야 한다.

1. 공동주택
2. 바닥면적의 합계가 5천제곱미터 이상으로서 업무시설이나 숙박시설의 용도로 쓰는 건축물

⑤ 제4항에 따른 방송수신설비의 설치기준은 미래창조과학부장관이 정하여 고시하는 바에 따른다.

3.4 사업용방송통신설비

3.4.1 안전성 및 신뢰성

① 사업자는 이용자가 안전하고 신뢰성 있는 방송통신서비스를 제공받을 수 있도록 다음 각 호의 사항을 구비하여 운용하여야 한다.

1. 방송통신설비를 수용하기 위한 건축물 또는 구조물의 안전 및 화재대책 등에 관한 사항
2. 방송통신설비를 이용 또는 운용하는 자의 안전 확보에 필요한 사항

3. 방송통신설비의 운용에 필요한 시험·감시 및 통제를 할 수 있는 기능에 관한 사항
4. 그 밖에 방송통신설비의 안전성 및 신뢰성 확보를 위하여 필요한 사항

② 제1항에 따라 방송통신서비스에 사용되는 방송통신설비가 갖추어야 할 안전성 및 신뢰성에 대한 세부기술기준은 과학기술정보통신부장관이 정하여 고시한다.

[근거규정] 방송통신설비의 기술기준에 관한 규정 제22조

3.4.2 사업용방송통신설비와 단말장치 간의 상호연동

방송통신사업자는 사업용방송통신설비를 단말장치와 상호연동이 되도록 설치·운용하여야 한다.

[근거규정] 방송통신설비의 기술기준에 관한 규정 제23조

3.4.3 국선접속설비 및 옥외회선 등의 설치 및 철거

① 기간통신사업자 및 별정통신사업자는 해당 역무에 사용되는 방송통신설비가 벼락 또는 강전류전선과의 접촉 등으로 그에 접속된 이용자방송통신설비 등에 피해를 줄 우려가 있는 경우에는 이를 방지하기 위하여 국선접속설비 또는 그 주변에 제7조에 따른 보호기를 설치하여야 한다.

② 기간통신사업자는 국선을 5회선 이상으로 인입하는 경우에는 케이블로 국선수용단자반에 접속·수용하여야 한다.

③ 기간통신사업자는 국선 등 옥외회선을 지하로 인입하여야 한다. 다만, 같은 구내에 5회선 미만의 국선을 인입하는 경우에는 그러하지 아니하다.

④ 제3항 단서에도 불구하고 기간통신사업자는 건축주등이 제4조제2항제2호의 분계점과 사업지기 이용하는 인입맨홀·핸드홀 또는 인입주까지 지하인입배관을 설치한 경우에는 옥외회선을 지하로 인입하여야 한다.

⑤ 기간통신사업자는 「전기통신사업법」 제35조의2제2항에 따른 공중케이블 정비계획에 따라 정비대상으로 선정된 지역의 건축물에 5회선 미만의 국선 등 옥외회선을 공중으로 인입하는 경우에는 건축물마다 하나의 인입경로로 옥외회선을 설치하여야 한다. 다만, 방송통신설비를 안전하게 설치, 운영 또는 관리하기 위한 건축물로서 과학기술정보통신부장관이 정하여 고시하는 바에 따른 건축물은 두 개의 인입경로로 옥외회선을 설치할 수 있다.

⑥ 기간통신사업자는 「전기통신사업법」 제28조에 따른 이용약관에 따라 체결된

서비스 이용계약이 해지된 경우에는 과학기술정보통신부장관이 정하여 고시하는 기간 이내에 제3항 단서에 따라 설치된 국선 등 옥외회선을 철거하여야 하며, 그 내역을 기록·관리하여야 한다. 다만, 서비스 이용계약이 일부만 해지된 경우에는 그러하지 아니하다.

⑦ 제1항부터 제6항까지에서 규정한 사항 외에 국선접속설비 및 옥외회선 등의 설치 및 철거에 필요한 세부기술기준은 과학기술정보통신부장관이 정하여 고시한다.

[근거규정] 방송통신설비의 기술기준에 관한 규정 제24조

3.4.4 이동통신구내중계설비의 설치 및 철거

① 「전파법」에 따라 할당받은 주파수를 사용하여 전기통신역무를 제공하는 기간통신사업자와 건축주등은 건축주등이 다음 각 호의 어느 하나에 해당하는 서류를 제출하기 전까지 이동통신구내중계설비의 설치장소 및 설치방법 등을 협의하여야 한다.

1. 「건축법」 제11조제3항에 따른 허가신청서
2. 「주택법」 제15조제2항 또는 제3항에 따른 사업계획승인신청서
3. 「도시철도법」 제7조제1항에 따른 사업계획 승인신청서

② 제1항에 따른 기간통신사업자는 해당 기간통신사업자 모두를 대표하여 건축주등과 제1항에 따른 협의를 전담하는 자(이하 "협의대표"라 한다)를 선정하여 해당 기간통신사업자의 인터넷 홈페이지 등에 게시하여야 한다.

③ 협의대표는 「주택법」 제2조제10호에 따른 사업주체(이하 "사업주체"라 한다)와 제1항에 따른 협의를 하는 경우 미리 주택단지 내 전파음영을 고려한 이동통신구내중계설비의 설계결과를 사업주체에게 제시하여야 한다.

④ 사업주체는 제1항에 따른 협의 결과를 누구든지 쉽게 알 수 있도록 해당 주택의 청약 신청 접수일 5일 이전에 「주택법」 제60조에 따른 견본주택 또는 사이버견본주택이 전시되는 인터넷 홈페이지 등에 게시하는 등 필요한 조치를 하여야 한다.

⑤ 제1항에 따른 기간통신사업자는 해당 건축물이 제17조의2에 따른 구내용 이동통신설비의 설치대상에서 제외되고 통신수요가 없는 경우에는 즉시 이동통신구내중계설비를 철거하여야 한다.

⑥ 제1항부터 제5항까지에서 규정한 사항 외에 이동통신구내중계설비의 설치 및 철거에 필요한 세부기술기준은 과학기술정보통신부장관이 정하여 고시한다.

[근거규정] 방송통신설비의 기술기준에 관한 규정 제24조의2

3.4.5 통신공동구 등의 설치기준

① 통신공동구 · 맨홀 등은 통신케이블의 수용과 설치 및 유지 · 보수 등에 필요한 공간과 부대시설을 갖추어야 하고, 관로는 차도의 경우 지면으로부터 1미터 이상의 깊이에 매설하여야 한다.

② 통신공동구 또는 관로를 「국토의 계획 및 이용에 관한 법률」 제2조제7호에 따른 도시 · 군계획시설 또는 「도로법」 제2조에 따른 도로 등에 설치하는 경우 관련 법령에 그 설치기준이 규정된 경우에는 그 법령에서 정한 기준을 적용한다.

③ 통신공동구 또는 관로를 다른 법령에 따라 설치된 설비에 덧붙여 설치하는 경우에는 이 영에서 정한 기준에도 불구하고 다른 법령의 기준을 적용할 수 있다.

④ 제1항에 따른 통신공동구, 관로, 맨홀 등의 설치에 대한 세부기술기준은 과학기술정보통신부장관이 이를 정하여 고시한다.

[근거규정] 방송통신설비의 기술기준에 관한 규정 제25조

「국토의 계획 및 이용에 관한 법률」 제2조제7호 "도시 · 군계획시설"이란 기반시설 중 도시 · 군관리계획으로 결정된 시설을 말한다.

「도로법」 제2조 1. "도로"란 차도, 보도(步道), 자전거도로, 측도(側道), 터널, 교량, 육교 등 대통령령으로 정하는 시설로 구성된 것으로서 「도로법」 제10조에 열거된 것을 말하며, 도로의 부속물을 포함한다.

「도로법」 제10조(도로의 종류와 등급) 도로의 종류는 다음 각 호와 같고, 그 등급은 다음 각 호에 열거한 순서와 같다.

1. 고속국도(고속국도의 지선 포함)
2. 일반국도(일반국도의 지선 포함)
3. 특별시도(特別市道) · 광역시도(廣域市道)
4. 지방도
5. 시도
6. 군도
7. 구도

「도로법 시행령」 제2조(도로) 「도로법」(이하 "법"이라 한다) 제2조제1호에서 "차도, 보도(步道), 자전거도로, 측도(側道), 터널, 교량, 육교 등 대통령령으로 정하는 시설"이란 다음 각 호의 시설이나 공작물을 말한다.

1. 차도 · 보도 · 자전거도로 및 측도
2. 터널 · 교량 · 지하도 및 육교(해당 시설에 설치된 엘리베이터를 포함한다)
3. 궤도
4. 옹벽 · 배수로 · 길도랑 · 지하통로 및 무넘기시설
5. 도선장 및 도선의 교통을 위하여 수면에 설치하는 시설

3.4.6 전송망사업용설비

① 전송망사업용설비와 수신자설비의 분계점에서 수신자에게 종합유선방송신호를 전송하기 위한 전송설비 및 선로설비에 대한 세부기술기준은 과학기술정보통신부장관이 정하여 고시한다.

② 전송망사업용설비에는 전송되는 종합유선방송신호가 정상적으로 제공되고 있는지를 확인할 수 있도록 전송선로시설의 감시장치를 설치하여야 한다.

③ 전송망사업용설비에 관하여 이 영에서 정하는 것 외에는 전파에 관한 법령에서 정한 기준을 적용한다.

④ 「방송법」 제79조제3항에 따라 종합유선방송사업자 및 중계유선방송사업자가 자체적으로 설치하는 전송설비 및 선로설비의 설치 및 철거 등에 관하여는 제1항부터 제3항까지(중계유선방송사업자의 경우에는 제3항만 해당한다) 및 제24조를 준용한다.

[근거규정] 방송통신설비의 기술기준에 관한 규정 제26조

「방송법」 제79조(유선방송국설비 등에 관한 기술기준과 준공검사 등) ③ 종합유선방송사업자 · 중계유선방송사업자 및 음악유선방송사업자는 전송 · 선로설비를 자체적으로 설치하거나 전송망사업자의 전송 · 선로설비 또는 「전기통신사업법」에 따른 기간통신사업자의 전기통신설비를 이용할 수 있으며, 종합유선방송사업자와 중계유선방송사업자는 전송 · 선로설비를 상호 이용할 수 있다.

3.4.7 통신규약

① 사업자는 정보통신설비와 이에 연결되는 다른 정보통신설비 또는 이용자설비와의 사이에 정보의 상호전달을 위하여 사용하는 통신규약을 인터넷, 언론매체 또는 그 밖의 홍보매체를 활용하여 공개하여야 한다.

② 제1항에 따라 사업자가 공개하여야 할 통신규약의 종류와 범위에 대한 세부기술기준은 과학기술정보통신부장관이 정하여 고시한다.

[근거규정] 방송통신설비의 기술기준에 관한 규정 제27조

3.4.8 준용규정

자가방송통신설비에 관하여는 제22조를 준용한다. 이 경우 “사업자”는 “자가방송통신설비설치자”로, “방송통신설비”는 “자가방송통신설비”로 본다.

[근거규정] 방송통신설비의 기술기준에 관한 규정 제28조

연 | 습 | 문 | 제

1. 낙뢰 또는 강전류전선과의 접촉 등에 의하여 이상전류 또는 이상전압이 유입될 우려가 있는 전기통신설비에는 과전류 또는 과전압을 방전시키거나 이를 제한 또는 차단하는 (　　)가 설치되어야 한다.

답 보호기

[근거규정] 방송통신설비의 기술기준에 관한 규정 제7조

2. 보호기와 금속으로 된 주배선반·지지물·단자함 등이 사람 또는 전기통신설비에 피해를 줄 우려가 있을 때에는 (　　) 되어야 한다.

답 접지

[근거규정] 방송통신설비의 기술기준에 관한 규정 제7조

3. 전력유도의 전압이 다음의 제한치를 초과하거나 초과할 우려가 있는 경우에는 전력유도 방지조치를 하여야 한다. 그 규정값 설명 중 틀린 것은?

가. 이상 시 유도위험전압 : 60볼트
나. 상시 유도위험종전압 : 30볼트
다. 기기 오동작 유도종전압 : 15볼트
라. 잡음전압 : 0.5볼트

답 나. 상시 유도위험종전압 : 60볼트

[근거규정] 방송통신설비의 기술기준에 관한 규정 제9조

4. 선로설비의 회선 상호간, 회선과 대지간 및 회선의 심선 상호간의 절연저항은 직류 500볼트 절연저항계로 측정하여 (　　) 이상이어야 한다.

답 10메가옴

[근거규정] 방송통신설비의 기술기준에 관한 규정 제12조

5. 전화급 평형회선은 회선 상호간 전기통신 신호의 내용이 혼입되지 아니하도록 두 회선사이의 근단누화 또는 원단누화의 감쇠량은 (　　)데시벨 이상이어야 한다.

답 60

[근거규정] 방송통신설비의 기술기준에 관한 규정 제17조

6. 구내통신선로설비 실치대상에 대한 설명 중 틀린 것은?

가. 구내통신선로설비 등을 갖추어야 하는 건축물은 건축법 제11조제1항에 따라 허가를 받아 건축하는 건축물로 한다.
나. 야외음악당 · 축사 · 차고 · 창고의 경우에는 구내통신선로설비를 갖추지 않아도 된다.
다. 구내통신선로설비 등을 갖추어야 하는 건축물은 건축법 제14조제1항에 따라 신고를 받아 건축하는 건축물로 한다.
라. 통신수요가 예상되지 아니하는 비주거용 건축물의 경우에는 구내통신선로설비를 갖추지 않아도 된다.

답 다. 구내통신선로설비 등을 갖추어야 하는 건축물은 건축법 제11조제1항에 따라 허가를 받아 건축하는 건축물로 한다.

[근거규정] 방송통신설비의 기술기준에 관한 규정 제17조

7. 구내용 이동통신설비의 설치대상중 틀린 것은?

가. 연면적의 합계가 1,000제곱미터 이상인 건축물의「건축법 시행령」 제2조 제17호에 따른 다중이용 건축물(주택단지에 건설된 건축물은 제외한다) 구내용 이동통신설비의 설치대상이다.

나. 연면적의 합계가 1,000제곱미터 이상인 건축물의 지하층이 있는 건축물로서 (공중이 이용하는 지하도 · 터널 · 지하상가 및 지하에 설치하는 주차장 등 지하건축물을 포함한 구내용 이동통신설비의 설치대상이다.

다. 군사시설도 구내용 이동통신설비의 설치대상이다.

라. 500세대 이상의 공동주택이 있는 주택단지도 구내용 이동통신설비의 설치대상이다.

답 가. 「국방 · 군사시설 사업에 관한 법률」 제2조제1호에 따른 국방 · 군사시설은 제외

[근거규정] 방송통신설비의 기술기준에 관한 규정 제17조의2

8. 구내통신선로설비의 국선의 인입의 조건에 대하여 기술한 것 중 틀린 것은?

가. 구내통신선로설비의 옥외회선은 지하로 인입하여야 한다.

나. 구내통신선로설비를 구성하는 접지설비와 이동통신구내선로설비를 구성하는 접지설비는 공동으로 사용할 수 있도록 설치하여야 한다.

다. 구내통신선로설비를 구성하는 배관시설과 이동통신구내선로설비를 구성하는 배관시설은 따로 사용할 수 있도록 설치하여야 하며, 설치된 후 배선의 교체 및 증설시공이 쉽게 이루어질 수 있는 구조로 설치하여야 한다.

라. 구내통신선로설비를 구성하는 접지설비와 이동통신구내선로설비를 구성하는 접지설비는 공동으로 사용할 수 있도록 설치하여야 한다.

답 다. 구내통신선로설비를 구성하는 접지설비와 이동통신구내선로설비를 구성하는 접지설비는 공동으로 사용할 수 있도록 설치하여야 한다.

[근거규정] 방송통신설비의 기술기준에 관한 규정 제18조

9. 6층 이상이고 연면적 5천제곱미터 이상인 업무용건축물로서 10.2제곱미터 이상의 경우 집중구내통신실(   ) 이상을 설치하여야 한다.

답 1개소

[근거규정] 방송통신설비의 기술기준에 관한 규정 제19조

10. 6층 이상이고 연면적 5천제곱미터 이상인 업무용건축물로서 층구내통신실을 설치하는 확보면적 중 틀린 것은?

가. 각 층별 전용면적이 1천제곱미터 이상인 경우에는 각 층별로 10.2제곱미터 이상으로 1개소 이상

나. 각 층별 전용면적이 800제곱미터 이상인 경우에는 각 층별로 8.4제곱미터 이상으로 1개소 이상

다. 각 층별 전용면적이 500제곱미터 이상인 경우에는 각 층별로 5.6제곱미터 이상으로 1개소 이상

라. 각 층별 전용면적이 500제곱미터 미만인 경우에는 5.4제곱미터 이상으로 1개소 이상

답 다. 각 층별 전용면적이 500제곱미터 이상인 경우에는 각 층별로 6.6제곱미터 이상으로 1개소 이상

[근거규정] 방송통신설비의 기술기준에 관한 규정 제19조

11. 6층 이상이고 연면적 5천제곱미터 미만인 업무용건축물로서 집중구내통신실을 설치하여야 한다. 각 층별 전용면적이 500제곱미터 이상인 경우에는 (   )제곱미터 이상으로 1개소 이상 확보하여야 한다.

답 10.2

[근거규정] 방송통신설비의 기술기준에 관한 규정 제19조

12. 6층 이상이고 연면적 5천제곱미터 미만인 업무용건축물로서 집중구내통신실을 설치하여야 한다. 각 층별 전용면적이 500제곱미터 미만인 경우에는 (   )제곱미

터 이상으로 1개소 이상 확보하여야 한다.

답 5.4

[근거규정] 방송통신설비의 기술기준에 관한 규정 제19조

13. 집중구내통신실과 층구내통신실을 확보에 관한 설명 중 틀린 것은?

가. 같은 층에 집중구내통신실과 층구내통신실을 확보하여야 하는 경우에는 집중구내통신실만을 확보할 수 있다.

나. 층별 전용면적이 500제곱미터 미만인 경우로서 각 층별로 통신실을 확보하기가 곤란한 경우에는 하나의 층구내통신실에 2개층 이상의 통신설비를 통합하여 수용할 수 있으며, 층구내통신실 확보면적은 통합 수용된 각 층의 전용면적을 합하여 층구내통신실의 확보면적란의 기준을 적용한다.

다. 같은 층에 층구내통신실을 2개소 이상으로 분리 설치하려는 경우에는 층구내통신실의 면적은 최소 5.4제곱미터 이상이어야 한다.

라. 각 통신실의 면적은 벽이나 기둥을 포함한 면적으로 한다.

답 라. 각 통신실의 면적은 벽이나 기둥을 제외한 면적으로 한다.

[근거규정] 방송통신설비의 기술기준에 관한 규정 제19조

14. 주거용건축물 중 공동주택에는 집중구내통신실을 확보하여야 한다. 50세대 이상 500세대 이하 단지에는 (확보면적 :) 1개소 확보하여야 한다.

답 10제곱미터 이상

[근거규정] 방송통신설비의 기술기준에 관한 규정 제19조

15. 주거용건축물 중 공동주택에는 집중구내통신실을 확보하여야 한다.
500세대 초과 1,000세대 이하 단지에는 (확보면적 :) 1개소 확보하여야 한다.

답 15제곱미터 이상

[근거규정] 방송통신설비의 기술기준에 관한 규정 제19조

16. 주거용건축물 중 공동주택에는 집중구내통신실을 확보하여야 한다. 1,000세대 초과 1,500세대 이하 단지에는 (확보면적 :) 1개소 확보하여야 한다.

답 20제곱미터 이상

[근거규정] 방송통신설비의 기술기준에 관한 규정 제19조

17. 주거용건축물 중 공동주택에는 집중구내통신실을 확보하여야 한다. 1500세대초과 단지에는 (확보면적 :) 1개소 확보하여야 한다.

답 25제곱미터 이상

[근거규정] 방송통신설비의 기술기준에 관한 규정 제19조

18. 구내통신회선을 확보기준에서 국선단자함에서 세대단자함 또는 인출구까지 단위세대당 ( )회선(4쌍 꼬임케이블 기준) 이상 확보하여야 한다.

답 1

[근거규정] 방송통신설비의 기술기준에 관한 규정 제20조

19. 구내통신회선을 확보기준에서 주거용건축물 국선단자함에서 세대단자함 또는 인출구구간까지 광섬유케이블을 설치하고자 할 때는 ( )코어 이상 확보하여야 한다.

답 2

[근거규정] 방송통신설비의 기술기준에 관한 규정 제20조

20. 구내통신회선을 확보기준에서 주거용건축물 광대중화 기능을 갖는 국선단자함과 동단자함이 있는 경우에는 국선단자함에서 동단자함까지 광섬유케이블 ( )코아 이상 확보하여야 한다.

답 8

[근거규정] 방송통신설비의 기술기준에 관한 규정 제20조

21. 구내통신회선을 확보기준에서 주거용건축물 동단자함에서 세대단자함이나 인출구까지 단위세대당 (　　)회선(4쌍 꼬임케이블 기준) 이상 또는 광섬유케이블 2코아 이상 확보하여야 한다.

답 1

[근거규정] 방송통신설비의 기술기준에 관한 규정 제20조

22. 구내통신회선을 확보기준에서 업무용건축물은 국선단자함에서 세대단자함 또는 인출구까지 업무구역(10제곱미터)당 (　　)회선(4쌍 꼬임케이블 기준) 이상 또는 광섬유케이블 2코아 이상 확보하여야 한다.

답 1

[근거규정] 방송통신설비의 기술기준에 관한 규정 제20조

23. 구내통신회선을 확보기준에서 광다중화 기능을 갖는 국선단자함과 동단자함이 있는 경우에는 국선단자함에서 동단자함까지 광섬유케이블 (　　)코아 이상 확보하여야 한다.

답 8

[근거규정] 방송통신설비의 기술기준에 관한 규정 제20조

24. 구내통신회선을 확보기준에서 동단자함에서 세대단자함이나 인출구까지 업무구역(10제곱미터) 당 1회선(4쌍 꼬임케이블 기준) 이상 또는 광섬유케이블 (　　)코아 이상 확보하여야 한다.

답 2

[근거규정] 방송통신설비의 기술기준에 관한 규정 제20조

25. 사업자는 이용자가 안전하고 신뢰성 있는 방송통신서비스를 제공받을 수 있도록 3가지의 사항을 의무적으로 구비하여 운용하여야 하는데 그 중 틀린 것은?

가. 방송통신설비를 수용하기 위한 건축물 또는 구조물의 안전 및 화재대책 등에 관한 사항
나. 방송통신설비를 이용 또는 운용하는 자의 안전 확보에 필요한 사항
다. 방송통신설비의 운용에 필요한 시험·감시 및 통제를 할 수 있는 기능에 관한 사항
라. 방송통신설비의 통신방식에 관한사항

답 라. 방송통신설비의 통신방식에 관한사항은 해당이 되지 않는다.

[근거규정] 방송통신설비의 기술기준에 관한 규정 제24조

26. 역무에 사용되는 방송통신설비가 낙뢰 또는 강전류전선과의 접촉 등으로 그에 접속된 이용자방송통신설비 등에 피해를 줄 우려가 있는 경우에는 이를 방지하기 위하여 국선접속설비 또는 그 주변에 보호기를 설치하여야 하는 주체는?

가. 기간통신사업자나 별정통신사업자
나. 정보통신공사 시공자
다. 정보통신 감리자
라. 건축주

답 가. 기간통신사업자나 별정통신사업자

[근거규정] 방송통신설비의 기술기준에 관한 규정 제24조

27. 국선을 5회선 이상으로 인입하는 경우에는 케이블로 국선수용단자반에 접속·수용하여야 하는 그 주체는?

가. 건축주
나. 정보통신공사 시공자
다. 정보통신 감리자
라. 기간통신사업자

답 라. 기간통신사업자

[근거규정] 방송통신설비의 기술기준에 관한 규정 제24조

28. 전송망사업용설비에는 전송되는 종합유선방송신호가 정상적으로 제공되고 있는지를 확인할 수 있도록 전송선로시설의 (　　)장치를 설치하여야 한다.

답 감시

[근거규정] 방송통신설비의 기술기준에 관한 규정 제26조

제3부

통신선로 관련 기술기준

제1장 방송통신설비의 안전성 및 신뢰성에 대한 기술기준

1.1 근거규정

「방송통신설비의 기술기준에 관한 규정」 제22조(안전성 및 신뢰성 등) 및 제27조(통신규약)에 대한 기준을 정함으로써 이용자에게 안정적이며 신뢰성 있는 방송통신서비스 제공에 기여함을 목적으로 한다(국립전파연구원고시 2016-5호).

[근거규정] 방송통신설비의 안전성 및 신뢰성에 대한 기술기준 제1조

> **「방송통신설비의 기술기준에 관한 규정」 제22조(안전성 및 신뢰성 등)** ① 사업자는 이용자가 안전하고 신뢰성 있는 방송통신서비스를 제공받을 수 있도록 다음 각 호의 사항을 구비하여 운용하여야 한다.
> 1. 방송통신설비를 수용하기 위한 건축물 또는 구조물의 안전 및 화재대책 등에 관한 사항
> 2. 방송통신설비를 이용 또는 운용하는 자의 안전확보에 필요한 사항
> 3. 방송통신설비의 운용에 필요한 시험·감시 및 통제를 할 수 있는 기능에 관한 사항
> 4. 그 밖에 방송통신설비의 안전성 및 신뢰성 확보를 위하여 필요한 사항
>
> ② 제1항에 따라 방송통신서비스에 사용되는 방송통신설비가 갖추어야 할 안전성 및 신뢰성에 대한 세부기술기준은 과학기술정보통신부장관이 정하여 고시한다.

1.2 적용범위

다음에 해당하는 방송통신설비에 대하여 적용한다.

① 방송통신설비의 기술기준에 관한 규정 제3조제1호의 규정에 의한 사업용방송통신설비(기간통신설비, 별정통신설비, 부가통신설비 및 전송망설비)

② 「방송통신발전기본법」 제37조제1항의 규정에 의한 자가방송통신설비

[근거규정] 방송통신설비의 안전성 및 신뢰성에 대한 기술기준 제2조

「방송통신설비의 기술기준에 관한 규정」 제3조제1호 1. "사업용방송통신설비"란 방송통신서비스를 제공하기 위한 방송통신설비로서 다음 각 목의 설비를 말한다.
가. 「전기통신기본법」 제7조에 따른 기간통신사업자·별정통신사업자 및 부가통신사업자(이하 "사업자"라 한다)가 설치·운용 또는 관리하는 방송통신설비
나. 「방송법」 제2조제14호에 따른 전송망사업자가 설치·운용 또는 관리하는 방송통신설비(이하 "전송망사업용설비"라 한다)
다. 「인터넷 멀티미디어 방송사업법」 제2조제5호가목에 따른 인터넷 멀티미디어 방송제공사업자가 설치·운용 또는 관리하는 방송통신설비

「방송통신발전기본법」 제37조(방송통신재난의 대비) ① 미래창조과학부장관과 방송통신위원회는 방송통신재난이 발생하거나 발생할 것이 명백한 경우에 해당 지역의 방송통신 소통과 긴급 복구를 위하여 방송통신사업자로 하여금 그 사업자의 방송통신설비와 다른 방송통신사업자의 방송통신설비 또는 방송통신사업용으로 사용되지 아니한 방송통신설비(이하 "자가방송통신설비"라 한다)를 보유한 자의 방송통신설비를 통합 운용하게 할 수 있다.

1.2.1 사용하는 용어

1. "중요한 통신설비"라 함은 전기통신사업법 제62조제2항의 규정에 의하여 고시된 방송통신설비 및 교환기로서 그 설비의 고장 등으로 방송통신망의 기능에 중대한 지장을 주는 설비를 말한다.
2. "통신국사"라 함은 방송통신설비를 안전하게 설치·운영·관리하기 위한 건축물로서 통신기계실 등으로 구성되며 특히 중요한 방송통신설비를 수용하는 경우에는 중요통신국사라 한다.
3. "옥외설비"라 함은 중계케이블이나 안테나 설비 등 옥외에 설치되는 통신설비를 말한다.
4. "통신기계실"이라 함은 교환설비나 전송설비, 전산설비 등이 설치되는 장소를 말한다.
5. "중요 데이터"라 함은 시스템 데이터나 국 데이터 등 해당 데이터의 파괴 및 소실 등으로 통신망 기능에 중대한 지장을 주는 데이터를 말한다.
6. "응답스펙트럼"이라 함은 지진 운동의 진동주파수에 대한 지진가속도의 변화 특성을 말한다.
7. "지반응답스펙트럼"이라 함은 지반 자체의 응답스펙트럼을 말한다.
8. "층응답스펙트럼"이라 함은 건물의 층에 대한 응답스펙트럼을 말한다.

9. "통신규약"이라 함은 정보통신망에서 각 정보 전달 개체간의 망 접속과 전송 및 전달 정보에 대한 인식을 이루기 위하여 모든 통신 기능상에 미리 규격화되어 정해진 방법을 말한다.

[근거규정] 방송통신설비의 안전성 및 신뢰성에 대한 기술기준 제3조

1.3 안전성·신뢰성 기준

방송통신서비스에 사용되는 방송통신설비가 갖추어야 할 안전성 및 신뢰성에 관한 기준은 〈표 1〉과 같다.

〈표 1〉 안전성 및 신뢰성 기준

(주1) 실시기준 ★ : 의무사항, ○ : 권고사항, – : 해당없음

항 목	대 책	실 시 기 준					
		기간통신설비		별정통신설비	전송망설비	부가통신설비	자가통신설비
		전화역무·회선임대역무설비	주파수를 할당받아 제공하는 역무설비				
제1장 설비기준							
제1절 일반기준							
1. 대체접속계통의 설정	교환망의 경우 두 개의 중요통신국사 간을 연결하는 접속계통의 고장 등에 대비하여 이를 대체할 수 있는 다른 통신국사를 경유한 접속계통을 마련한다.	★	★	○	–	○	○
2. 우회전송로의 구성	중요통신국사 간을 연결하는 전송로설비(전송설비 및 선로설비가 일체로 설치된 방송통신설비)는 고장 및 장애에 대비하여 다른 전송매체 또는 다른 지리적 경로에 의한 우회전송로를 구성한다. 다만, 다른 소통수단이 확보된 경우에는 그러하지 아니하다.	★	○	○	○	○	○
3. 회선의 분산수용	중요통신국사 간을 연결하는 방송통신회선은 복수의 전송로설비로 분산 수용한다.	○	○	○	○	○	○

항 목	대 책	실 시 기 준					
		기간통신설비		별정통신설비	전송망설비	부가통신설비	자가통신설비
		전화역무·회선임대역무설비	주파수를 할당받아 제공하는 역무설비				
4. 전송로설비의 동작 감시	중요한 전송로설비의 동작상황을 감시하고 설비 고장 또는 품질저하 시 이를 신속하게 검출 통보하는 감시기능을 구비한다. 다만, 이에 준하는 기능을 보유한 경우에는 그러하지 아니하다.	★	★	–	★	–	○
	상기 설비에 대해 고장 등을 검출한 경우에는 상황에 따라 예비설비로 전환하거나 고장 등을 수리한다.	★	★	–	★	–	○
5. 이상폭주 등의 감시 및 통지	교환설비는 트래픽 소통상황을 감시하고 천재지변 등에 의해 특정 통신국사에 트래픽의 이상폭주가 발생할 경우 이를 운용자에게 신속히 검출 통보하는 기능을 구비한다. 다만, 통신이 동시에 집중하는 일이 없도록 이것을 제어하는 기능을 보유한 경우에는 그러하지 아니하다.	★	★	○	–	★	○
	교환설비에는 이상폭주가 발생할 경우 이용자호의 불접속에 의한 재호출호가 악화되는 것을 방지하기 위해 이용자에게 이상폭주를 통지하는 기능을 구비한다. 다만, 통신이 동시에 집중하는 일이 없도록 이것을 제어하는 기능을 구비한 경우에는 그러하지 아니하다.	★	★	○	–	★	○
6. 통신의 접속 규제	교환설비는 트래픽 소통능력을 현저히 저하시키는 이상폭주 또는 특정교환설비 등에 발생된 이상 트래픽이 전체망에 파급되는 것을 방지하기 위해 통신의 접속을 규제하는 기능 또는 이와 동등한 기능을 구비한다. 다만, 통신이 동시에 집중하는 일이 없도록 이것을 제어하는 기능을 구비한 경우에는 그러하지 아니하다.	★	★	○	–	○	○
7. 방송통신설비의 종합적 관리	회선고장, 이상 트래픽 폭주 등의 망상태를 종합적으로 또는 광역적으로 검지하여 이에 대한 필요한 조치를 취할 수 있는 종합망관리시스템을 구비한다.	○	○	–	○	–	○

항 목	대 책	실 시 기 준					
		기간통신설비		별정통신설비	전송망설비	부가통신설비	자가통신설비
		전화역무·회선임대역무설비	주파수를 할당받아 제공하는 역무설비				
8. 통신망의 비밀보호 및 신뢰성 제고 등	이용자의 식별확인을 필요로 하는 통신을 취급하는 방송통신망에는 정당한 이용자임을 식별확인할 수 있도록 등록 및 인증기능 등을 구비하여야 한다.	★	★	★	–	★	–
	824~849MHz 및 869~894MHz 주파수대역에서 코드분할다원접속방식을 사용하는 이동통신망, 1750~1780MHz 및 1840~1870MHz 주파수의 전파를 사용하는 개인휴대전화망의의 경우 나음의 기능을 구비하여야 한다. –제공하는 서비스에 대해 정당한 사용자 단말기인지 여부를 확인하는 등록(Power On), 발신 및 착신에 대한 인증기능, 불법복제된 단말기가 망에 접속할 경우 이를 검출하는 기능 –시간상 이동이 불가능한 두 지역에서의 중복접속, 등록된 가입자 단말정보와 다른 단말기에 의한 접속 등 불법접속을 검출하여 처리하는 기능 –기지국이 동일한 식별정보를 가진 2개의 단말기로부터 600ms 이상의 시간차로 도달하는 응답신호에 대해 단말기 접속을 차단하는 기능 –이용자 요구 시 음성통화를 암호화하여 처리할 수 있는 보안 서비스 기능	–	★	–	–	–	–
	1920~1980MHz, 2110~2170MHz 주파수의 전파를 사용하는 이동통신망의 경우 다음의 기능을 구비하여야 한다. –등록·발신·착신 시에 IC카드와 결합된 단말기와 망 사이의 상호 인증기능, 불법복제된 IC카드와 결합된 단말기가 망에 접속한 경우 이를 검출하는 기능 –이용자요구 시 서비스 트래픽을 암호화하여 처리할 수 있는 보안서비스 기능 –분실 또는 도난 신고된 단말기에 의한 서비스 접속 시 이를 검출하고 서비스의 이용을 제한할 수 있는 기능	–	★	–	–	–	

<table>
<tr><th rowspan="3">항 목</th><th rowspan="3">대 책</th><th colspan="6">실 시 기 준</th></tr>
<tr><th colspan="2">기간통신설비</th><th rowspan="2">별정통신설비</th><th rowspan="2">전송망설비</th><th rowspan="2">부가통신설비</th><th rowspan="2">자가통신설비</th></tr>
<tr><th>전화역무·회선임대역무설비</th><th>주파수를 할당받아 제공하는 역무설비</th></tr>
<tr><td></td><td>2300~2390MHz 주파수의 전파를 사용하는 휴대인터넷망의 경우 다음의 기능을 구비하여야 한다.
-초기 접속 시, 다음의 방식 중 하나 이상의 방식에 기반한 단말기와 망 사이의 상호인증 기능 및 주기적인 재인증기능
(1) IC카드
(2) 기기 인증서
(3) 기기 인증서 및 사용자 아이디와 패스워드
-이용자요구 시 서비스 트래픽을 암호화하여 처리할 수 있는 보안 서비스 기능
-분실 또는 도난 신고된 단말기에 의한 서비스 접속 시 이를 검출하고 서비스의 이용을 제한할 수 있는 기능</td><td>–</td><td>★</td><td>–</td><td>–</td><td>–</td><td>–</td></tr>
<tr><td></td><td>819~849MHz, 904.3~915MHz, 1715~1785MHz, 1920~1940MHz, 2500~2540MHz 주파수대역에서 단일 반송파 주파수 다중접속방식을 사용하고, 864~894MHz, 949.3~960MHz, 1810~1880MHz, 2110~2130MHz, 2620~2660MHz 주파수대역에서 직교주파수분할 다중접속방식을 사용하는 이동통신망의 경우 다음의 기능을 구비하여야 한다.
-초기 접속 시 IC카드와 결합된 단말기와 망 사이의 상호 인증기능 및 주기적인 재인증기능
-불법 복제된 IC카드와 결합된 단말기가 망에 접속한 경우 이를 검출하는 기능
-이용자요구 시 서비스 트래픽을 암호화하여 처리할 수 있는 보안서비스 기능
-분실 또는 도난 신고된 단말기에 의한 서비스 접속 시 이를 검출하고 서비스의 이용을 제한할 수 있는 기능</td><td>–</td><td>★</td><td>–</td><td>–</td><td>–</td><td>–</td></tr>
<tr><td></td><td>방송통신설비의 접근영역이나 사용 가능한 범위에 대한 제한을 두는 기능을 설정하는 등 설비의 파괴 또는 타인의 데이터 절취 등을 방지하는 조치를 강구한다.</td><td>★</td><td>★</td><td>★</td><td>★</td><td>★</td><td>★</td></tr>
</table>

항 목	대 책	실 시 기 준					
		기간통신설비		별정통신설비	전송망설비	부가통신설비	자가통신설비
		전화역무·회선임대역무설비	주파수를 할당받아 제공하는 역무설비				
	이용자 패스워드의 문자열을 검색하여 일반적인 단어를 배제하는 기능을 강구한다.	–	–	–	–	○	–
	접속 실패 횟수의 기준을 설정하고 기준값을 초과한 것에 대해 검지하여 시스템에서 적절한 조치를 강구한다.	–	–	–	–	○	–
	프로그램 데이터 등 보호가 필요한 중요정보에 대해서는 그 정보에 대한 접속요구를 기록하고 보전하는 기능을 마련한다.	○	○	○	–	○	–
	부정접속 유무를 확인할 수 있도록 통신망에 대한 접속이력의 표시 또는 조회기능을 마련한다.	○	○	○	–	○	–
	일정기간 이상 패스워드를 변경하지 아니한 이용자에 대해서 주의를 환기하는 기능을 마련한다.	–	–	–	–	○	–
	일정기간 이상 방송통신망을 이용하지 않은 이용자가 방송통신망에 접속할 때에 재개 의사를 확인하는 기능을 마련한다.	–	–	–	–	○	–
9. 예비기기 등의 설치	중요한 통신설비가 자체만으로 신뢰도를 충분히 유지할 수 없을 경우에는 설비의 중요도, 고장발생률, 복구소요시간 등을 고려하여 예비기기를 설치한다. 다만, 이에 준하는 조치를 강구하는 경우에는 그러하지 아니하다.	★	★	★	○	★	○
	예비기기를 설치한 경우에는 운용 중인 설비에 장애가 발생했을 때 이를 예비기기로 신속히 전환되도록 한다.	★	★	★	○	★	○
10. 시험기기의 확보	방송통신설비를 시공, 관리 또는 운용하는 사업장에는 그 설비를 점검 또는 검사하는데 필요한 시험기기를 확보하거나 이에 준하는 조치를 한다.	★	★	★	★	★	○
11. 통신량 측정 자료의 기록	교환설비(회선교환, 패킷교환, ATM교환 등)는 이용자 회선별로 이용한 통신량, 횟수 또는 요금 등을 산정하기 위한 각종 자료를 상세히 기록하는 기능을 구비한다.	★	★	★	–	★	–
12. 통신설비 등 지진대책	통신장비, 전원설비, 부대설비 등은 별표 2의 지진대책 기준에 적합하게 설치하여야 한다.	★	★	★	★	○	○

항 목	대 책	실 시 기 준					
		기간통신설비		별정통신설비	전송망설비	부가통신설비	자가통신설비
		전화역무·회선임대역무설비	주파수를 할당받아 제공하는 역무설비				
제2절 옥외설비							
1. 풍해대책	방송통신망을 구축하기 위한 시설물로서 건축물 외부에 설치되는 선로설비, 전송장치, 안테나 시설 등(이하 '옥외설비'라 한다)을 강한 풍압을 받을 우려가 있는 곳에 설치할 경우 강풍으로 인한 고장 등이 발생하지 않도록 조치를 강구한다.	★	★	★	★	★	★주)
	주 : 철도산업발전기본법에 의한 철도시설, 도시철도법에 의한 도시철도시설 및 전기사업법에 의한 전기설비에 해당하는 자가통신설비에 한함						
2. 낙뢰대책	중요한 옥외설비를 설치할 경우 낙뢰에 따른 고장 등이 발생하지 아니하도록 조치를 강구한다.	○	○	○	○	○	○
3. 진동대책	옥외설비를 설치할 경우 진동에 대해 고장 등의 방지조치를 강구한다.	○	○	○	○	○	○
4. 지진대책	옥외설비는 별표 2의 지진대책 기준에 적합하게 설치하여야 한다.	★	★	★	★	○	○
5. 화재대책	화재가 발생할 우려가 있는 곳에 옥외설비를 설치할 경우 불연화 또는 난연화 등의 조치를 강구한다.	○	○	○	○	○	○
6. 내수 등의 대책	수중에 옥외설비를 설치하여야 하는 경우 내수기능을 마련한다.	○	○	–	○	–	○
	수중에 옥외설비를 설치하여야 하는 경우 수압으로 인한 고장 등이 발생하지 않도록 조치를 강구한다.	○	○	–	○	–	○
7. 수해대책	수해를 입을 우려가 있는 장소에 중요한 옥외설비를 설치하는 경우, 다음과 같은 수해방지조치를 하여야 한다. –현재까지 2개년 이상 침수된 지역의 경우 범람에 대비한 조치를 취하도록 한다. –폭우에 의한 지반침하가 우려되는 토사지대와 같이 지반이 약한 지대의 경우 별도의 콘크리트조 등의 기초대를 땅에 매설하여 시설하도록 한다.	★	★	★	★	★	○

항 목	대 책	실 시 기 준					
		기간통신설비		별정통신설비	전송망설비	부가통신설비	자가통신설비
		전화역무·회선임대역무설비	주파수를 할당받아 제공하는 역무설비				
	-선로설비를 제외한 옥외설비가 설치위치의 지형구조상 붕괴우려가 있는 산비탈, 절개지 등을 끼거나 10m 이내 주변지대보다 2m 이상 낮은 위치에 시설되는 경우 산비탈, 절개지, 상위지대 등과 옥외설비와의 사이 적정한 위치에 보호벽 또는 가드레일을 시설하거나 산비탈, 절개지, 상위지대 등의 자체 붕괴를 방지할 수 있는 수단을 시설하도록 한다.						
8. 동결대책	동결될 우려가 있는 곳에 옥외설비를 설치할 경우 동결로 인한 고장 등이 발생하지 아니하도록 조치를 강구한다.	○	○	○	○	○	○
9. 염해 등 대책	염해, 부식성 가스로 인한 장해 또는 분진으로 인한 장해를 입을 우려가 있는 곳에 옥외설비를 설치할 경우 이로 인한 고장 등이 발생하지 아니하도록 조치를 강구한다.	○	○	○	○	○	○
10. 고온·저온 대책	고온도 또는 저온도 장소에 설치하는 옥외설비는 해당 조건에서 안정적으로 작동하도록 조치를 강구한다.	○	○	○	○	○	○
	온도차가 심한 장소 또는 온도변화가 심한 환경에 설치하는 옥외설비는 해당 조건에서 안정적으로 작동하도록 조치를 강구한다.	○	○	○	○	○	○
11. 다습도대책	다습할 우려가 있는 장소에 옥외설비를 설치할 경우 습도조치, 방수조치 등을 강구한다.	○	○	○	○	○	○
12. 고신뢰도	해저, 우주공간 등 특수한 장소에 설치해야 할 중요한 옥외설비는 고신뢰도 부품을 사용한다.	○	○	–	○	–	○
13. 제3자의 접촉 방지	쉽게 제3자가 설비를 접촉할 수 없도록 조치를 강구한다.	○	○	○	○	○	○
	도로 등에 설치되는 시설에 대해 침입을 방지하는 조치를 강구한다.	○	○	○	○	○	○
제2장 통신국사 및 통신기계실의 조건							
1. 입지조건	중요한 통신설비의 설치를 위한 통신국사 및 통신기계실은 다음 사항을 고려하여 구축하거나 선정한다.	★	★	★	★	★	○

항 목	대 책	실시기준 기간통신설비 전화역무·회선임대역무설비	실시기준 기간통신설비 주파수를 할당받아 제공하는 역무설비	실시기준 별정통신설비	실시기준 전송망설비	실시기준 부가통신설비	실시기준 자가통신설비
	–풍수해로부터 영향을 많이 받지 않는 곳. 다만, 부득이한 경우로서 방풍, 방수 등의 조치를 강구하는 경우에는 그러하지 아니하다. –강력한 전자파장해의 우려가 없는 곳. 다만, 전자차폐 등의 조치를 강구하는 경우에는 그러하지 아니하다. –주변지역의 영향으로 인한 진동발생이 적은 장소						
2. 통신국사 조건 및 선정	임차 통신국사는 내진구조의 건축물을 선정한다.	○	○	○	○	○	○
	통신설비 수용을 위하여 건축하는 통신국사는 별표 2의 지진대책 기준에 적합하여야 한다.	★	★	★	★	○	○
	「건축법 시행령」 제56조제1항에서 규정하는 내화구조의 건축물을 선정한다.	○	○	○	○	○	○
	바닥하중에 대한 소요구조내력이 충분한 건축물을 선정한다.	○	○	○	○	○	○
3. 통신기계실의 구조조건	중요한 통신설비 설치용 기계실은 타실에서 사고나 화재의 영향 등을 받지 않도록 전용통신기계실로 설치한다.	★	★	★	★	★	★
	임차 통신국사 내의 바닥, 내벽, 천장 등의 내장재는 통상적 예상 규모의 지진으로 인한 낙하, 전도 등을 방지할 수 있도록 조치를 강구한다.	○	○	○	○	○	○
	제2장제2호에 의한 통신국사 내 통신기계실에 통신설비 설치를 위하여 시설하는 바닥시설은 별표 2의 지진대책에 적합하여야 한다.	★	★	★	★	○	○
	통신기계실의 마루, 내벽, 천장 등에 사용하는 내장재는 불연재료 또는 준불연재료 등을 사용한다.	○	○	○	○	○	○
	중요한 통신설비설치용 기계실은 비, 바람, 자외선 및 대기먼지 등에 의한 저해요인이 발생되지 않도록 하여 통신설비가 적정관리 되도록 한다.	★	★	★	★	★	★

항 목	대 책	실 시 기 준					
		기간통신설비		별정통신설비	전송망설비	부가통신설비	자가통신설비
		전화역무·회선임대역무설비	주파수를 할당받아 제공하는 역무설비				
4. 출입제한 기능	통신국사 및 통신기계실의 모든 출입구에는 시건장치를 설치하고 통상 사용하는 출입구에는 안내와 감시장치 등의 출입통제관리를 실시한다. 다만, 이에 준하는 조치를 강구하는 경우에는 그러하지 아니하다.	○	○	○	○	○	○
5. 화재의 경보·소화	통신설비가 설치되어 있는 통신국사에는 자동화재경보설비 및 소화설비를 적절하게 설치한다.	★	★	★	★	★	★
6. 온·습도 관리	통신기계실 중앙위치의 1.5m 높이에서 다음의 온·습도가 일정하게 유지될 수 있는 조치가 강구되어야 한다. −온도 : 16~28℃ −상대습도 : 40~70%	○	○	○	○	○	○
7. 분진·유해가스 관리	통신기계실 바닥면으로부터 1.5m 높이에서 분진 및 유해가스가 다음의 허용농도 이하로 연중 유지될 수 있는 조치가 강구되어야 한다. −분진 : $50\mu g/m^3$ −아황산(SO_2) : 0.07ppm $0.2mg/m^3$	○	○	○	○	○	○

제3장 관리기준

제1절 통신망 보전·운용관리

1. 기준의 설정	보전·운용기준을 설정하고 보전·운용에 관한 각종 데이터를 집계, 관리한다.	★	★	★	★	★	○
2. 상호접속 대응	상호접속을 하는 경우는 설계 시 접속대상 설계공정을 명확히 하고 공정간조정을 시행한다.	○	○	○	○	○	○
	상호접속에 대한 작업의 분담, 연락체계, 책임범위 등의 보전·운용체제를 명확히 한다.	○	○	○	○	○	○

제2절 데이터의 관리

1. 데이터의 복원	통신설비의 데이터 또는 이용자 데이터 등 중요한 데이터의 파괴시 복원이 가능하도록 전산 보조기억장치를 구비한다.	★	★	○	○	★	○

항 목	대 책	실시기준: 기간통신설비: 전화역무·회선임대 역무설비	실시기준: 기간통신설비: 주파수를 할당받아 제공하는 역무설비	별정통신설비	전송망설비	부가통신설비	자가통신설비
2. 데이터의 보관	중요한 데이터는 데이터보관실 또는 전용 데이터보관고에 보관한다.	★	★	○	○	★	○
	데이터보관실 및 데이터보관고는 단독방화구역으로 하고 안전한 데이터보관을 위해 시건장치를 설치한다.	★	★	○	○	★	○
	데이터보관실 또는 데이터보관고가 전자파에 의한 영향이 우려되는 경우에는 이에 대한 대책을 강구한다.	★	★	○	○	★	○
	광역재해 우려가 있는 중요통신국사의 통신설비 및 이용자 데이터 파일 등은 재해로부터 충분히 격리된 다른 중요 통신국사나 보관설비에 보관한다. 다만, 부득이 한 경우에는 내화시설이 되어 있는 국사 내 장소에 보관한다.	★	★	○	○	★	○
	통상적 예상규모의 지진으로 인한 전도 및 이동을 방지하도록 데이터보관실에 조치를 강구한다.	○	○	○	○	○	○
3. 중요한 데이터 기록물의 관리	중요한 통신설비 및 이용자 등에 관한 데이터는 통신비밀보호, 데이터보호 및 복원 가능성의 정도를 기준으로 하여 분류·관리한다.	★	★	○	○	★	○
	분류된 데이터는 중요도에 따라 취급범위를 정하여 복사금지, 발행부수 제한 및 보유자 제한 등을 관리한다.	○	○	○	○	○	○
	통신비밀에 관련 가능성이 큰 데이터는 관계자의 비밀보호의무 범위를 명확히 하고 이에 대한 주지를 철저히 한다.	★	★	○	○	★	○
제3절 비상사태의 대응							
1. 응급복구 대책의 수립	중요한 통신설비에 고장 등이 발생할 경우 임시 통신설비배치 및 임시 통신회선설정 등에 의한 응급복구대책을 강구한다.	★	★	★	○	★	○
	복구대책의 실시방법 및 순서를 정하여 시행한다.	○	○	○	○	○	○
2. 비상상태 대응체제의 명확화	연락체계, 권한의 범위 등 비상사태 시의 체제를 명확히 한다.	★	★	★	○	★	○

항 목	대 책	실 시 기 준					
		기간통신설비		별정통신설비	전송망설비	부가통신설비	자가통신설비
		전화역무·회선임대역무설비	주파수를 할당받아 제공하는 역무설비				
	직원의 집합, 응급 및 복구활동 등에 관련된 연락을 위해 필요한 조치를 강구한다.	○	○	○	○	○	○
	광역 응급구호체제를 명확히 한다.	○	○	○	○	○	○
	응급 및 복구활동 등에 대하여 정부부처 또는 관계기관과의 연락체제를 명확히 한다.	○	○	○	○	○	○

[근거규정] 방송통신설비의 안전성 및 신뢰성에 대한 기술기준 제4조

1.3.1 지진대책 등

제5조 지진대책 대상 방송통신설비의 범위와 방송통신설비의 지진대책 기준은 〈표 2〉와 같다.

〈표 2〉 지진대책 대상 방송통신설비의 범위와 지진대책 기준(제5조 관련)

1. 지진대책을 하여야 하는 방송통신설비의 범위

구 분		세부 항목
통신국사		•「건축법 시행령」 제32조에 의한 내진대상 통신국사 • 통신장비를 수용하기 위하여 건축하는 통신국사
통신장비		• 교환기, 전송단국장치, 중계장치(단순중계기는 제외), 다중화장치, 분배장치 • 기지국 송수신장치 • 고객정보 저장장치, 단문메시지 저장장치
전원설비		통신장비의 운용을 위하여 설치하는 수변전장치, 정류기, 예비전원설비(축전지, 비상용 발전기)
부대설비		지진대책 대상 통신장비를 설치하기 위하여 시설하는 바닥시설
옥외설비	철탑시설	• 대지에 직접 시설하는 철탑(강관 등에 의하여 구성된 것) 및 철주(원통, 삼각 및 사각주, 강관에 의한 각주 등) •「옥상에 시설되는 철탑 및 건축법 시행령」 제118조 규정에 의해 신고하는 철주
	선로구조물	통신구, 관로, 맨홀, 통신용 전주

2. 지진대책 기준
   가. 제1호의 통신국사
      (1) 통신국사는 「건축법」 제48조제3항 및 「건축물의 구조기준 등에 관한 규칙」 제3조제2항의 규정에 의한 건축구조기준(이하 "건축구조기준"이라 한다.)의 내진등급 중 특등급을 적용하고 해석검증하여야 한다.
   나. 제1호의 통신장비, 전원설비, 부대설비
      (1) 통신장비, 전원설비, 부대설비는 설치하고자 하는 건물층에 대한 층응답스펙트럼에 적합한 내진성을 갖도록 하거나 또는 [그림 1]의 층응답스펙트럼에 적합한 내진성을 갖도록 하여야 한다.

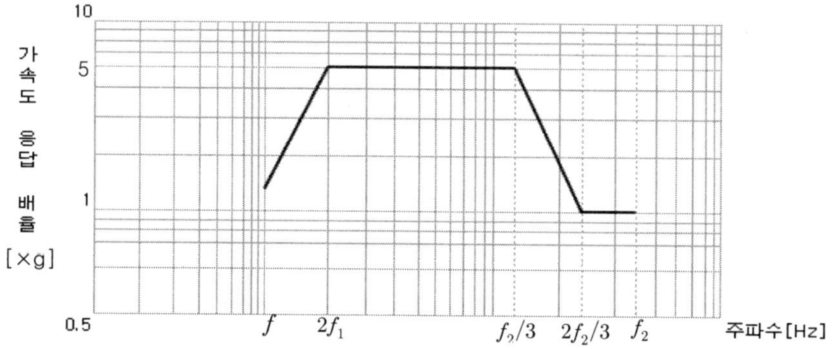

[그림 1] 층응답스펙트럼

      (2) 층응답스펙트럼(그림 1)에 적용되는 변수
         (가) f_1 =1Hz, f_2 = 35Hz
         (나) 영주기 가속도는 0.6g로 한다.
         (다) f_1에서 $2f_1$까지의 가속도 변화는 12dB/octave의 기울기를 갖도록 한다.
         (라) 감쇠율(damping ratio)은 2%를 적용한다.
         (마) $2f_1$에서 $f_2/3$까지의 최대 증폭가속도는 영주기 가속도에 5배하여 3g로 한다.
         (바) 차단주파수는 $2f_2/3$으로 한다.
         (사) $f_2/3$에서 차단주파수($2f_2/3$)까지의 변화는 로가리즘 단위에 의한 선형보간법을 적용한다.
      (3) 수직방향 진동에 대한 층응답스펙트럼의 경우 영주기 가속도를 최대 50 %까지 경감시켜 적용할 수 있다.
      (4) 통신장비, 전원설비, 부대설비는 설치하고자 하는 건물층에 대한 층응답스펙트럼을 사용할 경우 내진설계 등급은 건축구조기준에 의한 특등급을 적용한다.
      (5) 통신장비, 전원설비, 부대설비에 대한 내진성은 시험 검증되어야 한다. 시험 검증에 사용되는 층응답스펙트럼은 통신장비, 전원설비, 부대설비를 설치하고자 하는 건물층에서 정한 층응답스펙트럼을 포괄하여야 한다.
   다. 제1호의 옥외설비
      (1) 지면에 시설되는 옥외설비는 지반응답스펙트럼을 적용하여 내진성을 갖도록 하여야 한다.
      (2) 지반응답스펙트럼은 건축구조기준에서 정한 설계 변수를 사용한다. 다만, 옥외설비의 설치 위치를 알 수 없는 경우에는 지역계수의 지진구역 1을 적용하고 지반의 분류는 단

단한 토사 지반(SD)을 적용한다.

(3) 건물의 옥상에 설치하는 옥외설비는 해당 건물에 대한 층응답스펙트럼에 적합한 내진성을 갖도록 하거나 또는 제2호나목의 그림1에 의한 층응답스펙트럼에 적합한 내진성을 갖도록 하여야 한다.

(4) 지면에 시설하는 철탑의 내진등급은 건축구조기준의 특등급을 적용하고, 건물 옥상에 시설하는 철탑은 당해 건물의 내진등급 이상을 적용한다.

(5) 선로구조물의 내진등급은 건축구조기준에 의한 I 등급을 적용한다.

(6) 철탑시설 등의 풍하중이 지진하중보다 크면 풍하중을 반영하여 설치하여야 한다.

(7) 옥외설비 및 그 설치방법에 대한 내진성은 시험 검증 또는 해석 검증 되어야 한다.

(8) 검증시의 응답스펙트럼은 제2호다목1)부터 3)까지에 의하여 정한 응답스펙트럼을 포괄하여야 한다.

라. 제2호가목부터 다목까지의 내진대책외 다른 방법으로 지진대책을 수립하는 경우에는 가목부터 다목까지의 기준에 적합하도록 검증하여야 한다.

3. 지진대책 검증

가. 시험 검증방법

(1) 시험 대상 설비의 실물 모형을 구성하여야 한다. 다만, 실물 모형 구성이 어려운 경우에는 최대한 역학적 유사성을 갖도록 구성하여야 한다.

(2) 제3호가목1)에 의한 시험 대상 실물 또는 모형을 진동대 위에 설치한다.

(3) 제2호나목5)에 의한 시험 검증용 층응답스펙트럼을 사용하여 진동대에 수평 및 수직 방향에 대한 지진가속도를 부여하여 시험한다.

(4) 통신장비에 대한 검증은 실제 통신신호 전송 상태가 구현될 수 있도록 시험용 통신장비를 선로와 단말장치 또는 신호 검출기 등에 연결한다.

나. 재시험 조건

이미 시험 검증한 대상 설비 중 다음과 같은 구조적 변경이 발생한 경우 다시 시험하여야 한다.

가) 통신장비내 회로보드의 외부 단자 접속 커넥터 모듈의 형태 변경시

나) 통신장비내 회로보드를 전체적으로 재설계하여 개발한 것이나 새로운 제품으로 교체하는 경우

다. 판정조건

(1) 내진 시험 중과 종결 후에 통신 신호 전송에 지장을 주지 않도록 정상상태를 유지하여야 한다.

(2) 내진 시험중에 해당 설비의 바닥면을 기준으로 설비 상단의 단방향 진동 변위폭이 최대 75mm를 초과하여서는 아니된다.

(3) 내진 시험후 물리적인 파손이 되지 않고 설비 원형이 보존되어 있어야 한다.

[근거규정] 방송통신설비의 안전성 및 신뢰성에 대한 기술기준 제5조

연 | 습 | 문 | 제

1. 중요한 전송로설비의 동작상황을 감시하고 설비고장 또는 품질저하 시 이를 신속하게 검출통보하는 (　　)을 구비한다.

답 감시기능

[근거규정] 방송통신설비의 안전성 및 신뢰성에 대한 기술기준 제4조

2. 교환설비는 트래픽 소통능력을 현저히 저하시키는 이상폭주 또는 특정교환설비에 발생된 이상 트래픽이 전체망에 파급되는 것을 방지하기 위해 (　　)의 접속을 규제하는 기능 또는 이와 동등한 기능을 구비한다.

답 통신

[근거규정] 방송통신설비의 안전성 및 신뢰성에 대한 기술기준 제4조

3. 통신망의 비밀보호 및 신뢰성 제고를 위하여 이용자의 식별확인을 필요로 하는 통신을 취급하는 전기통신망에는 정당한 이용자임을 식별 확인할 수 있도록 등록 및 (　　) 등을 구비하여야 한다.

답 인증기능

[근거규정] 방송통신설비의 안전성 및 신뢰성에 대한 기술기준 제4조

4. 방송통신설비의 회선고장, 이상 트래픽 폭주 등의 망상태를 종합적으로 또는 광역적으로 검지하여 이에 대한 필요한 조치를 취할 수 있는 (　　)을 구비한다.

답 종합망관리 시스템

[근거규정] 방송통신설비의 안전성 및 신뢰성에 대한 기술기준 제4조

5. 이동전화망, 개인휴대통신망의 주파수의 전파를 사용하는 이동통신망의 경우 제공하는 서비스에 대해 정당한 사용자 단말기인지 여부를 확인하는 등록(Power On), 발신 및 착신에 대한 (　　)과 불법 복제된 단말기가 망에 접속할 경우 이를 검출하는 기능을 가져야 한다.

답 인증기능

[근거규정] 방송통신설비의 안전성 및 신뢰성에 대한 기술기준 제4조

6. 휴대인터넷망의 경우 다음의 기능을 구비하여야 하는데 초기 접속 시 IC카드와 결합된 단말기와 망 사이의 (　　)기능 및 주기적인 재인증기능을 갖추어야 한다.

답 상호인증

[근거규정] 방송통신설비의 안전성 및 신뢰성에 대한 기술기준 제4조

7. 단일 반송파 주파수 다중접속방식을 사용하고 직교주파수분할 다중접속방식을 사용하는 이동통신망의 경우 기능을 구비하여야 하는 설명 중 틀린 것은?

가. 초기 접속시 IC카드와 결합된 단말기와 망 사이의 상호 통보 기능 및 주기적인 재 인증 기능

나. 불법 복제된 IC카드와 결합된 단말기가 망에 접속한 경우 이를 검출하는 기능

다. 이용자 요구시 서비스 트래픽을 암호화하여 처리 보안서비스 기능

라. 분실 또는 도난 신고된 단말기에 의한 서비스 접속시 이를 검출하고 서비스의 이용을 제한할 수 있는 기능

답 가. 초기 접속시 IC카드와 결합된 단말기와 망 사이의 상호 인증 기능 및 주기적인 재 인증 기능

[근거규정] 방송통신설비의 안전성 및 신뢰성에 대한 기술기준 제4조

8. 통신망의 비밀보호 및 신뢰성 제고를 위한 설명 중 틀린 것은?

가. 방송통신설비의 접근영역이나 사용가능한 범위에 대한 제한을 두는 기능을 설정하는 등 설비의 파괴 또는 타인의 데이터 절취 등을 방지하는 조치를 강구한다.

나. 이용자 패스워드의 문자열을 검색을 금지하고 단어를 배제하는 기능을 강구한다.

다. 접속 실패 횟수의 기준을 설정하고 기준값을 초과한 것에 대해 검지하여 시스템에서 적절한 조치를 강구한다.

라. 프로그램 데이터등 보호가 필요한 중요정보에 대해서는 그 정보에 대한 접속 요구를 기록하고 보전하는 기능을 마련한다.

답 나. 이용자 패스워드의 문자열을 검색하여 일반적인 단어를 배제하는 기능을 강구한다.

[근거규정] 방송통신설비의 안전성 및 신뢰성에 대한 기술기준 제4조

9. 통신망의 비밀보호 및 신뢰성 제고를 위한 설명 중 틀린 것은?

가. 부정접속 유무를 확인할 수 있도록 통신망에 대한 접속 이력의 표시 또는 조회기능을 마련한다.

나. 일정기간 이상 패스워드를 변경하지 아니한 이용자에 대해서 통화금지 기능을 마련한다.

다. 일정기간 이상 방송통신망을 이용하지 않은 이용사가 방송통신망에 접속할 때에 재개 의사를 확인하는 기능을 마련한다.

라. 초기 접속시 IC카드, 기기 인증서, 기기 인증서 및 사용자 아이디와 패스워드 방식 중 하나 이상의 방식에 기반한 단말기와 망 사이의 상호인증 기능 및 주기적인 재인증 기능을을 부여한다.

답 나. 일정기간 이상 패스워드를 변경하지 아니한 이용자에 대해서 주의를 환기하는 기능을 마련한다.

[근거규정] 방송통신설비의 안전성 및 신뢰성에 대한 기술기준 제4조

10. 통신국사와 통신기계실의 갖출 조건 중 틀린 것은?

가. 통신설비설치용 기계실은 비, 바람, 자외선 및 대기먼지 등에 의한 저해요인이 발생되지 않도록 하여 통신설비가 적정 관리되도록 한다.

나. 통신국사 및 통신기계실의 모든 출입구에는 시건장치를 설치하고 통상 사용하는 출입구에는 안내와 감시장치 등의 출입통제관리를 실시한다.

다. 통신국사에는 자동화재경보설비 및 소화설비를 적절하게 설치한다.

라. 통신기계실 중앙위치의 2.5m 높이에서 다음의 온・습도가 일정하게 유지될 수 있는 조치가 강구되어야 한다.

답 라. 통신기계실 중앙위치의 1.5m 높이

[근거규정] 방송통신설비의 안전성 및 신뢰성에 대한 기술기준 제4조

11. 방송통신망을 구축하기 위한 시설물이 외부에 설치되는 선로설비, 전송장치, 안테나시설 등에 대한 조치를 강구하는 대상이 아닌 것은?

가. 풍해 대책, 낙뢰 대책, 3사 접촉대책

나. 진동대책, 지진대책, 염해대책,

다. 화재 대책과 내수 대책, 수해 대책과 동결 대책

라. 염해대책, 고온과 저온대책, 소음대책

답 라. 소음은 관련이 없다.

[근거규정] 방송통신설비의 안전성 및 신뢰성에 대한 기술기준 제4조

12. 통신설비의 데이터 또는 이용자 데이터 등 중요한 데이터의 파괴 시 복원이 가능하도록 (　　)를 구비한다.

답 전산보조기억장치

[근거규정] 방송통신설비의 안전성 및 신뢰성에 대한 기술기준 제4조

13. 중요한 통신설비에 고장 등이 발생할 경우 임시 통신설비 배치 및 임시 통신회선 설정 등에 의한 (　　)대책을 강구한다.

답 응급복구

[근거규정] 방송통신설비의 안전성 및 신뢰성에 대한 기술기준 제4조

제2장 접지설비 · 구내통신설비 · 선로설비 및 통신공동구 기술기준

2.1 기술기준의 목적

「방송통신설비의 기술기준에 관한 규정」에서 규정된 방송통신설비의 보호기 및 접지설비, 건축물 구내에 설치하는 통신설비, 사업자가 설치하는 선로설비 및 통신공동구 등에 대한 세부기술기준을 정함으로써 이의 원활한 설치 · 운영 또는 관리에 기여함을 목적으로 한다.

[근거규정] 접지설비 · 구내통신설비 · 선로설비 및 통신공동구 기술기준 제1조

2.1.1 적용범위

① 규정 제7조 규정에 의한 방송통신설비의 보호기 및 접지설비

② 규정 제8조 규정에 의한 전송설비 및 선로설비

③ 규정 제10조 규정에 의한 전원설비

④ 규정 제17조 · 제17조의2 및 「주택건설기준 등에 관한 규정」 제32조 · 제32조의2 · 제42조의 규정에 의한 건축물에 설치하는 구내통신선로설비 · 구내용 이동통신설비 및 방송공동수신설비 · 홈네트워크설비

⑤ 「전기통신사업법」 제69조의2의 규정에 의한 도시철도시설에 설치하는 구내통신선로설비 · 구내용 이동통신설비

⑥ 규정 제25조 규정에 의한 통신공동구 · 관로 · 맨홀 등의 설비

[근거규정] 접지설비 · 구내통신설비 · 선로설비 및 통신공동구 기술기준 제2조

2.1.2 용어의 정의

① 이 고시에서 사용하는 용어의 정의는 다음과 같다.

1. 〈삭제, 2014.7.2.〉
2. "통신선"이라 함은 절연물로 피복한 전기도체 또는 절연물로 피복한 위를 보호피복으로 보호한 전기도체 및 광섬유 등으로써 통신용으로 사용하는 선을 말한다.

3. “이격거리”라 함은 통신선과 타물체(통신선을 포함한다)가 기상조건에 의한 위치의 변화에 의하여 가장 접근한 경우의 거리를 말한다.
4. “강전류절연전선”이라 함은 절연물만으로 피복되어 있는 강전류전선을 말한다.
5. “강전류케이블”이라 함은 절연물 및 보호물로 피복되어 있는 강전류전선을 말한다.
6. “강풍지역”이라 함은 벌판, 도서 또는 해안에 인접한 지역 등으로서 바람의 영향을 많이 받는 곳을 말한다.
7. “회선”이라 함은 전기통신의 전송이 이루어지는 유형 또는 무형의 계통적 전기통신로를 말하며, 그 용도에 따라 국선 및 구내선 등으로 구분한다.
8. “기타건축물”이라 함은 업무용건축물 및 주거용건축물을 제외한 건축물을 말한다.
9. “이용자”라 함은 구내통신설비를 소유하거나 사용하는 자를 말한다.
10. “사업자”라 함은 방송통신서비스를 제공하는 방송통신사업자를 말한다.
11. “구내간선케이블”이라 함은 구내에 두 개 이상의 건물이 있는 경우 국선단자함에서 각 건물의 동단자함 또는 동단자함에서 동단자함까지의 건물 간 구간을 연결하는 통신케이블을 말한다.
12. “건물간선케이블”이라 함은 동일 건물 내의 국선단자함이나 동단자함에서 층단자함까지 또는 층단자함에서 층단자함까지의 구간을 연결하는 통신케이블을 말한다.
13. “수평배선케이블”이라 함은 층단자함에서 통신인출구까지를 연결하는 통신케이블을 말한다.
14. 〈삭제〉
15. “동단자함”이라 함은 구내간선케이블 및 건물간선케이블을 종단하여 상호 연결하는 통신용 분배함을 말한다.
16. “층단자함”이라 함은 건물간선케이블 및 수평배선케이블을 종단하여 상호 연결하는 통신용 분배함을 말한다.
17. “세대단자함”이라 함은 세대내에 인입되는 통신선로, 방송공동수신설비 또는 홈네트워크설비 등의 배선을 효율적으로 분배·접속하기 위하여 이용자의 주거전용면적에 포함되는 실내공간에 설치되는 분배함을 말한다.
18. “세대내 성형배선”(이하 “성형배선”이라 한다)이라 함은 세대단자함 또는 이와 동등한 기능이 있는 단자함에서 각 인출구로 직접 배선되는 방식을 말한다.

19. "급전선"이라 함은 전파에너지를 전송하기 위하여 송신장치나 수신장치와 안테나 사이를 연결하는 선을 말한다.
20. "중계장치"라 함은 선로의 도달이 어려운 지역을 해소하기 위해 사용하는 증폭장치 등을 말한다.
21. "홈네트워크 주장치(홈게이트웨이, 월패드, 홈서버 등을 포함한다)"라 함은 세대내에서 사용되는 홈네트워크 기기들을 유 · 무선 네트워크 기반으로 연결하고 홈네트워크 서비스를 제공하는 기기를 말한다.

[근거규정] 접지설비 · 구내통신설비 · 선로설비 및 통신공동구 기술기준 제3조

2.2 보호기성능 및 접지설비 설치방법

2.2.1 보호기성능

① 보호기의 기본회로도는 [별표 1]과 같으며 보호기의 성능은 제2항 내지 제4항의 조건을 만족하여야 한다.

[별표 1] 보호기의 기본회로도(제4조제1항 관련)

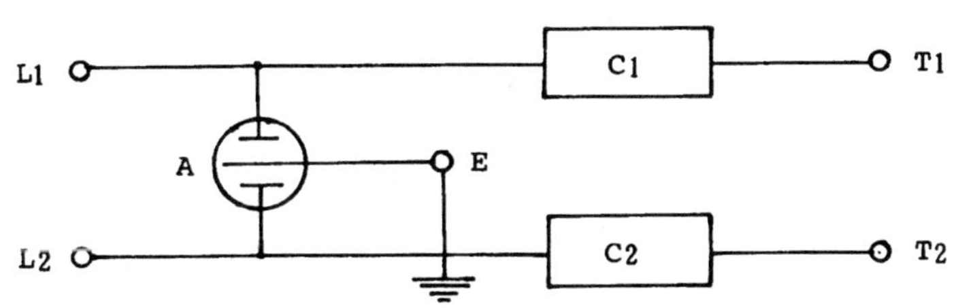

(주) L1, L2 : 외선측 단자
T1, T2 : 내선측 단자
E : 접지선 단자
A : 과전압방전소자
C1, C2 : 과전류제한소자

[근거규정] 접지설비 · 구내통신설비 · 선로설비 및 통신공동구 기술기준 제4조

② 보호기의 과전압 성능은 다음과 같아야 한다.

1. 보호기는 직류 100V/sec의 상승전압을 L1-E, L2-E간에 인가할 때 184V 이상 280V 이하에서 접지를 통하여 방전이 개시되어야 한다.
2. 보호기는 100V/㎲의 상승전압을 L1-E, L2-E간에 인가할 때 180V 이상 600V 이하에서 접지를 통하여 방전되어야 한다.
3. 보호기는 1000V/㎲의 상승전압을 L1-E, L2-E간에 인가할 때 180V 이상 700V 이하에서 접지를 통하여 방전되어야 한다.

③ 보호기의 과전류 성능은 다음과 같아야 한다.

1. 보호기는 L1-T1, L2-T2간에 교류 110V 250mA를 인가할 때 1분 이내, 교류 110V 1A를 인가할 때 2초 이내에 동작하여 부동작 전류 이하로 전류를 제한하고, 과전류가 제거되면 자기 복구되어야 한다.
2. 보호기는 L1-T1, L2-T2간에 직류 150mA를 3시간 인가할 때 과전류 제한소자는 동작하지 않아야 한다.

④ 보호기의 발화방지 성능은 다음과 같아야 한다.

1. 보호기는 L1-E, L2-E간에 60Hz, 5A를 15분간 인가할 때 과전압 방전소자의 발화방지장치가 동작하여 보호기의 발화 및 변형이 없어야 한다.
2. 보호기는 과전압 방전소자가 삽입되지 않은 상태에서 L1-T1, L2-T2간에 교류 220V, 3A을 15분간 인가할 때 과전류 제한소자가 손상되지 않아야 하며, 보호기의 발화 및 변형이 없어야 한다.

[근거규정] 접지설비 · 구내통신설비 · 선로설비 및 통신공동구 기술기준 제4조

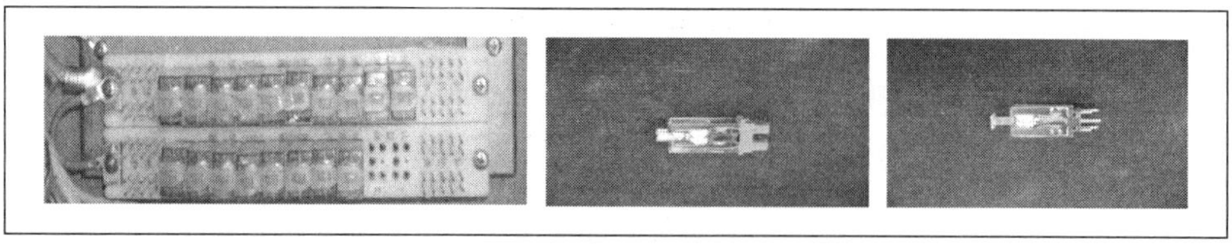

보호기 사례

2.2.2 접지저항

① 교환설비 · 전송설비 및 통신케이블과 금속으로 된 단자함(구내통신단자함, 옥외분배함 등) · 장치함 및 지지물 등이 사람이나 방송통신설비에 피해를 줄 우려가 있을 때에는 접지단자를 설치하여 접지하여야 한다.

② 통신관련시설의 접지저항은 10Ω 이하를 기준으로 한다. 다만, 다음의 경우는 100Ω 이하로 할 수 있다.

1. 선로설비 중 선조 · 케이블에 대하여 일정 간격으로 시설하는 접지(단, 차폐케이블은 제외)
2. 국선수용회선이 100회선 이하인 주배선반
3. 보호기를 설치하지 않는 구내통신단자함
4. 구내통신선로설비에 있어서 전송 또는 제어신호용 케이블의 쉴드 접지
5. 철탑 이외 전주 등에 시설하는 이동통신용 중계기
6. 암반지역 또는 산악지역에서의 암반지층을 포함하는 경우 등 특수 지형에의 시설이 불가피한 경우로서 기준 저항값 10Ω을 얻기 곤란한 경우
7. 기타 설비 및 장치의 특성에 따라 시설 및 인명 안전에 영향을 미치지 않는 경우

접지저항 측정 사례

③ 통신회선 이용자의 건축물, 전주 또는 맨홀 등의 시설에 설치된 통신설비로서 통신용 접지시공이 곤란한 경우에는 그 시설물의 접지를 이용할 수 있으며, 이 경우 접지저항은 해당 시설물의 접지기준에 따른다. 다만, 「전파법 시행령」 제24조의 규정에 의하여 신고하지 아니하고 시설할 수 있는 소출력중계기 또는 무선국의 경우, 설치된 시설물의 접지를 이용할 수 없을 시 접지하지 아니할 수 있다.

④ 접지선은 접지저항값이 10Ω 이하인 경우에는 2.6mm 이상, 접지저항값이 100Ω 이하인 경우에는 직경 1.6mm 이상의 피 · 브이 · 씨 피복 동선 또는 그 이상의 절연효과가 있는 전선을 사용하고 접지극은 부식이나 토양오염 지를 고려한 도전성 재료를 사용한다. 단, 외부에 노출되지 않는 접지선의 경우에는 피복을 아니할 수 있다.

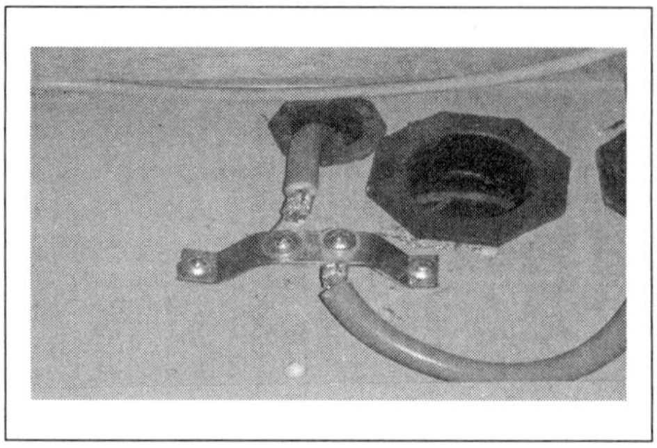

단자함에 접지선의 설치 사례-1

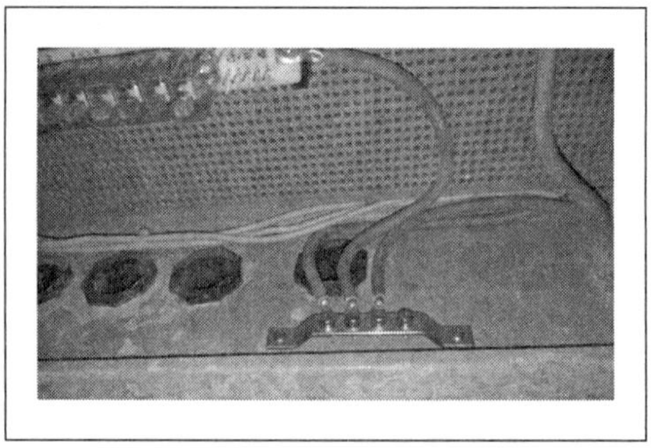

단자함에 접지선의 설치 사례-2

⑤ 접지체는 가스, 산 등에 의한 부식의 우려가 없는 곳에 매설하여야 하며, 접지체 상단이 지표로부터 수직 깊이 75cm 이상 되도록 매설하되 동결심도보다 깊도록 하여야 한다.

⑥ 사업용방송통신설비와 「전기통신사업법」 제64조의 규정에 의한 자가전기통신설비 설치자는 접지저항을 정해진 기준치를 유지하도록 관리하여야 한다.

⑦ 다음 각 호에 해당하는 방송통신 관련 설비의 경우에는 접지를 아니할 수 있다.

1. 전도성이 없는 인장선을 사용하는 광섬유케이블의 경우
2. 금속성 함체이나 광섬유 접속 등과 같이 내부에 전기적 접속이 없는 경우

[근거규정] 접지설비 · 구내통신설비 · 선로설비 및 통신공동구 기술기준 제5조

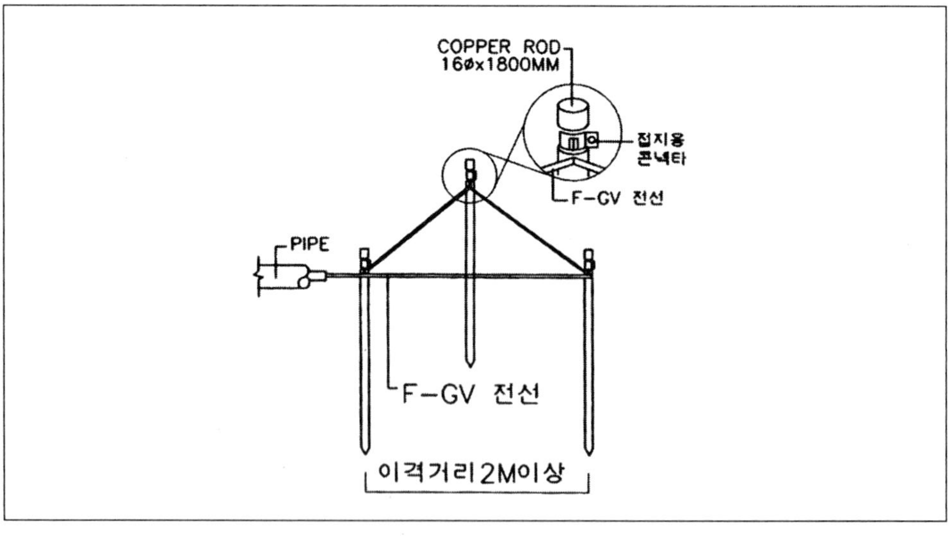

접지설비의 상세도 사례

2.3 선로설비 설치방법

2.3.1 사용 가능한 통신선의 종류

방송통신설비에 사용하는 통신선은 절연전선 또는 케이블이어야 한다. 다만, 절연전선이나 케이블을 사용하기가 곤란한 경우에 있어서 타인이 설치한 방송통신설비에 방해를 줄 염려가 없고 인체 또는 물건에 손상을 줄 염려가 없는 경우에는 예외로 할 수 있다.

[근거규정] 접지설비 · 구내통신설비 · 선로설비 및 통신공동구 기술기준 제6조

2.3.2 가공통신선의 지지물과 가공강전류전선 간의 이격거리

① 가공통신선의 지지물은 가공강전류전선 사이에 끼우거나 통과하여서는 아니된다. 다만, 인체 또는 물건에 손상을 줄 우려가 없을 경우에는 예외로 할 수 있다.

② 가공통신선의 지지물과 가공강전류전선 간의 이격거리는 다음과 같다.

1. 가공강전류전선의 사용전압이 저압 또는 고압일 경우의 이격거리는 〈표 3〉과 같다.

〈표 3〉

가공강전류전선의 사용전압 및 종별		이격거리
저 압		30cm 이상
고 압	강전류케이블	30cm 이상
	기타 강전류전선	60cm 이상

2. 가공강전류전선의 사용전압이 특고압일 경우의 이격거리는 〈표 4〉와 같다.

〈표 4〉

가공강전류전선의 사용전압 및 종별		이격거리
35,000V 이하의 것	강전류케이블	50cm 이상
	특고압 강전류절연전선	1m 이상
	기타 강전류전선	2m 이상
35,000V를 초과하고 60,000V 이하의 것		2m 이상
60,000V를 초과하는 것		2m에 사용전압이 60,000V를 초과하는 10,000V마다 12cm를 더한 값 이상

[근거규정] 접지설비 · 구내통신설비 · 선로설비 및 통신공동구 기술기준 제7조

2.3.3 전주의 안전계수

① 전주의 안전계수는 〈표 5〉와 같다. 다만, 철근콘크리트주 및 철주는 제1호, 제2호, 제3호의 경우 1.0 이상으로 하고, 제4호의 경우 1.5 이상으로 할 수 있다.

〈표 5〉

전주의 구별	안전계수
1. 도로상 또는 도로로부터 전주 높이의 1.2배에 상당하는 거리내의 장소에 설치하는 전주	1.2
2. 다음에 해당하는 가공통신선을 가설하는 전주 가. 구조물로부터 그 전주의 높이에 상당하는 거리내에 접근하는 가공통신선 나. 타인의 가공통신선 또는 가공강전류전선과 교차되거나 그 전주의 높이에 상당하는 거리내에 접근하는 가공통신선 다. 철도 또는 궤도로부터 그 전주의 높이에 상당하는 거리내에 접근하거나 도로, 칠도 또는 궤도를 횡단하는 가공통신선	1.2
3. 가공통신선과 저압 또는 고압의 가공강전류전선을 공가하는 전주	1.5
4. 가공통신선과 특고압의 가공강전류전선을 공가하는 전주	2.0

② 전주에 지선 또는 지주를 설치하는 경우에는 그 전체의 안전계수를 전주의 안전계수로 보고 제1항의 규정을 적용한다.

③ 전주의 안전계수는 그 전주에 개설하는 시설물의 인장하중, 제9조의 규정에 의한 풍압하중 및 그 시설장소에서 통상 예상되는 기상의 변화 등 기타 외부 환경의 영향이 가하여진 것으로 하여 이를 계산한다.

[근거규정] 접지설비 · 구내통신설비 · 선로설비 및 통신공동구 기술기준 제8조

2.3.4 풍압하중

① 옥외통신설비에 대한 기본풍압하중은 〈표 6〉과 같다.

② 강풍지역외 시가지에서는 전주 및 기타 시설류에 대하여 제1항에 의한 풍압하중의 1/2배를 적용할 수 있다.

③ 강풍지역에서는 과거 기상자료를 바탕으로 하여 제1항의 풍압하중 이상을 적용한다.

④ 무선시설류는 제1항에 의한 풍압하중의 2배 이상을 적용한다. 다만, 건물 옥상에 시설하는 철탑의 경우 제1항의 풍압하중을 적용하고 철탑붕괴 시 인명 및 재산피해를 방지할 수 있도록 지선설치 등의 보강조치를 하여야 한다.

〈표 6〉

풍압을 받는 시설물			시설물의 수직투영면적 $1m^2$에 대한 풍압
전주류	목주 또는 철근콘크리트주		80kg
	철주	원통주	80kg
		삼각주 또는 사각주	190kg
		각주(강관에 의하여 구성된 것에 한한다)	150kg
		기타의 것	240kg
무선시설류	철탑	강관에 의하여 구성된 것	170kg
		기타의 것	290kg
	철탑에 부착 시설되는 안테나류		200kg
	마이크로웨이브 안테나		200kg
기타	통신선 또는 보조선		100kg
	완철류 또는 함류		160kg

주 : 설계풍속 40m/s를 적용한 것임

⑤ 다설지역에서는 제1항의 풍압하중 또는 통신선 또는 보조선에 비중 0.9의 빙설을 6mm의 두께로 부착한 경우에 상기 제1항 규정에 의한 풍압하중의 1/2배를 적용한 하중 중 큰 것을 적용한다.

⑥ 통신선 및 보조선을 고정하는 클램프 등의 자재는 통신선에 대한 제1항의 풍압하중 인가시 설계장력을 유지할 수 있어야 한다. 단, 이 기준 이외의 다른 기준에 의한 전주류에 설치되는 통신선의 경우에는 해당 기준에 의한 풍압하중을 적용한다.

[근거규정] 접지설비 · 구내통신설비 · 선로설비 및 통신공동구 기술기준 제9조

2.3.5 가공통신선 지지물의 등주방지

가공통신선의 지지물에는 취급자가 오르내리는데 사용하는 발디딤쇠 등을 지표상으로부터 1.8m 이상의 높이에 부착하여야 한다. 다만, 다음과 같은 경우에는 예외로 할 수 있다.

① 발디딤쇠 등이 지지물의 내부로 들어가는 구조인 경우

② 지지물 주위에 취급자 이외의 자가 들어갈 수 없도록 시설하는 경우

③ 지지물을 사람이 쉽게 접근할 수 없는 장소에 설치한 경우

[근거규정] 접지설비 · 구내통신설비 · 선로설비 및 통신공동구 기술기준 제10조

2.3.6 가공통신선의 높이

① 설치장소 여건에 따른 가공통신선의 높이는 다음과 같다.

1. 도로상에 설치되는 경우에는 노면으로부터 4.5m 이상으로 한다. 다만, 교통에 지장을 줄 우려가 없고 시공상 불가피할 경우 보도와 차도의 구별이 있는 도로의 보도상에서는 3m 이상으로 한다.
2. 철도 또는 궤도를 횡단하는 경우에는 그 철도 또는 궤조면으로부터 6.5m 이상으로 한다. 다만, 차량의 통행에 지장을 줄 우려가 없는 경우에는 그러하지 아니하다.
3. 7,000V를 초과하는 전압의 가공강전류전선용 전주에 가설되는 경우에는 노면으로부터 5m 이상으로 한다.
4. 제1호 내지 제3호 및 제2항 이외의 기타지역은 지표상으로부터 4.5m 이상으로 한다. 다만, 교통에 시장을 줄 염려가 없고 시공상 불가피한 경우에는 지표상으로부터 3m 이상으로 할 수 있다.

② 가공선로설비가 하천 등을 횡단하는 경우에는 선박 등의 운행에 지장을 줄 우려가 없는 높이로 설치하여야 하며, 헬리콥터 등의 안전운항에 지장이 없도록 안전표지(항공표지 등)가 설치되어야 한다.

[근거규정] 접지설비 · 구내통신설비 · 선로설비 및 통신공동구 기술기준 제11조

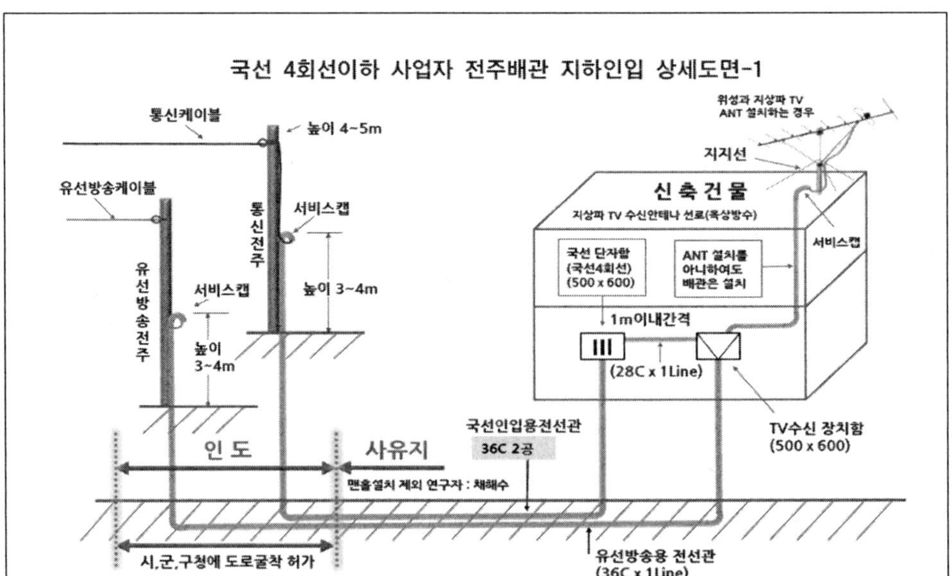

국선의 지하인입을 위한 도로의 가공통신선의 높이

2.3.7 전주의 안전계수와 가공통신선의 지지물에 대한 예외

비상사태하에 있어서 재해의 예방과 구조, 교통, 통신, 전력의 공급과 확보 또는 질서의 유지에 필요한 통신을 행하기 위하여 설치하는 선로에 관하여는 절연전선 또는 케이블을 사용하는 것에 한하여 그 설치한 날로부터 1월내에는 제8조의 규정을 적용하지 아니한다.

[근거규정] 접지설비 · 구내통신설비 · 선로설비 및 통신공동구 기술기준 제12조

2.3.8 보호망

① 가공통신선이 가공강전류전선과 교차하거나 가공강전류전선과의 수평거리가 그 가공통신선 또는 가공강전류전선의 지지물 중 높은 것에 해당하는 거리 이하로 접근할 경우에 설치하는 보호망의 종류 및 구성은 다음과 같다.

1. 제1종 보호망
   가. 특별보안접지공사(접지저항이 10Ω 이하가 되도록 하는 접지공사를 말한다. 이하 같다)를 한 금속선을 망상으로 할 것
   나. 보호망의 바깥둘레를 구성하는 금속선은 직경 3.5mm 이상의 동복강선 또는 직경 5mm의 경동선이나 이와 동등 이상의 강도의 것을 사용하고, 기타의 부분을 구성하는 금속선은 직경 3.5mm 이상의 동복강선 또는 직경 4mm의 경동선이나 이와 동등 이상의 강도의 것을 사용할 것
   다. 병행하는 금속선 상호간의 거리는 각각 1.5m 이하로 할 것
2. 제2종 보호망
   가. 보안접지공사(접지저항이 100Ω 이하가 되도록 하는 접지공사를 말한다. 이하같다)를 한 금속선을 망상으로 할 것
   나. 세로선은 직경 3.5mm 이상의 동복강선 또는 직경 4mm의 경동선이나 이와 동등 이상의 강도를 가진 것을 사용할 것
   다. 가로선은 직경 2.6mm의 경동선이나 이와 동등 이상의 강도를 가진 것을 사용할 것
   라. 병행하는 금속선 상호간의 거리는 각각 1.5m 이하로 할 것

② 제1항의 규정에 의한 보호망의 설치는 다음과 같이 한다.

1. 보호망과 가공통신선 및 가공강전류전선 간의 수직이격거리는 각각 60cm 이상으로 한다. 다만, 제2종 보호망에 있어서 공사상 부득이한 경우에는 그 수직거

리를 30cm 이상으로 할 수 있다.

2. 보호망이 가공통신선 및 가공강전류전선의 밖으로 펼쳐지는 폭은 보호망과 가공통신선 간의 수직거리의 1/2에 상당하는 길이(그 길이가 30cm 미만이 되는 경우는 30cm) 이상으로 한다.

3. 제2종 보호망은 제1종 보호망으로 대체할 수 있으나 제1종 보호망은 제2종 보호망으로 대체할 수 없다.

[근거규정] 접지설비 · 구내통신설비 · 선로설비 및 통신공동구 기술기준 제13조

2.3.9 보호선

① 가공통신선이 가공강전류전선과 교차하거나 가공강전류전선과의 수평거리가 그 가공통신선 또는 가공강전류전선의 지지물 중 높은 것에 해당하는 거리 이하로 접근할 경우에 설치하는 보호선의 종류 및 구성은 다음과 같다.

1. 제1종 보호선

   가. 직경 3.5mm 이상의 동복강선 또는 직경 5mm의 경동선이나 이와 동등 이상의 강도를 가진 것을 2조 이상으로 구성하고, 보안접지공사를 할 것

   나. 보호선의 금속선 상호간의 간격은 75cm 이하로 할 것

2. 제2종 보호선

   가. 직경 3.5mm 이상의 동복강선 또는 직경 4mm의 경동선이나 이와 동등 이상의 강도를 가진 것을 2조 이상으로 구성하고, 보안접지공사를 할 것

② 제1항의 규정에 의한 보호선의 설치는 다음과 같이 하여야 한다.

1. 가공통신선과 45°를 넘는 각도로 교차하여야 한다.
2. 보호선과 가공통신선 간의 수직이격거리는 60cm 이상으로 한다.
3. 보호선이 가공통신선의 밖으로 펼쳐지는 길이는 보호선과 가공통신선 간 수직거리의 1/2에 상당하는 길이(그 길이가 30cm 미만일 경우에는 30cm) 이상으로 한다.
4. 제2종 보호선은 제1종 보호선으로 대체할 수 있으나, 제1종 보호선은 제2종 보호선으로 대체할 수 없다.

[근거규정] 접지설비 · 구내통신설비 · 선로설비 및 통신공동구 기술기준 제14조

2.3.10 가공통신선과 저압 또는 고압의 가공강전류전선과의 접근 또는 교차

① 가공통신선이 저압 또는 고압의 가공강전류전선과 교차하거나 가공강전류전선

과의 수평거리가 그 가공통신선 또는 가공강전류전선의 지지물 중 높은 것에 해당하는 거리 이하로 접근할 경우의 이격거리는 〈표 7〉과 같다. 다만, 가공통신선은 가공강전류전선 아래에 설치하여야 한다.

〈표 7〉

가공강전류전선의 사용전압 및 종별		이격거리
저 압	고압 강전류절연전선, 특고압 강전류절연전선 또는 케이블	30cm 이상(강전류전선설치자의 승낙을 얻었을 경우에는 15cm 이상)
	강전류절연전선	60cm 이상(강전류전선설치자의 승낙을 얻었을 경우에는 30cm 이상)
고 압	강전류케이블	40cm 이상
	고압 강전류절연전선, 특고압 강전뉴절연전선	80cm 이상

② 가공통신선이 저압 또는 고압의 가공강전류전선과의 수평거리가 그 가공통신선 또는 가공강전류전선의 지지물 중 높은 것에 해당하는 거리 이하로 접근할 경우, 다음과 같은 규정에 의해 가공통신선을 가공강전류전선 위에 설치할 수 있다.

1. 공사상 부득이 하고, 가공통신선의 지지물이 다음의 규정에 의해 설치될 경우
   가. 가공통신선과 가공강전류전선 간의 이격거리가 제1항의 규정에 의할 경우
   나. 목주의 경우에는 말구경이 12cm 이상이며 안전계수가 1.3 이상일 경우
   다. 가공통신선이 5° 이하의 수평각도를 이루는 직선부분을 지지하는 지지물간의 거리차가 크거나 5° 이상의 수평각도를 이루는 개소 또는 전주의 안전계수가 1.2 미만인 경우, 이를 보강할 수 있는 지선 또는 지주를 설치할 경우
2. 가공통신선과 가공강전류전선 간의 수평거리가 2.5m 이상이고, 가공통신선 지지물이 도괴시에 가공강전류전선과 접촉할 우려가 없는 경우

[근거규정] 접지설비 · 구내통신설비 · 선로설비 및 통신공동구 기술기준 제15조

2.3.11 가공통신선과 특고압의 가공강전류전선과의 접근

① 가공통신선이 특고압의 가공강전류전선과의 수평거리가 그 가공통신선 또는 가공강전류전선의 지지물 중 높은 것에 해당하는 거리 이하로 접근할 경우에 다음과 같은 규정에 의해 가공통신선을 가공강전류전선 아래에 설치하여야 한다.

1. 가공통신선과 가공강전류전선과의 수평거리가 3m 이상인 경우의 이격거리는 제7조제2항제2호의 규정에 의하여 설치하여야 한다.

2. 가공통신선과 가공강전류전선과의 수평거리가 3m 미만인 경우에는 다음의 규정에 의하여 설치하여야 한다.
   가. 가공통신선과 가공강전류전선과의 이격거리는 제7조제2항제2호의 규정에 의하여야 한다.
   나. 가공통신선과 가공강전류전선과의 수평이격거리는 2m 이상으로 한다. 다만, 다음의 규정에 의할 경우에는 예외로 할 수 있다.
      (1) 가공통신선이 직경 5mm의 경동선이나 이와 동등 이상의 강도를 가진 절연전선 또는 케이블일 경우
      (2) 가공통신선을 직경 4mm의 아연도금 철선이나 이와 동등 이상의 강도의 것으로 조가하여 설치한 경우
      (3) 가공통신선이 15m 이하의 인입선일 경우
      (4) 가공통신선과 가공강전류전선과의 수직거리가 6m 이상인 경우
      (5) 가공통신선과 가공강전류전선 사이에 제2종 보호선을 설치하는 경우. 다만, 가공강전류전선이 제2종 특별보안공사(「전기사업법」 제67조 규정에 의하여 고시된 기술기준에 의한다. 이하 같다)를 하지 않은 경우에 제1종 보호망을 설치하는 경우
      (6) 가공강전류전선이 특고압 강전류절연전선 또는 강전류케이블이며, 그 사용전압이 35,000V 이하인 경우
3. 가공통신선과 가공강전류전선과의 수평거리가 3m 미만이 되는 길이가 연속하여 50m 이하로 설치되어야 한다.
4. 가공강전류전선의 전주와 전주사이에서 가공통신선과 가공강전류전선과의 수평거리가 3m 미만으로 되는 부분의 길이의 합계가 50m 이하로 설치하여야 한다.
5. 제3호, 제4호 규정에도 불구하고 다음과 같은 경우에는 50m를 초과하여 설치할 수 있다.
   가. 가공강전류전선의 전압이 35,000V 이하이고 제2종 특별보안공사에 의해 설치된 경우
   나. 가공강전류전선의 전압이 35,000V를 초과하고 제1종 특별보안공사(「전기사업법」 제67조 규정에 의하여 고시된 기술기준에 의한다. 이하 같다)에 의해 설치된 경우
6. 제2호의 제2종 보호선 또는 제1종 보호망과 특고압의 가공강전류전선과의 수

직이격거리는 제7조제2항제2호의 규정에 의한다.

② 가공통신선과 가공강전류전선 간의 수평거리가 3m 이상이고, 가공통신선의 지지물이 도괴 시에 가공강전류전선과 접촉할 우려가 없거나 다음과 같은 규정에 의할 경우에는 가공통신선을 위에 설치할 수 있다.

1. 가공통신선과 가공강전류전선의 이격거리를 제7조제2항제2호에 의할 경우
2. 가공통신선과 그 지지물이 다음과 같은 규정에 의해 설치되는 경우. 다만, 가공강전류전선이 케이블이고, 그 사용전압이 35,000V 이하인 경우에는 포함되지 아니한다.
   가. 가공통신선이 케이블 또는 직경 5mm의 연동선이나 이와 동등 이상의 강도를 가진 절연전선인 경우
   나. 목주는 말구경이 12cm 이상이며 안전계수가 1.5 이상인 경우
   다. 가공강전류전선과 접근하는 반대쪽에 지선을 설치한 경우
   라. 가공통신선이 5° 이하의 수평각도를 이루는 직선부분을 지지는 지지물 간의 거리차가 크거나, 5° 이상의 수평각도를 이루는 개소 또는 전주의 안전계수가 1.5 미만인 경우에는 이를 보강할 수 있는 지선 또는 지주를 설치하는 경우

[근거규정] 접지설비 · 구내통신설비 · 선로설비 및 통신공동구 기술기준 제16조

2.3.12 가공통신선과 특고압의 가공강전류전선과의 교차

① 가공통신선이 특고압의 가공강전류전선과 교차하는 경우에는 다음의 규정에 의해 가공강전류전선의 아래에 설치하여야 한다.

1. 가공통신선과 가공강전류전선의 이격거리는 제7조제2항제2호의 규정에 의한다.
2. 가공강전류전선에 제2종 특별보안공사가 되어 있는 경우에는 가공통신선과 가공강전류전선 사이에 제2종 보호선을 설치하여야 한다. 다만, 다음과 같은 경우에는 제2종 보호선을 설치하지 아니하여도 된다.
   가. 가공통신선(2 이상의 통신선이 수직으로 있는 경우에는 맨위의 것)이 케이블이거나 3.5mm의 동복강선, 직경 5mm의 경동선이거나 이와 동등 이상의 강도를 가진 것으로 조가하는 것일 경우
   나. 가공통신선이 전주로부터 15m 이하의 인입선일 경우
   다. 가공통신선과 가공강전류전선과의 수직거리가 6m 이상일 경우
   라. 가공통신선과 가공강전류전선 사이에 제1종 보호망을 설치할 경우
   마. 가공강전류전선이 강전류케이블 또는 특고압 강전류절연전선이며, 그 사

용전압이 35,000V 이하인 것일 경우

3. 가공강전류전선에 제2종 특별보안공사가 되어 있지 않은 경우에는 가공통신선과 가공강전류전선 사이에 제2종 보호망을 설치하여야 한다.
4. 가공통신선 중 가공강전류전선과의 수평거리가 3m 미만으로 설치되는 부분의 길이가 연속하여 50m 이하로 설치되어야 한다. 다만, 다음과 같은 경우에는 예외로 할 수 있다.
   가. 가공강전류전선의 전압이 35,000V 이하이고, 제2종 특별보안공사가 되어 있는 경우
   나. 가공강전류전선의 전압이 35,000V를 초과하고, 제1종 특별보안공사가 되어 있는 경우

② 제1항제1호 내지 제2호 및 다음과 같은 규정에 의할 때는 가공통신선은 가공강전류전선의 위에 설치할 수 있다.

1. 가공강전류전선이 강전류케이블이고, 그 사용전압이 35,000V 이하인 경우
2. 가공강전류전선에 견고한 방호장치를 하며, 그 금속에 보안접지공사를 하고, 그 사용전압이 35,000V 이하인 경우

[근거규정] 접지설비 · 구내통신설비 · 선로설비 및 통신공동구 기술기준 제17조

2.3.13 가공통신선과 전차선과의 접근 또는 교차

① 가공통신선이 저압 또는 고압의 가공직류전차선 또는 이와 전기적으로 접속하는 조가용선(이하 "전차선 등"이라고 한다)과의 수평거리가 그 가공통신선 또는 전차선 등의 지지물 중 높은 것에 해당하는 거리 이하로 접근 또는 교차할 경우에는 다음의 규정에 의하여야 한다.

1. 가공통신선과 전차선 등과의 수평이격거리는 전차선이 저압일 경우는 60cm 이상, 고압일 경우에는 1.2m 이상으로 한다. 다만, 전차선 등의 설치자의 승낙을 얻는 경우에는 예외로 할 수 있다.
2. 가공통신선이 고압의 전차선 등과 45° 이하의 수평각도로 교차하거나 고압의 전차선 등과의 수평거리가 2.5m 이하인 경우에는 가공통신선과 전차선 등 사이에 제2종 보호망을 설치하여야 한다. 다만, 다음과 같은 경우에는 제2종 보호망을 설치하지 아니하여도 된다.
   가. 가공통신선과 고압의 전차선 등과의 수평거리가 1.2m 이상이고, 수직거리

가 그 수평거리의 1.5배 이하인 경우

나. 가공통신선과 전차선 등과의 수직거리가 6m 이상이고, 가공통신선이 케이블 또는 직경 5mm의 경동선이나 이와 동등 이상의 강도를 가진 절연전선인 경우

3. 가공통신선이 전차선 등과 45°를 초과하는 수평각도로 교차하는 경우에는 그 사이에 제1종 보호선을 설치하여야 한다. 다만, 전차선 등의 설치자의 승낙을 얻는 경우에는 예외로 할 수 있다.
4. 전차선 등과 보호선 또는 보호망과의 수직이격거리는 60cm 이상으로 한다. 다만, 전차선 등의 관리책임자의 승낙을 얻었을 때에는 30cm까지 할 수 있다.

② 가공통신선과 교류전차선의 수평거리가 그 가공통신선과 교류전차선의 지지물 중 높은 것에 해당하는 거리 이하로 접근할 경우에는 다음의 규정에 의하여야 한다.

1. 가공통신선과 교류전차선이 접근하는 경우에 수평거리는 3m 이상으로 하여야 하며, 가공통신선 또는 교류전차선의 절단이나 이들의 지지물이 도괴 시에는 접촉되지 않도록 설치하여야 한다.
2. 가공통신선과 교류전차선이 교차하는 경우에는 다음과 같이 설치하여야 한다.
   가. 가공통신선 또는 그 지지물과 교류전차선과의 이격거리는 2m 이상일 것
   나. 가공통신선은 케이블을 사용하고, 단면적이 38mm² 이상의 아연도금강연선으로서 인장하중이 3,000kg 이상인 것을 설치할 것
3. 목주는 말구경이 12cm 이상으로서 안전계수가 2.0 이상이여야 한다.
4. 전주(철탑은 제외)에는 통신선방향으로 교차하는 측의 반대측 및 통신선과 직각의 방향으로 그 양측에 지선을 설치한다.
5. 가공통신선이 5° 이하의 수평각도를 이루는 직선부분을 지지하는 지지물간의 거리차가 크거나, 5° 이상의 수평각도를 이루는 개소 또는 전주의 안전계수가 1.5 미만인 경우에는 이를 보강할 수 있는 지선 또는 지주를 설치하는 경우

[근거규정] 접지설비 · 구내통신설비 · 선로설비 및 통신공동구 기술기준 제18조

2.3.14 가공강전류전선과 동일의 지지물에 가설하는 가공통신선

① 가공통신선을 저압 또는 고압의 가공강전류전선과 2 이상 동일의 지지물에 연속하여 가설할 경우에는 다음과 같이 하여야 한다.

1. 가공통신선을 가공강전류전선 아래에 설치하여야 하고, 가공강전류전선의 완철과는 별도의 완철류에 설치하여야 한다. 다만, 가공강전류전선이 저압으로서 고압 강전류

절연전선, 특고압 강전류절연전선, 강전류케이블이거나 가공통신선의 도체가 가공강전류전선에 내장 또는 외접하여 설치하는 광섬유인 때는 예외로 할 수 있다.

2. 가공통신선과 가공강전류전선의 이격거리는 〈표 8〉과 같다.

〈표 8〉

가공강전류전선의 사용전압 및 종별		이격거리
저 압	고압 강전류절연전선, 특고압 강전류절연전선 또는 강전류케이블	30cm 이상
	강전류절연전선	75cm 이상(설치자의 승낙을 얻었을 경우에는 60cm 이상)
고 압	강전류케이블	50cm 이상(설치자의 승낙을 얻었을 경우에는 30cm 이상)
	기타 강전류전선	1.5m 이상(설치자의 승낙을 얻었을 경우에는 1m 이상)

② 가공통신선을 저압 또는 고압의 가공강전류전선과 1의 동일의 지지물에 한하여 가설하는 경우의 이격거리는 제15조제1항의 규정에 의하여야 한다. 다만, 가공강전류전선 설치자의 승낙을 얻고, 그 사용전압이 고압으로서 케이블인 경우에는 30cm 이상, 고압강전류절연전선 또는 고압강전류절연전선인 경우에는 60cm 이상으로 할 수 있다.

③ 가공통신선을 저압 또는 고압 강전류전선과 동일의 지지물에 설치하는 경우, 가공통신선의 수직배선(지지물의 길이방향으로 설치되는 통신선, 강전류전선 및 그 부속물을 말한다. 이하 같다)은 가공강전류전선의 수직배선과 지지물을 사이에 두고 설치하여야 한다. 다만, 가공통신선의 수직배선이 가공강전류전선의 수직배선으로부터 1m 이상 떨어져 있거나 가공통신선의 수직배선이 케이블이고 가공강전류전선의 수직배선이 강전류케이블인 경우에 그들이 직접 혼촉할 염려가 없도록 지지물에 견고하게 설치할 때에는 지지물과 같은 방향으로 설치할 수 있다.

④ 가공통신선 [전력보안용(「전기사업법」 제67조 규정에 의하여 고시된 기술기준을 준용한다) 및 전기철도의 전용부지 내에 설치하는 전기철도인 것은 제외한다. 이하 이 항에서는 같다]은 특고압 가공강전류전선과 동일의 지지물에 설치하여서는 아니된다. 다만, 다음에 해당하는 경우에는 그러하지 아니할 수 있다.

1. 다음의 조건을 모두 만족하는 것일 것

가. 가공강전류전선의 사용전압이 35,000V 이하일 것

나. 가공강전류전선은 케이블 또는 단면적이 $55mm^2$의 경동연선이나 이와 동

등 이상의 강도를 가진 연선을 사용할 것

다. 가공강전류전선 아래에 별도의 완철류에 설치할 것

라. 가공통신선과 가공강전류전선과의 이격거리는 2m 이상으로 할 것

2. 가공통신선의 도체가 가공강전류전선에 내장 또는 외접하여 설치하는 광섬유일 것

[근거규정] 접지설비 · 구내통신설비 · 선로설비 및 통신공동구 기술기준 제19조

2.3.15 강전류전선에 중첩하는 전기통신회선의 보안

강전류전선에 중첩하는 전기통신회선은 [그림 2]와 같은 보안장치이거나 이와 동등한 보안기능을 가지는 장치로 한다.

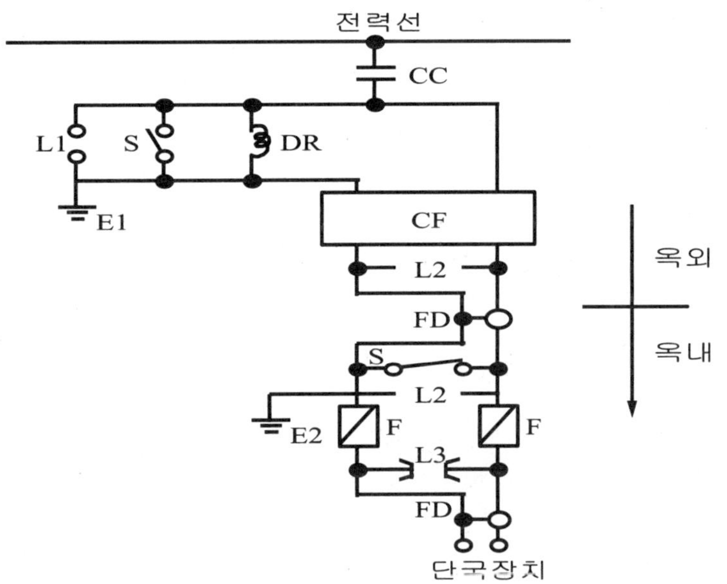

주 : CC : 결합콘덴서(결합안테나를 포함한다)
CF : 결합필터
L_1 : 동작개시전압이 교류 2,000V 이상 3,000V 이하로 조정된 구상방전캡
L_2 : 동작개시전압이 교류 1,300V 이상 1,600V 이하로 조정된 구상방전캡
L_3 : 교류 300V 이하에서 동작하는 피뢰기
F : 정격전류 10A 이하의 포장퓨즈 S : 접지용 개폐기
DR : 전류용량 2A 이상의 배류선륜 FD : 동축케이블
E_1 및 E_2 : 각각 단독의 접지

[근거규정] 접지설비 · 구내통신설비 · 선로설비 및 통신공동구 기술기준 제20조

[그림 2]

2.3.16 지중통신선

① 지중통신선을 지중강전류전선으로부터 30cm(지중강전류전선이 특고압일 경우에는 60cm) 이내의 거리에 설치하는 경우에는 지중통신선과 지중강전류전선 간에는 설치장소에서 발생할 수 있는 화염에 견딜 수 있는 격벽을 설치하여야 한다. 다만, 전기용품안전관리법에 의한 전기용품기술기준 중 수직트레이 불꽃시험에 적합한 보호피복을 사용하고 상호 접촉되지 아니하도록 설치하는 경우로서 지중강전류전선 설치자의 승낙을 얻은 경우에는 예외로 할 수 있다.

② 지중통신선의 금속체의 피복 또는 관로는 지중강전류전선의 금속체의 피복 또는 관로와 전기적 접촉이 있어서는 아니된다. 다만, 전기철도 또는 전기궤도의 귀선으로부터 누출되는 직류전선에 의한 부식 또는 강전류설비로부터 방송통신설비에 유입되는 위험전류를 방지하거나 제한하기 위하여 퓨즈·개폐기 또는 이와 유사한 보안장치를 통하여 접속하는 경우에는 예외로 할 수 있다.

[근거규정] 접지설비·구내통신설비·선로설비 및 통신공동구 기술기준 제21조

제22조(해저통신선) 해저통신선은 해저 강전류전선으로부터 500m 이내의 거리에 접근하여 설치하여서는 아니된다. 다만, 인체 또는 물건에 대한 위해방지설비를 하는 경우에는 예외로 할 수 있다.

[근거규정] 접지설비·구내통신설비·선로설비 및 통신공동구 기술기준 제22조

지중통신선 설치 현장

2.3.17 옥내통신선 이격거리

① 옥내통신선은 300V 초과 전선과의 이격거리는 15cm 이상, 300V 이하 전선과의 이격거리는 6cm 이상(애자사용 전기공사 시 전선과 이격거리는 10cm 이상)으로 하고 도시가스배관과는 혼촉되지 않도록 한다.

② 제1항의 규정에도 불구하고 다음의 경우에는 그러하지 아니할 수 있다.

1. 옥내통신선이 절연선 또는 케이블이거나 광섬유케이블(전도성 인장선이 없는 것)일 경우(전선 또는 전선관과 접촉이 되지 아니하여야 함).
2. 전선이 케이블(캡타이어 케이블을 포함한다)일 경우(옥내통신선과 접촉되지 아니하여야 함)
3. 전선이 57V(15.4W) 이하의 직류 전원을 공급하는 경우
4. 전선(300V 이하로서 케이블이 아닌 경우)과 옥내통신선 간에 절연성의 격벽을 설치할 때 또는 전선을 전선관(절연성 · 난연성 및 내수성을 갖춘 것)에 수용하여 설치한 경우
5. 통신선과 전선을 별도의 배관에 수용하여 설치하는 경우

③ 옥내통신선과 전선을 동일의 관 · 덕트 · 트레이 · 함 또는 인출구(이하 "관 등"이라 한다)에 수용할 경우에는 그 관 등의 내부에 옥내통신선과 전선을 분리하기 위하여 견고한 격벽(난연성을 갖춘것)을 설치하여야 하고, 그 관 등의 금속제의 부분에는 제5조 규정에 준하여 접지를 한다.

[근거규정] 접지설비 · 구내통신설비 · 선로설비 및 통신공동구 기술기준 제23조

2.3.18 지하관로 공수

① 사업자가 설치하는 지하관로의 공수는 "수용케이블 조수+예비관 공수"로 적용한다.

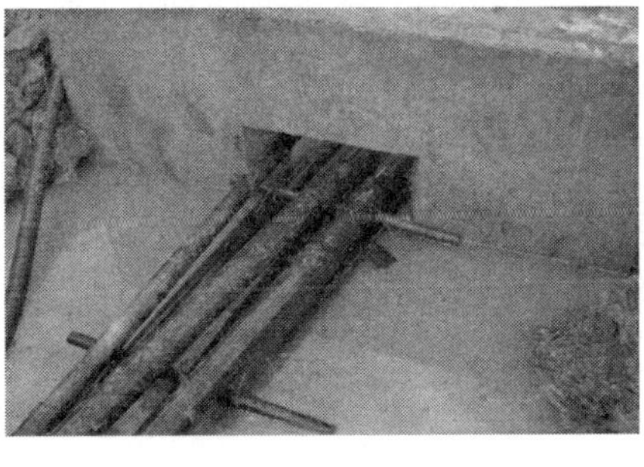

지하 여러 배관(관로)공사 현장

지하 1개의 배관(관로)공사 현장

② 제1항의 규정에 의한 수용케이블 조수는 "계획케이블 조수×환경배율"로 적용한다.

1. 계획케이블 조수

종 류	조수산출(단위 : 조)	비 고
시내케이블	1. 종국용량 1,000회선 이하 국소 = 1 2. 종국용량 10,000회선 미만 국소 = 종국용량×피더케이블 공급배율÷1,200 3. 종국용량 10,000회선 이상 국소 가. 특별시, 광역시, 인구과밀지역 = 종국용량×피더케이블 공급배율÷2,700 나. 인구과밀지역을 제외한 중소도시 = 종국용량×피더케이블 공급배율÷2,400 다. 군 이하 지역 = 종국용량×피더케이블 공급배율÷1,500	1. 종국용량은 15년 후의 예상수요수로 한다. 2. 신규서비스계획 또는 선로유지보수 등에 필요한 관로의 수요 발생은 계획케이블조수 산출시에 추가 반영한다. 3. 피더케이블 공급배율은 일반적으로 1.43을 적용한다.
중계 및 시외케이블과 기타 수요	장기계획에 의해 적용	

2. 환경배율

적용 구간	배 율
사유지, 수요변동이 적은 외딴섬, 벽지 등	1
일반도로, 보도구간	1.3
고속도로, 유료도로, 고급 보도블록도로 및 철근으로 보강 또는 동상방지된 도로로서 재굴착이 극히 어려운 도로	2
교량첨가, 터널, 궤도횡단, 간선도로횡단, 지하철, 지하상가, 지하에 설치하는 주차장 및 공동구로 지정된 구간으로서 영구시설물 등 때문에 장래 증설이 극히 어려운 구간	2

③ 제1항의 규정에 의한 예비관 공수는 다음과 같이 산출한다.

수용케이블 조수	예비관 공수
1 이상 10 이하	1
11 이상 20 이하	2
21 이상	3

[근거규정] 접지설비 · 구내통신설비 · 선로설비 및 통신공동구 기술기준 제24조

2.3.19 지하관로의 관경

사업자가 설치하는 지하관로의 관경은 다음과 같이 사용한다. 다만, 지하관로를

사용하지 않고 직접 매설할 수 있는 광섬유케이블 보호관의 관로관경은 예외로 할 수 있다.

용 도	지하관로 적용관경
주관로, 배선관로	100mm 이상
인상분선관로(인수공과 전주간)	36mm 내지 80mm

[근거규정] 접지설비 · 구내통신설비 · 선로설비 및 통신공동구 기술기준 제25조

2.4 구내통신설비 설치

2.4.1 국선의 인입

① 국선인입을 위한 관로, 맨홀, 핸드홀 및 전주 등 구내통신선로설비는 사업자의 맨홀, 핸드홀 또는 인입주로부터 건축물의 최초 접속점까지의 인입거리가 가능한 최단거리가 되도록 설치하여야 한다.

② 국선을 지하로 인입하는 경우에는 배관, 맨홀 및 핸드홀 등을 〈표 9〉 제1호에 준하여 설치하여야 한다. 다만, 다음의 하나에 해당하는 경우에는 구내의 맨홀 또는 핸드홀을 설치하지 아니하고 〈표 9〉 제2호에 준하여 설치할 수 있다.

1. 인입선로의 길이가 246m 미만이고 인입선로상에서 분기되지 않는 경우
2. 5회선 미만의 국선을 인입하는 경우

③ 건축주가 5회선 미만의 국선을 지하로 인입시키기 위해 사업자가 이용하는 인입맨홀 · 핸드홀 또는 인입주까지 지하배관을 설치하는 경우에는 〈표 10〉 표준도에 준하여 설치하여야 한다.

국선의 인입 배관설치 현장-1

국선의 인입 배관설치 현장-2

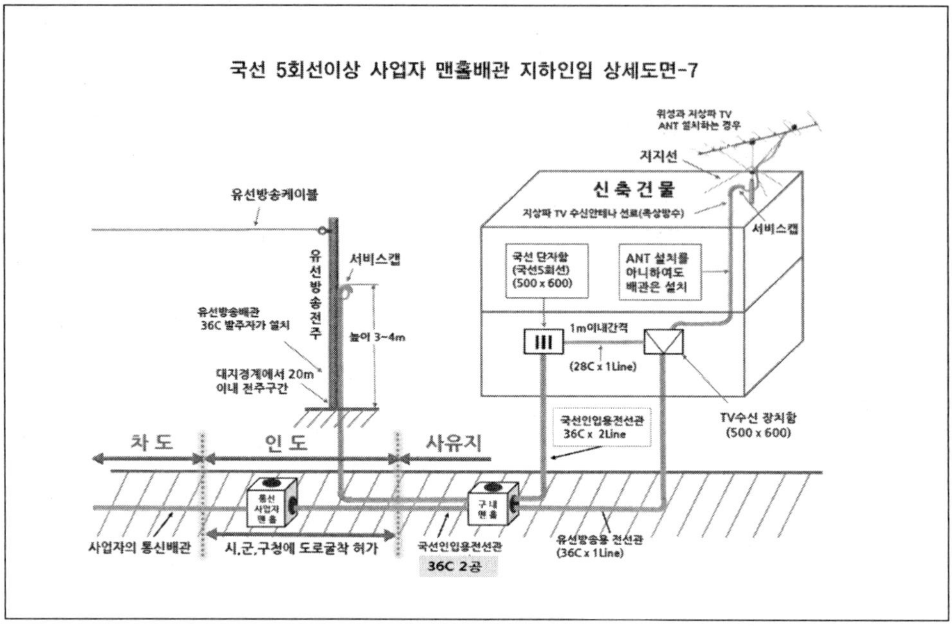

구내에 맨홀설치 하여 국선 인입 상세도면 사례

④ 국선을 가공으로 인입하는 경우에는 〈표 11〉의 표준도에 준하여 설치하며, 사업자는 국선을 인입배관으로 인입하고 이용자가 서비스 이용계약을 해지한 후 30일 이내에 인입선로를 철거하여야 한다.

⑤ 종합유선방송설비의 인입을 위한 배관의 공수는 1공 이상으로 하며, 인입관로상 맨홀 및 핸드홀 등은 구내통신선로설비의 맨홀 및 핸드홀 등과 공용으로 사용할 수 있다.

[근거규정] 접지설비 · 구내통신설비 · 선로설비 및 통신공동구 기술기준 제26조

〈표 9〉 지하인입관로의 표준도(제26조제2항 관련)

1. 맨홀을 설치하여 국선단자함에 수용하는 경우

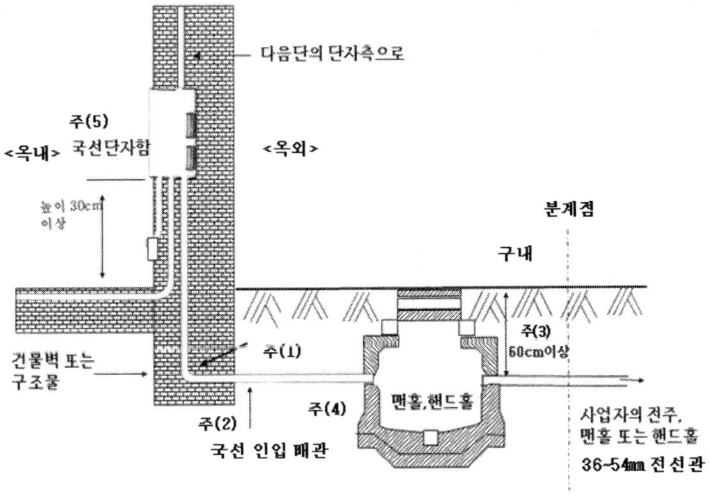

주 : 1) R≥6ϕ(ϕ는 관내경으로서 선로외경의 2배 이상일 것)
2) 내부식성 금속관 또는 KS C 8455 동등규격 이상의 합성수지관
3) 토피의 두께는 60cm 이상일 것(차도의 경우에는 80cm 이상일 것)
4) 맨홀 또는 핸드홀은 외부하중 및 충격에 충분히 견딜 수 있는 강도와 내구성을 갖출 것
5) 국선단자함은 실내에 설치할 것

2. 맨홀을 설치하지 않고 국선단자함에 수용하는 경우

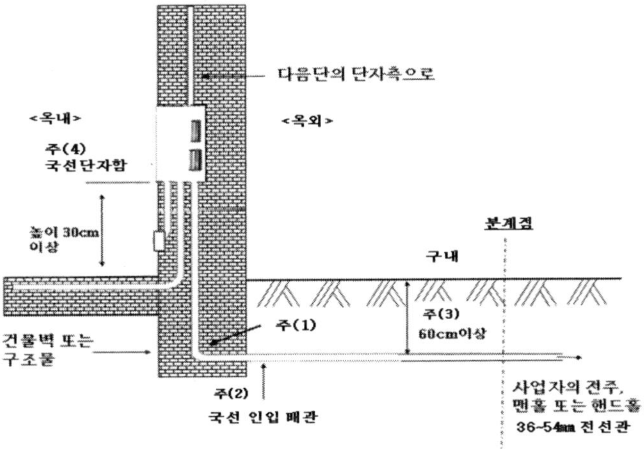

주 : 1) R≥6ϕ(ϕ는 관내경으로서 선로외경의 2배 이상일 것)
2) 내부식성 금속관 또는 KS C 8455 동등규격 이상의 합성수지관
3) 토피의 두께는 60cm 이상일 것(차도의 경우에는 80cm 이상일 것)
4) 국선단자함은 실내에 설치할 것

〈표 10〉 지하인입관로의 사업자 설비 연결표준도(제26조제3항 관련)

1. 사업자의 맨홀에 연결하는 경우

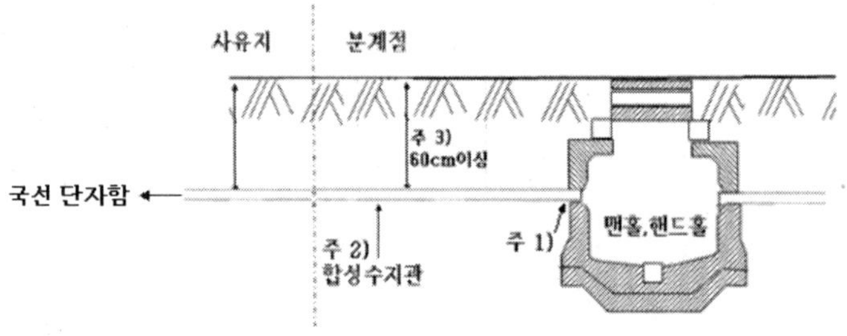

주 : 1) 맨홀 및 핸드홀 연결방법은 사업자와 협의하여 결정
2) 내부식성금속관 또는 KS C 8455 동등규격 이상의 합성수지관
3) 토피의 두께는 제47조제2항의 기준에 따를 것

2. 사업자의 전주에 연결하는 경우

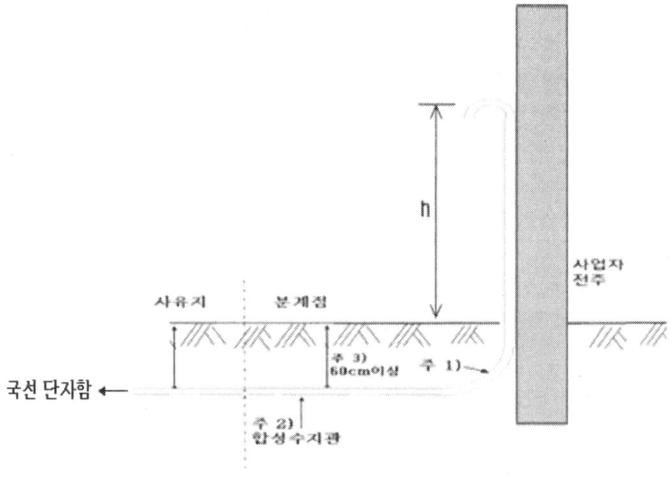

주 : 1) R≥6ϕ(ϕ는 관내경으로서 선로외경의 2배 이상일 것)
2) 내부식성 금속관 또는 KS C 8455 동등규격 이상의 합성수지관
3) 토피의 두께는 제47조제2항의 기준에 따를 것
4) '인입배관의 높이(h)'는 20cm 이상 50cm 이하일 것

〈표 11〉 가공인입의 표준도(제26조제4항 관련)

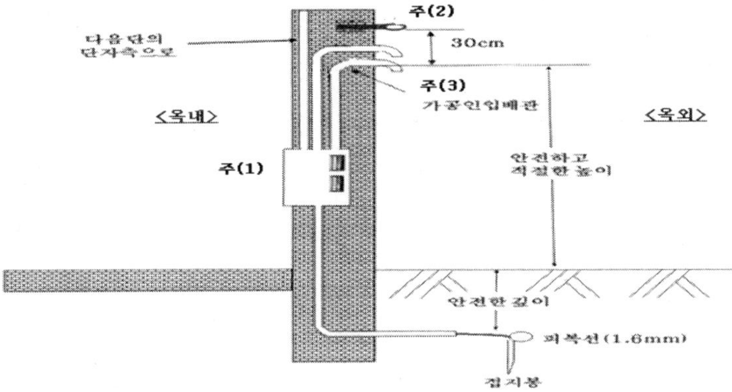

주 : 1) 국선단자함

2) 인입배선 지지용 용융이연도금 잉카볼트(직경 16mm 이상)

3) 인입케이블 또는 인입선용의 관으로 양측에는 절연부싱이 있어야 하고 인입측은 침수 되지 아니하도록 곡처리되어야 한다.

통신 맨홀 배관설치 현장

통신 맨홀 배관 설치 완료

맨홀의 속 뚜껑 사례

맨홀의 겉 뚜껑 사례

2.4.2 국선의 인입배관

국선의 인입배관은 국선의 수용 및 교체, 증설이 용이하게 시공될 수 있는 구조로서 다음과 같이 설치되어야 한다.

① 배관의 내경은 선로외경(다조인 경우에는 그 전체의 외경)의 2배 이상이 되어야 하며, 주거용건축물 중 공동주택의 인입배관의 내경은 다음 각 목의 기준을 만족하여야 한다.

1. 20세대 이상의 공동주택 : 최소 54mm 이상
2. 20세대 미만의 공동주택 : 최소 36mm 이상

② 국선 인입배관의 공수는 주거용 및 기타건축물의 경우에는 1공 이상의 예비공을 포함하여 2공 이상, 업무용건축물의 경우에는 2공 이상의 예비공을 포함하여 3공 이상으로 설치하여야 한다. 다만, 통신구 또는 트레이 등의 설비를 설치할 경우에는 향후 증설을 고려하여 여유 공간을 확보한다.

[근거규정] 접지설비 · 구내통신설비 · 선로설비 및 통신공동구 기술기준 제27조

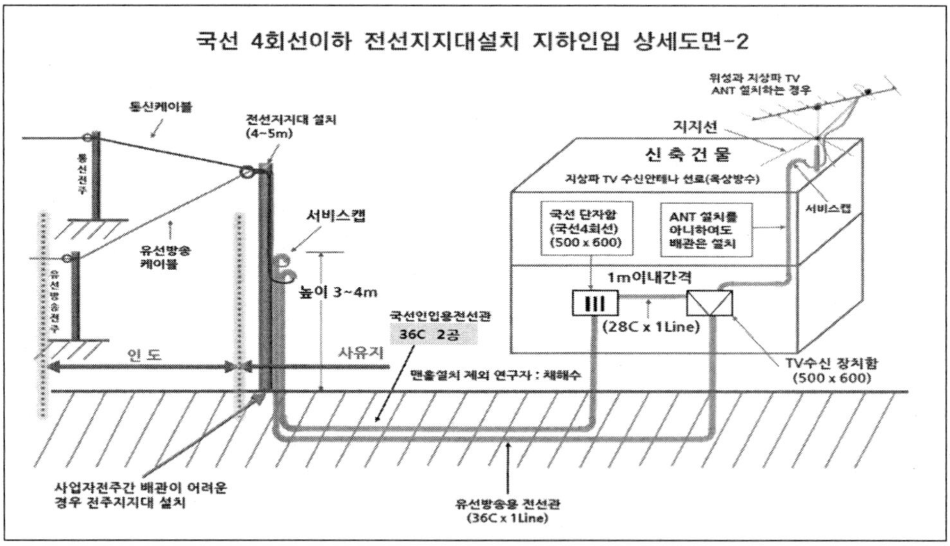

구내에 맨홀 설치 폐지하고 국선의 인입 상세도면 사례

2.4.3 구내배관

① 구내에 설치되는 건물의 옥내 · 외에는 선로를 용이하게 설치하거나 철거할 수 있도록 한국산업표준 규격의 배관, 덕트 또는 트레이 등의 시설을 설치하여야 하고 주택에 홈네트워크설비를 설치하는 경우 세대단자함과 홈네트워크 주장치간에는 홈네트워크

용 배관을 1공 이상 설치하여야 한다. 다만 제5항제2호의 규정보다 통신용 배관에 여유가 있는 경우에는 공동으로 사용할 수 있으며 통신소통에 지장이 없도록 하여야 한다.

② 구내간선계 및 건물간선계의 배관 공수는 동등 이상 내경을 가진 예비공 1공 이상을 포함하여 2공 이상을 설치하여야 한다. 다만, 트레이 및 덕트 등을 설치할 경우에는 향후 증설을 고려하여 여유공간을 확보한다.

수직 케이블 트레이설치 사례

수평 케이블 트레이설치 사례

③ 수평배선계의 배관은 성형구조 또는 성형배선이 가능한 구조이어야 한다.

④ 업무용건축물로서 구내선이 7.5m를 넘는 실내(고정된 벽 등으로 반영구적으로 구분된 장소)에는 다음과 같이 바닥덕트 또는 배관을 설치하여야 한다.

1. 바닥덕트 또는 배관은 실내의 용도와 규모를 고려하여 성형 또는 망형 등으로 설치하여야 한다.
2. 바닥덕트 또는 배관의 매구간 교차점 또는 완곡부에는 각 1개씩의 실내접속함을 설치하여야 하며 실내접속함의 간격은 7.5m 이내가 되도록 하여야 한다. 다만, 직선관로로서 선로작업에 지장이 없는 경우에는 간격을 12.5m 이내로 할 수 있다.
3. 접속함 및 인출구는 상면에 돌출되거나 침수되지 않도록 설치하여야 한다.

바닥 매입 배관의 사례(시스템박스 설치)

⑤ 구내에 설치되는 옥내·외 배관의 요건은 다음과 같다.

1. 배관은 외부의 압력 또는 충격 등으로부터 선로를 보호할 수 있는 기계적 강도를 가진 내부식성 금속관 또는 한국산업표준 KS C 8454(지하에 매설되는 배관의 경우에는 KS C 8455) 동등규격 이상의 합성수지제 전선관을 사용하여야 한다.

KSC8431 전선관

합성수지제 가요전선관 (평활전선관, CD-P관)

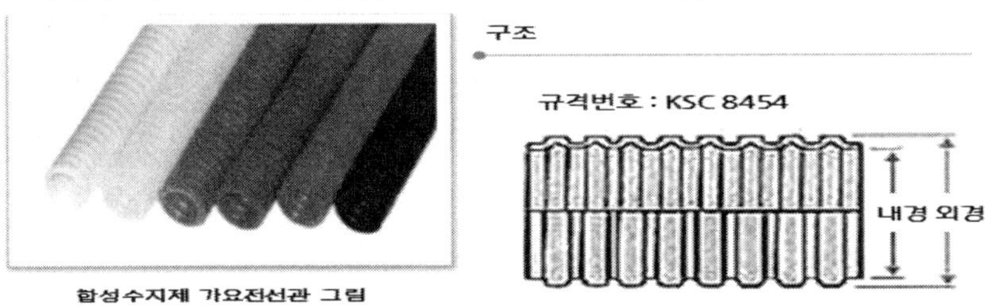

합성수지제 가요전선관의 규격

호 칭	외 경(mm)	두 께	내 경(mm)	길 이(m)
14	19.0	2.5±0.4	14	100
16	21.0	2.5±0.4	16	100
22	27.5	2.7±0.6	22	90
28	34.0	3.1±0.4	28	90
38	42.0	3.7±0.6	38	60
41	48.0	4.2±0.8	42	60
54	60.0	4.8±0.8	48.8 이상	60
70	76.0	4.8±0.8	64.5 이상	40
82	89.0	6.3±1.0	74.2 이상	40
100	114.0	5.0	90.0 이상	4~6

합성수지제 전선관 사례

2. 배관의 내경은 배관에 수용되는 케이블단면적의 총합계가 배관단면적의 32% 이하가 되도록 하여야 한다.

3. 배관의 굴곡은 가능한 완만하게 처리하여야 하되, 곡률반경은 배관내경의 6배 이상으로 한다. 이 경우 엘보우 등 부가장치를 사용하여서는 아니된다.

4. 배관의 1구간에 있어서 굴곡개소는 3개소 이내이어야 하며, 1개소의 굴곡 각도는 90°(도) 이내로 하며 3개소의 합계는 180°(도) 이내이어야 한다.

단자함 설치 벽 매입 배관현장

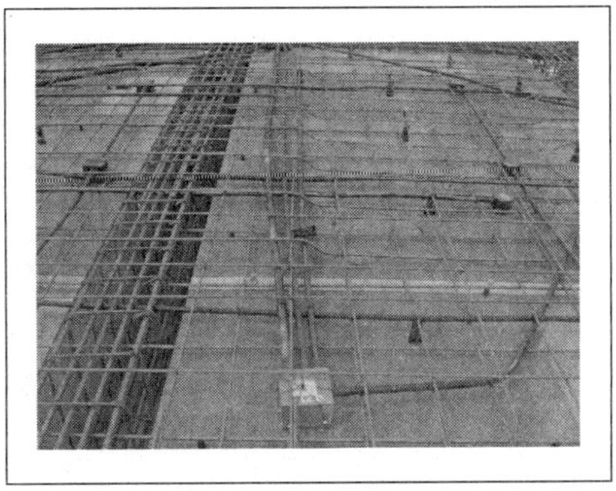

바닥의 통신배관 현장

⑥ 옥내에 설치하는 덕트의 요건은 다음과 같다.

1. 덕트는 선로를 용이하게 수용할 수 있는 구조와 유지 · 보수를 위한 충분한 공간을 갖추어야 하며, 수직으로 설치된 덕트의 주변에는 선로의 포설, 유지 및 보수의 작업을 용이하게 할 수 있는 디딤대 등을 설치하여야 한다.
2. 덕트의 내부에는 선로의 포설에 필요한 선로 받침대를 60cm 내지 150cm의 간격으로 설치하여야 한다. 다만, 선로용 배관을 따로 설치하는 경우에는 그러하지 아니하다.
3. 덕트의 내부에는 유지 · 보수 작업용 조명 또는 전기콘센트가 설치되어야 한다. 다만, 바닥덕트의 경우에는 그러하지 아니하다.

[근거규정] 접지설비 · 구내통신설비 · 선로설비 및 통신공동구 기술기준 제28조

2.4.4 국선수용 및 국선단자함

① 구내로 인입된 국선은 구내선과의 분계점에 설치된 주단자함 또는 주배선반(이하 "국선단자함"이라 한다)에 수용하여야 한다.

② 국선단자함은 다음과 같이 구분하여 설치하여야 한다. 다만, 구내교환기를 설치하는 경우에는 주배선반에 수용하여야 한다.

1. 광섬유케이블 또는 300회선 미만의 동케이블을 수용하는 경우 : 주단자함 또는 주배선반
2. 300회선 이상의 동케이블을 수용하는 경우 : 주배선반

국선단자함 설치 공사 현장

국선단자함 설치 완료 현장

③ 국선단자함은 다음 각 호와 같이 설치 및 관리를 하여야 한다.

1. 이용자는 국선단자함 및 구내케이블을 수용하기 위한 단자를 설치하고 운영·관리를 하여야 한다.
2. 사업자는 국선을 수용하기 위한 단자 및 보호기를 국선단지함에 설치하여야 한다. 다만, 국선이 광케이블인 경우는 보호기를 설치하지 아니할 수 있다.
3. 사업자는 보호기를 설치하는 경우 국선단자함에서 보호기를 통하여 국선과 이용자 구내케이블간의 회선접속을 하여야 하며, 이용자가 회선접속 정보를 요구할 경우에는 관련 정보를 제공하여야 한다.

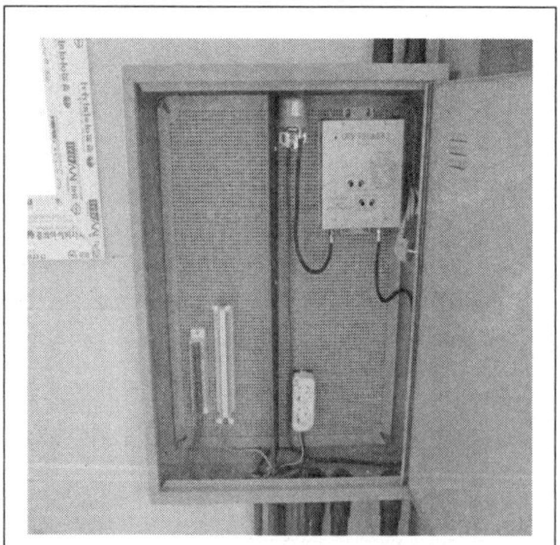

방송통신단자함(통합국선단자함)

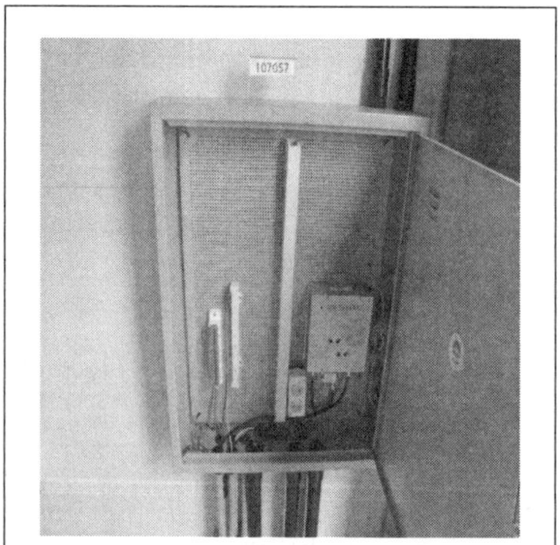

방송통신단자함(통합국선단자함)

④ 국선단자함은 다음의 요건을 갖추어야 하며 세부사항은 〈표 12〉와 같다.

〈표 12〉 국선단자함 등의 요건(제29조제4항 관련)

구 분		주배선반 또는 주단자함	
		동케이블	광섬유케이블
전기적 특성	절연저항	50MΩ 이상	–
	접속저항	0.01Ω 이하	–
구성 요건	보호 및 지지물	함체 또는 지지대	
	단자 또는 접속어댑터	배선 케이블 등급과 동등 이상의 성능	삽입손실 0.5dB 이하[3]
	회선표시물	각인 또는 표시판	
	개폐장치	잠금장치가 구비된 문	
	보호장치	휴지기능, 피뢰기능 및 접지기능	접지기능
	전원시설	AC 전원단자	
	크기	0.2m² 이상(깊이 80mm 이상)[4]	

주 : 1) 절연저항 측정조건 : 상온 및 상습상태에서 보호 · 지지물과 접속자 간 및 접속자 상호간
2) 접속저항 측정조건 : 정상 배선연결 시 접속자와 배선 간
3) 삽입손실은 광섬유케이블 접속에 대한 손실임
4) 함체의 크기는 필요한 기기 또는 보호장치를 수용할 수 있고, 작업에 지장이 없도록 한 변의 길이는 400mm 이상일 것
5) 외부에 노출되게 설치되는 주배선반은 잠금장치를 구비할 것
6) 국선단자함과 장치함을 별도로 설치하는 경우에는 국선단자함과 장치함 구간에 28mm 이상 배관 1개 이상을 설치할 수 있다.

[근거규정] 접지설비 · 구내통신설비 · 선로설비 및 통신공동구 기술기준 제29조

1. 국선단자함은 국선수용 단자, 단자반 및 보호기를 설치할 수 있는 충분한 공간 빛 구조를 갖추어야 하며 관로의 분계점과 가장 가까운 곳에 설치한다.
2. 국선단자함은 실내에 설치하고 다음 각 목의 장소에 설치하여서는 아니되며, 선로를 수용할 단자함의 하부는 바닥으로부터 30cm 이상에 시설되어야 한다.
   가. 세면실, 화장실, 보일러실, 발전기계실
   나. 분진 · 유해가스 및 부식증기를 접하는 장소
   다. 소화 호수시설을 갖춘 벽장 내
   * 국선단자함에 종합유선방송 신호의 분배를 위한 증폭기와 분배기, 보호기 등을 국선단자함에 설치할 경우(통합국선단자함 일명 방송통신단자함)의 기술기준에 추가 신설(안)[통합국선단자함설치를 정부가 허용]

제29조(국선수용 및 국선단자함 등) ①~⑤ (현행과 같음)-개정 초안

⑥ 다음 각 호 이외의 건축물에서는 종합유선방송 신호의 분배를 위한 증폭기와 분배기, 보호기 등을 국선단자함에 설치할 수 있다.

1. 공동주택
2. 바닥면적의 합계가 5천제곱미터 이상인 업무시설이나 숙박시설

⑦ 제6항에 따른 국선단자함은 제1항부터 제4항 및 다음 각 호의 기준에 맞도록 설치해야 한다.

1. 국선단자함 내부에 절연보조장치와 통풍구 등을 설치할 것
2. 용도별 회선설비와의 접속 및 선로설비의 수용을 원활하게 수행할 수 있도록 충분한 공간을 확보할 것
3. 용도별 설비의 설치 시 다른 설비의 훼손 등의 피해를 주지 아니할 것
4. 용도별 설비 상호간 기능에 장해가 우려되는 경우에는 격벽을 설치하여 보호할 것 (접지설비 · 구내통신설비 · 선로설비 및 통신공동구 기술기준 제23조 ③ 옥내통신선과 전선을 동일의 관 · 덕트 · 트레이 · 함 또는 인출구에 수용할 경우에는 그 관 등의 내부에 옥내통신선과 전선을 분리하기 위하여 견고한 격벽(난연성을 갖춘것)을 설치하여야 하고, 그 관 등의 금속제의 부분에는 제5조 규정에 준하여 접지를 한다.

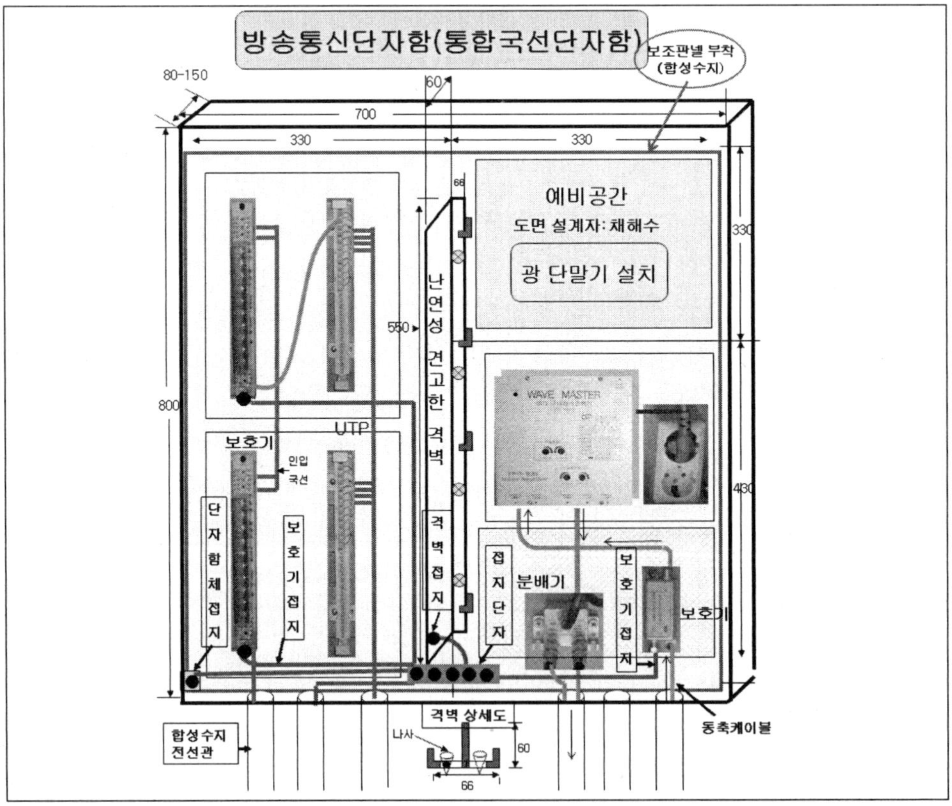

방송통신단자함(통합국선단자함) 상세도면(700×800×80mm)

2.4.5 중간단자함 및 세대단자함

① 선로를 용이하게 수용하기 위한 접속함(선로간을 직접 연결하기 위한 함) 또는 중간단자함(국선단자함과 세대단자함의 사이에 설치하는 단자함) 등은 국선단자함으로부터 세대단자함까지의 구간 중에서 다음에 해당하는 장소에 설치되어야 한다.

1. 제28조제5항제4호의 규정에 부적합한 배관의 굴곡점
2. 선로의 분기 및 접속을 위하여 필요한 곳

② 주거용건축물 중 공동주택의 경우에는 세대별로 배선의 인입 및 분기가 용이하도록 세대단자함을 설치하여야 한다. 단, 세대 내에서 분기가 없는 기숙사 및 「주택법 시행령」 제3조제1항제2호에서 규정하는 원룸형 주택의 모든 요건을 갖춘 주택은 제외한다.

③ 제1항 및 제2항의 규정에 의한 중간단자함 및 세대단자함의 요건은 〈표 13〉과 같다.

〈표 13〉 중간단자함 또는 세대단자함 등의 요건(제30조제3항)

구 분		중간단자함 또는 세대단자함	
		동케이블	광섬유케이블
전기적 특성	절연저항	50MΩ 이상	–
	접속저항	0.01Ω 이하	–
구성 요건	보호 및 지지물	함체 또는 지지대	
	단자 또는 접속어댑터	배선 케이블 등급과 동등 이상의 성능	삽입손실 0.5dB 이하[5)]
	회선표시물	각인 또는 표시판	
	개폐장치	문[6)]	
	보호상지	접지기능[7)]	접지기능
	전원시설	AC전원 단자[8)]	AC전원 단자

주 : 1) 절연저항 측정조건 : 상온 및 상습상태에서 보호 · 지지물과 접속자 간 및 접속자 상호간
2) 접속저항 측정조건 : 정상 배선연결 시 접속자와 배선 간
3) 함체의 크기는 필요한 용량을 충분히 수용할 수 있고 작업에 지장이 없을 것
4) 보호장치의 접지기능은 함체가 금속으로 된 경우에 한한다.
5) 삽입손실은 단자함 내의 광섬유케이블 접속에 대한 손실임
6) 중간단자함과 외부에 노출되게 설치되는 세대단자함은 잠금상치를 구비할 것
7) 세대단자함의 보호장치는 홈네트워크설비를 설치하는 경우에 한한다.
8) 중간단자함과 세대단자함의 전원시설은 홈네트워크설비를 설치하는 경우에 한한다.

[근거규정] 접지설비·구내통신설비·선로설비 및 통신공동구 기술기준 제30조

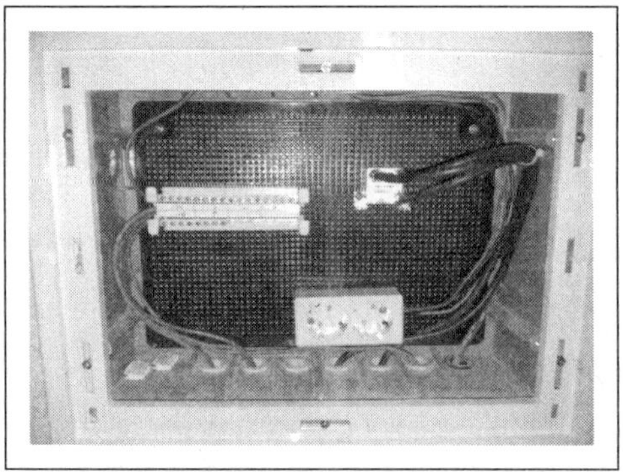
세대 단자함 사례

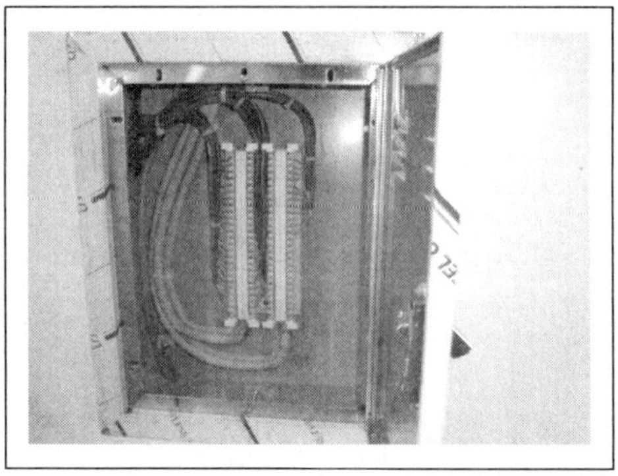
중간 단자함 사례

2.4.6 회선종단장치

① 주거용건축물의 통신용 인출구는 모듈러잭이나 동축커넥터 또는 광인출구 등으로 종단하여야 한다.

② 업무용 및 기타건축물의 경우에는 각 실별(고정된 벽 등으로 반영구적으로 구분된 장소) 단위로 제1항의 통신용 인출구 또는 통신용 단자함으로 종단하여야 한다.

③ 인출구의 효율적인 사용을 위하여 통신용선로, 방송공동수신설비, 홈네트워크설비 등을 하나의 인출구로 종단할 경우에는 선로상호간 누화로 인한 통신소통에 지장이 없도록 하여야 한다.

[근거규정] 접지설비 · 구내통신설비 · 선로설비 및 통신공동구 기술기준 제31조

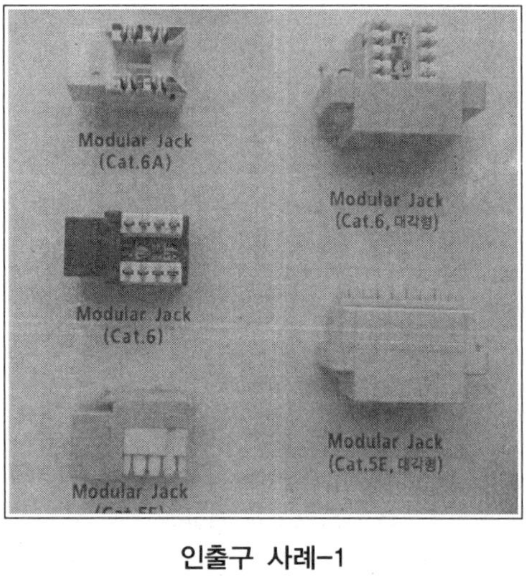

인출구 사례-1

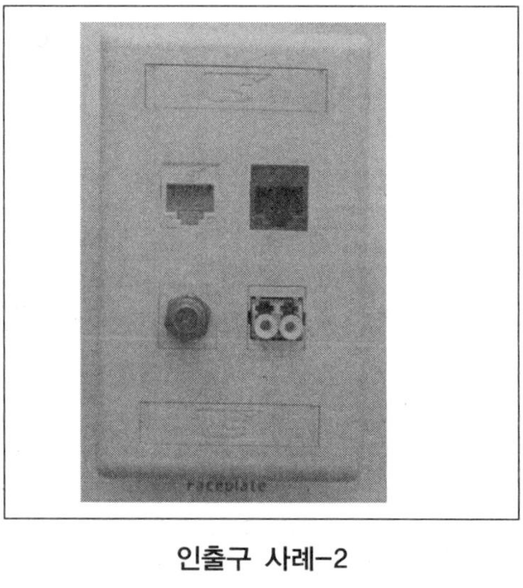
인출구 사례-2

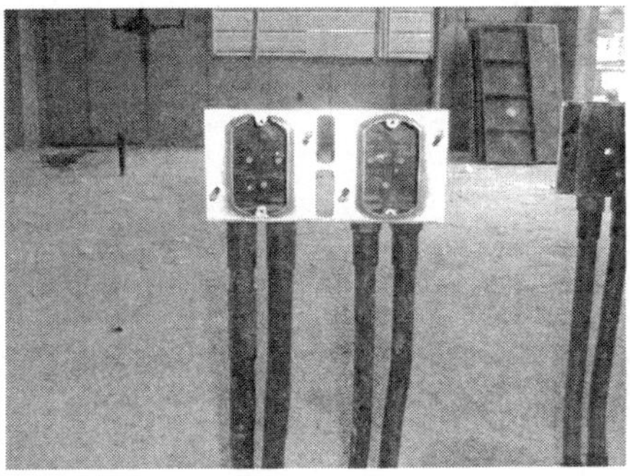

인출구 설치 공사 현장

인출구 설치 완료 현장

2.4.7 구내통신선의 배선

구내통신선은 다음과 같은 선로로 설치하여야 한다.

① 옥내에 설치하는 통신선은 100MHz 이상의 전송대역을 갖는 꼬임케이블(이하 "꼬임케이블"이라 한다), 광섬유케이블, 동축케이블을 사용하여야 한다.

② 옥외에 설치하는 선로는 옥외용 꼬임케이블, 옥외용 광섬유케이블, 동축케이블을 사용하여야 한다.

[근거규정] 접지설비 · 구내통신설비 · 선로설비 및 통신공동구 기술기준 제32조

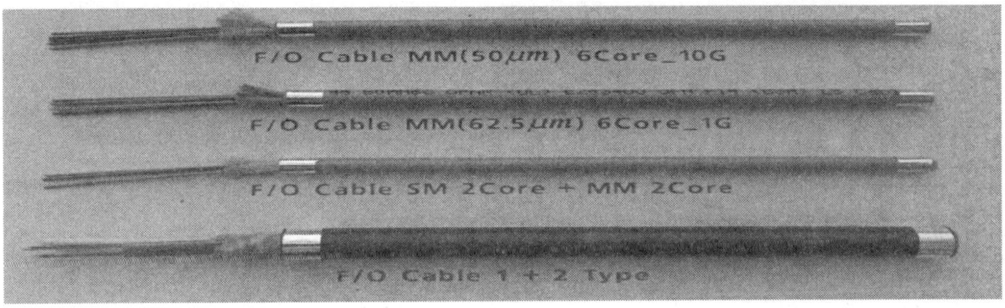

광섬유케이블 사례

2.4.8 구내배선 요건

① 주거용건축물에 설치하는 구내배선은 다음 각 호의 기준에 직합하게 설치되어야 한다.

1. 한 개의 공동주택인 경우에는 [별표 11의 제1호] 표준도에 준하여야 한다.
2. 두 개 이상의 공동주택이 하나의 단지를 형성할 때는 [별표 11의 제2호]표준도

에 준하여야 하며, 국선단자함이 설치된 공동주택에서 각 공동주택별로 구내간선케이블을 설치하여 동단자함에 배선하여야 한다.

3. 세대단자함에서 각 인출구까지는 성형배선 방식으로 하여야 한다.
4. 국선단자함에서 세대내 인출구까지 꼬임케이블을 배선할 경우에 구내배선설비의 링크 성능은 100 ㎒ 이상의 전송특성이 유지되도록 하여야 한다. 다만, 동단자함이 설치 된 경우에는 링크성능 구간은 동단자함에서 세대내 인출구까지로 한다.
5. 홈네트워크설비를 설치하는 경우에는 홈네트워크 주장치와 홈네트워크 기기간에 꼬임케이블, 신호전송용케이블 등을 사용하여 통신소통에 지장이 없도록 하여야 한다.
6. 제30조제1항의 각 호에 해당하지 아니하여 국선단자함 또는 동단자함에서 세대단자함 또는 세대 내 인출구까지 직접 배선하는 경우는 수평배선계의 케이블을 설치한 것으로 본다.

동 단자함 공사 현장

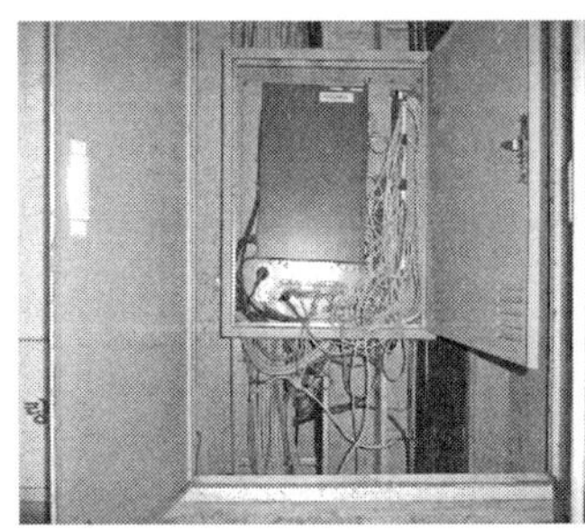

동 단자함 설치 완료 현장

② 업무용 및 기타건축물에 설치하는 구내배선은 다음 각 호의 기준에 적합하게 설치되어야 한다.

1. 한 개의 건축물인 경우에는 별표 12의 제1호 표준도에 준하여야 한다.
2. 하나의 부지에 두 개 이상의 건축물이 있는 경우에는 별표 12의 제2호 표준도에 준하여야 하며, 국선단자함이 설치된 건축물에서 각 건축물별로 구내간선케이블을 설치하여 동단자함에 배선하여야 한다.
3. 층단자함에서 각 인출구까지는 성형배선 방식으로 하여야 한다.
4. 국선단자함에서 인출구까지 꼬임케이블을 배선할 경우에 구내배선설비의 링크 성능은 100MHz 이상의 전송특성이 유지되도록 하여야 한다. 다만, 동단자함

이 설치된 경우 링크성능 구간은 동단자함에서 인출구까지로 한다.

5. 제30조제1항의 각 호에 해당하지 아니하여 국선단자함 또는 동단자함에서 인출구까지 직접 배선하는 경우는 수평배선계의 케이블을 설치한 것으로 본다.

③ 제1항제4호 및 제2항제4호의 링크성능 기준은 [별표 6]과 같다.

[별표 6] 링크성능 기준(제33조제3항 관련)

1. 동케이블의 링크성능 기준

측정항목	측정값(MHz)	기준값
반사손실 (dB)	1	17.0 이상
	16.0	17.0 이상
	100.0	10.0 이상
감쇠 (dB)	1.0	2.2 이하
	16.0	9.1 이하
	100.0	24.0 이하
근단누화손실 (dB)	1.0	60.0 이상
	16.0	43.6 이상
	100.0	30.1 이상
근단누화 전력합 손실 (dB)	1.0	57.0 이상
	16.0	40.6 이상
	100.0	27.1 이상
원단감쇠 대 누화비 (dB)	1.0	57.4 이상
	16.0	33.3 이상
	100.0	17.4 이상
원단감쇠 대 누화비전력합 (dB)	1.0	54.4 이상
	16.0	30.3 이상
	100.0	14.4 이상
전달지연(ns)	10.0	555 이하
전달지연변이(ns)	10.0	50 이하

2. 광섬유케이블의 링크성능 기준

가. 공동주택 및 업무용건축물

종 류	파 장(nm)	채널손실
단일모드	1,310	7dB 이하
	1,550	7dB 이하
다중모드	850	13dB 이하
	1,300	9dB 이하

주 : 링크성능은 집중구내통신실에서 광섬유케이블의 종단(세대단자함 또는 인출구)까지의 기준임

나. 공동주택 외 주거용 건축물 및 기타건축물

종 류	파 장(nm)	채널손실
단일모드	1,310	3.45dB 이하
	1,550	3.45dB 이하

주 : 링크성능은 국선단자함에서 광섬유케이블의 종단(세대단자함 또는 인출구)까지의 기준임

[근거규정] 접지설비 · 구내통신설비 · 선로설비 및 통신공동구 기술기준 제33조

A사의 링크 성능 측정기

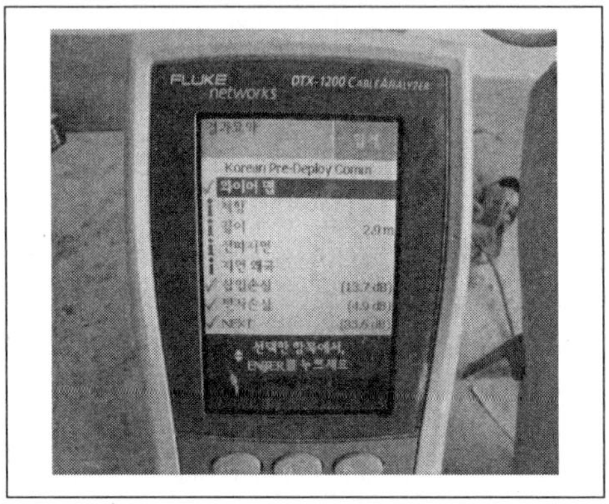

A사의 링크 성능 측정기

④ 통신용선로, 방송공동수신설비, 홈네트워크설비 등을 동일 배관에 함께 수용할 경우에는 선로상호간 누화로 인하여 통신소통에 지장이 없도록 하여야 한다.

⑤ 구내배선에 사용하는 접속자재는 배선케이블 등급과 동등 이상의 제품을 사용하여야 한다.

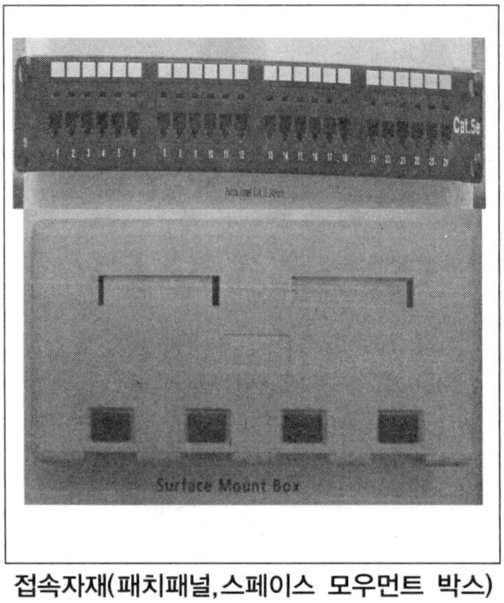

접속자재(패치패널,스페이스 모우먼트 박스)

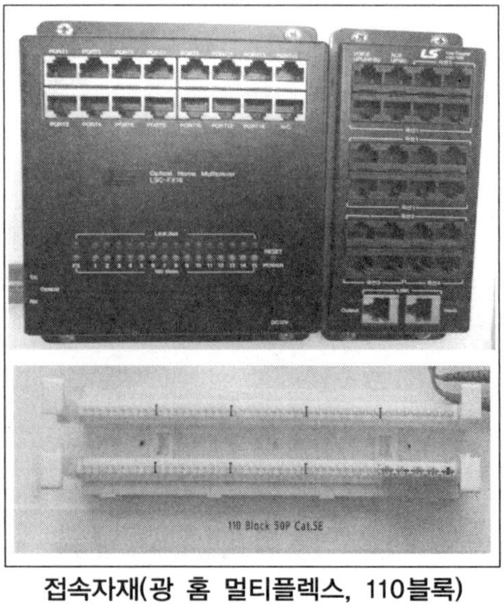

접속자재(광 홈 멀티플렉스, 110블록)

[별표 11] (제33조제1항 관련)

주거용건축물의 구내배선 표준도

1. 한 개의 공동주택인 경우

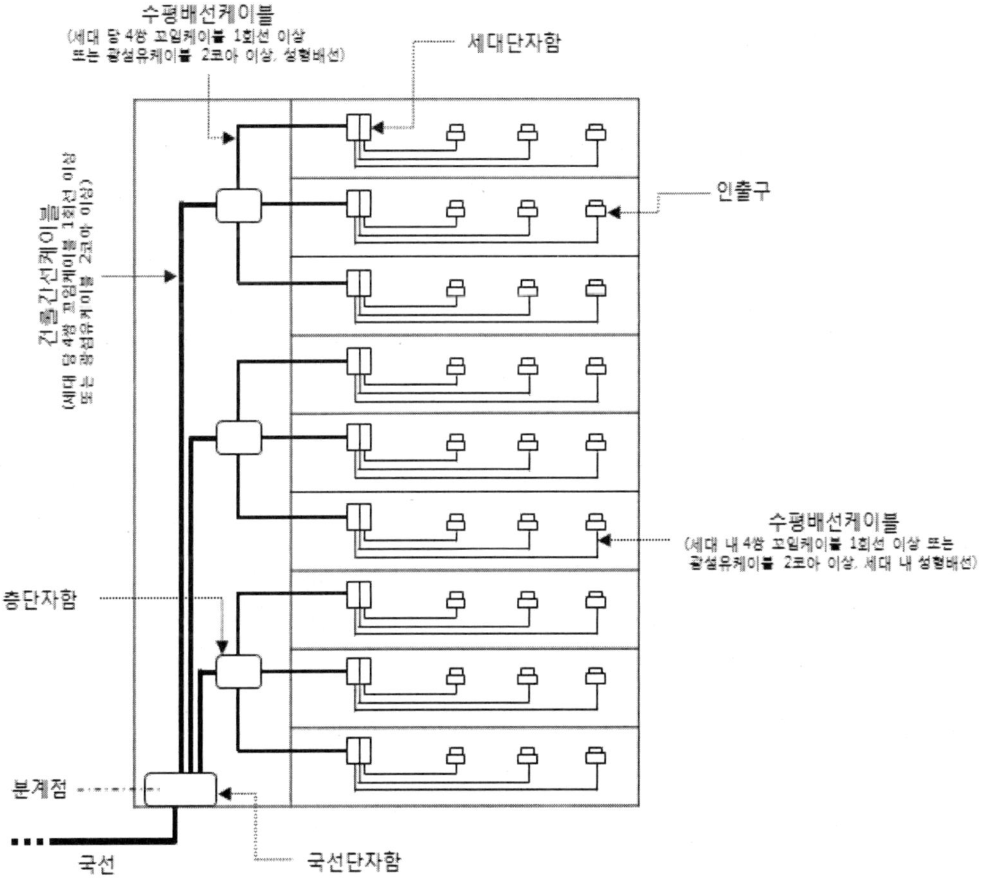

주) 단독주택의 구내 배선 시, 건축물의 규모를 고려하여 이 표준도를 신축적으로 적용할 수 있다.

2. 두 개 이상의 공동주택인 경우

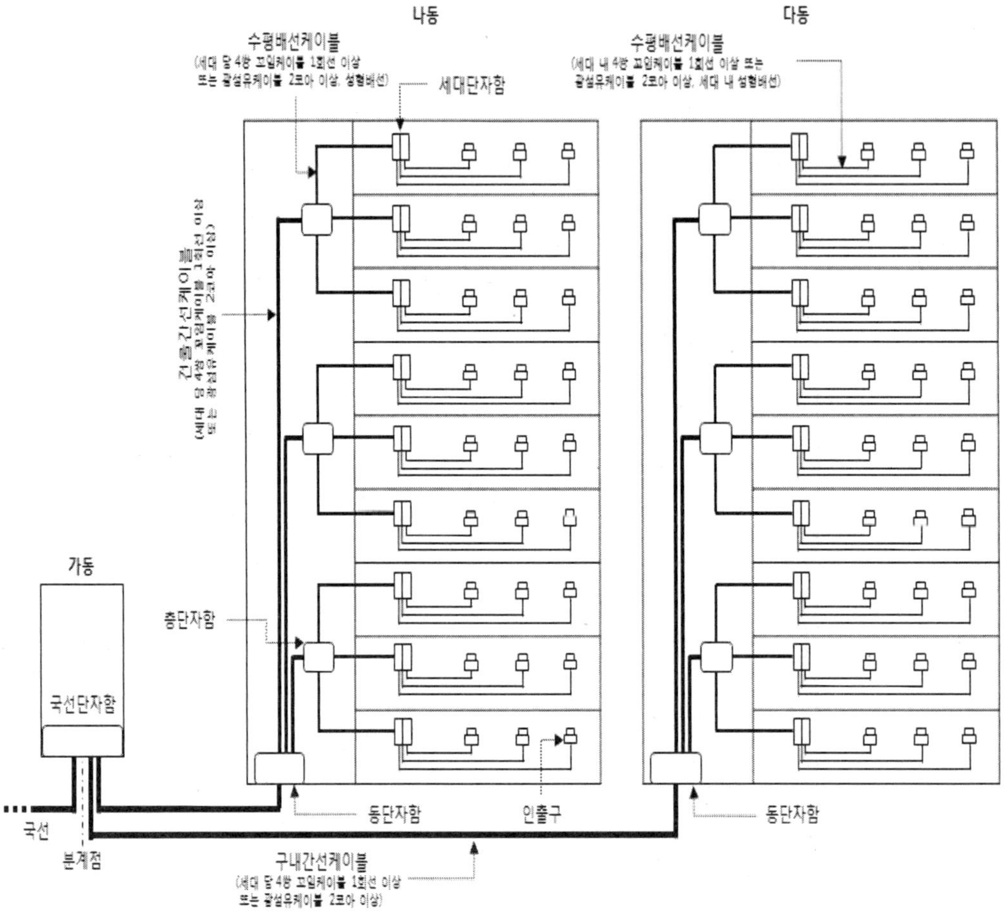

주) 국선단자함과 동단자함이 광다중화 기능을 갖는 경우, 구내간선케이블은 광섬유케이블 8코아 이상, 동단자함에서 세대단자함 또는 인출구까지의 건물간선케이블 및 수평배선케이블은 단위세대당 1회선(4쌍 꼬임케이블 기준) 이상 또는 광섬유케이블 2코아 이상으로 설치할 수 있다.

[별표 12] (제33조제2항 관련)

업무용 및 기타건축물의 구내배선 표준도

1. 한 개의 건축물인 경우

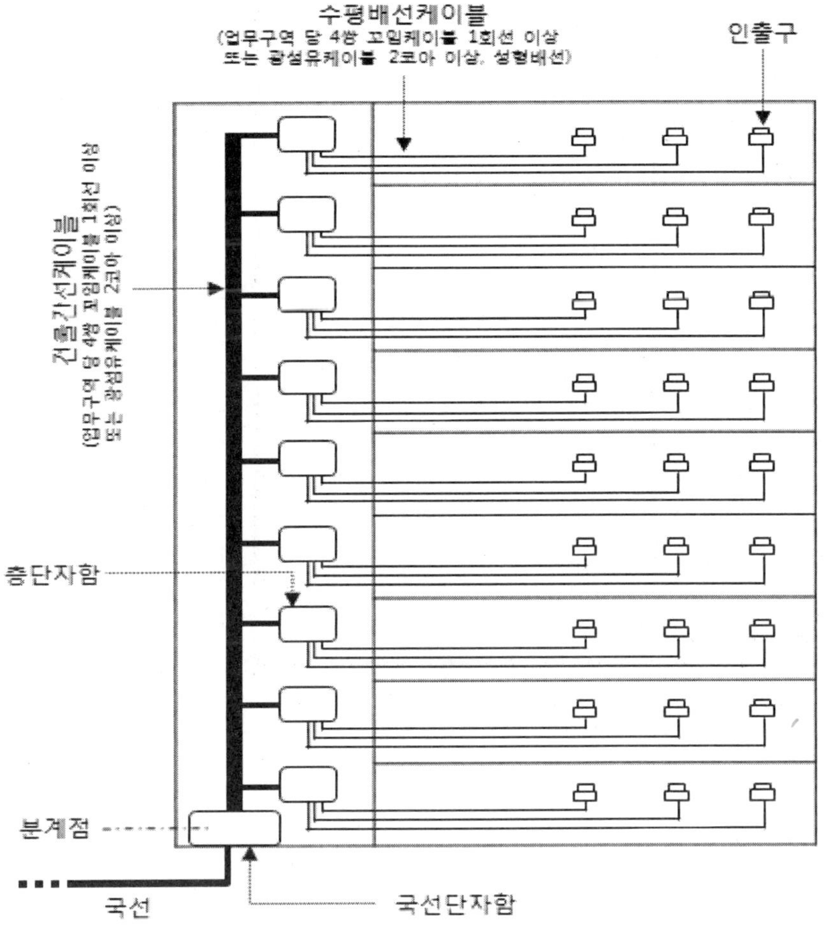

2. 두 개 이상의 건축물인 경우

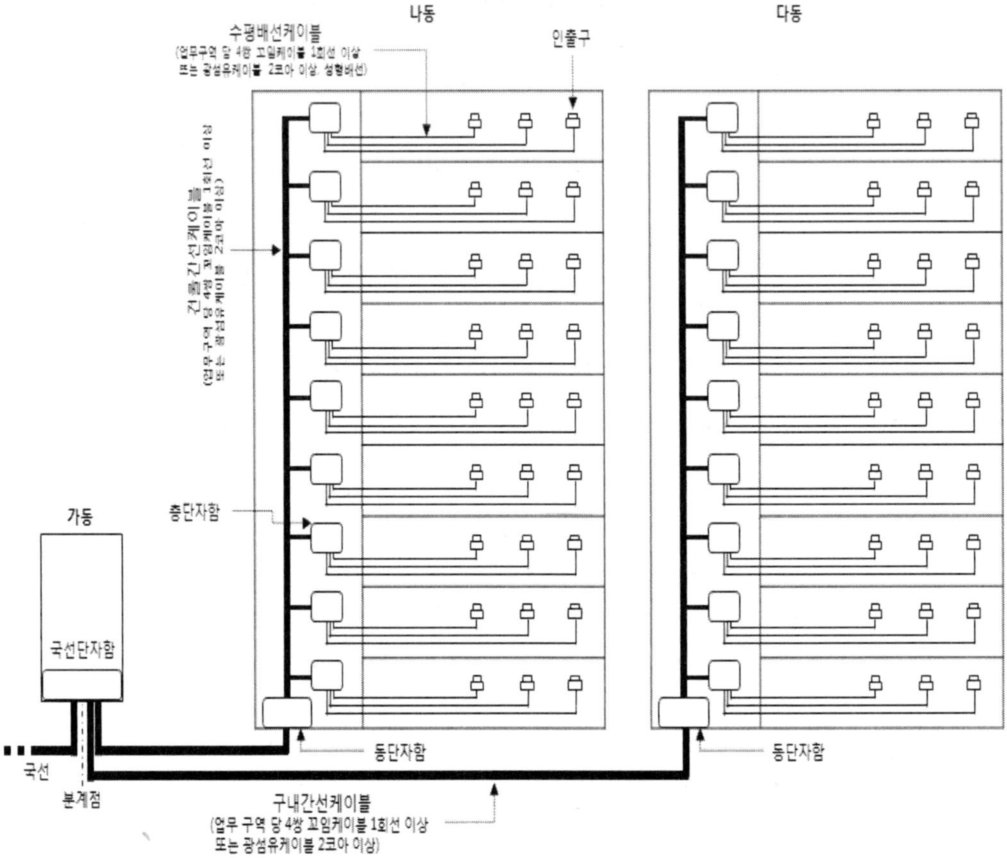

주) 국선단자함과 동단자함이 광다중화 기능을 갖는 경우, 구내간선케이블은 광섬유케이블 8코아 이상, 동단자함에서 세대단자함 또는 인출구까지의 건물간선케이블 및 수평배선케이블은 각 업무구역(10제곱미터) 당 1회선(4쌍 꼬임케이블 기준) 이상 또는 광섬유케이블 2코아 이상으로 설치할 수 있다.

2.4.9 구내통신선의 배선

구내통신선은 다음과 같은 선로로 설치하여야 한다.

① 옥내에 설치하는 통신선은 100MHz 이상의 전송대역을 갖는 꼬임케이블(이하 "꼬임케이블"이라 한다), 광섬유케이블, 동축케이블을 사용하여야 한다.

② 옥외에 설치하는 선로는 옥외용 꼬임케이블, 옥외용 광섬유케이블, 동축케이블을 사용하여야 한다.

[근거규정] 접지설비 · 구내통신설비 · 선로설비 및 통신공동구 기술기준 제33조의1조

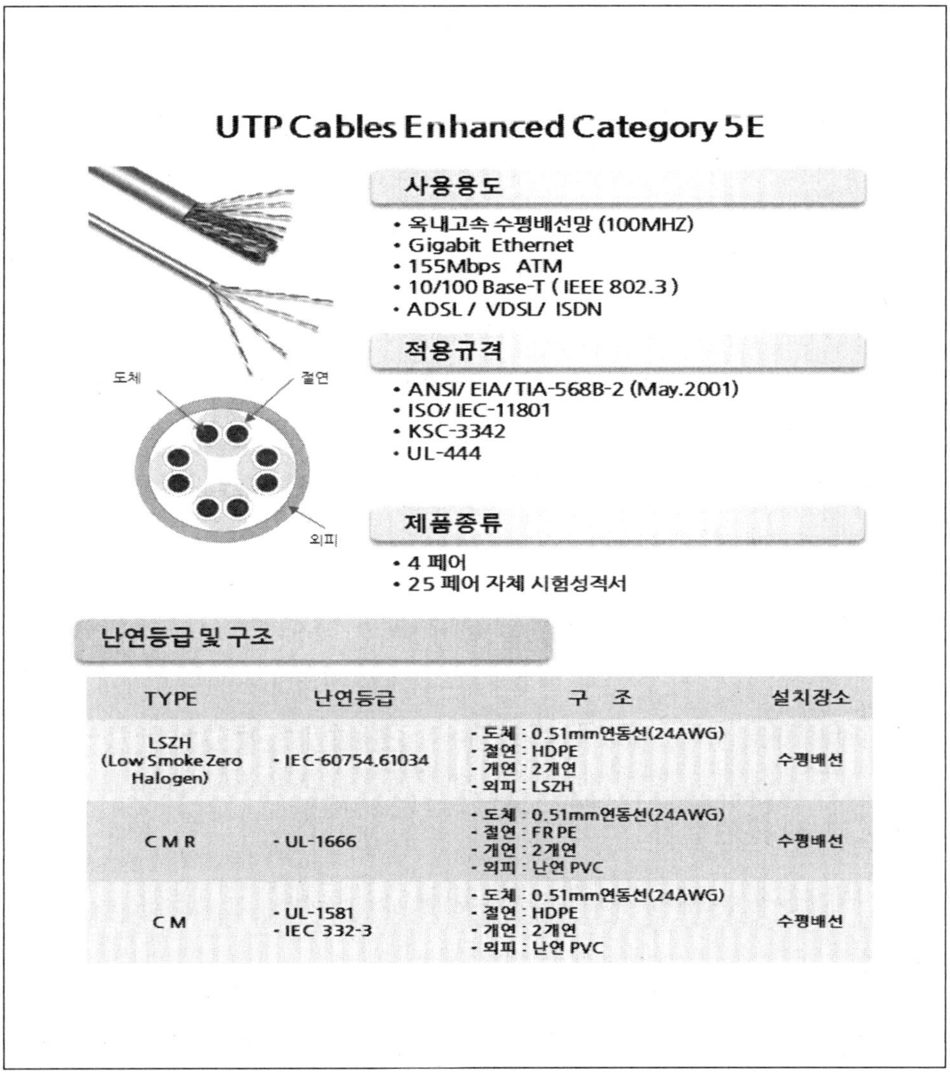

TYPE	난연등급	구 조	설치장소
LSZH (Low Smoke Zero Halogen)	- IEC-60754,61034	- 도체 : 0.51mm연동선(24AWG) - 절연 : HDPE - 개연 : 2개연 - 외피 : LSZH	수평배선
C M R	- UL-1666	- 도체 : 0.51mm연동선(24AWG) - 절연 : FR PE - 개연 : 2개연 - 외피 : 난연 PVC	수평배선
C M	- UL-1581 - IEC 332-3	- 도체 : 0.51mm연동선(24AWG) - 절연 : HDPE - 개연 : 2개연 - 외피 : 난연 PVC	수평배선

100MHz 이상의 전송대역을 갖는 꼬임케이블 사례

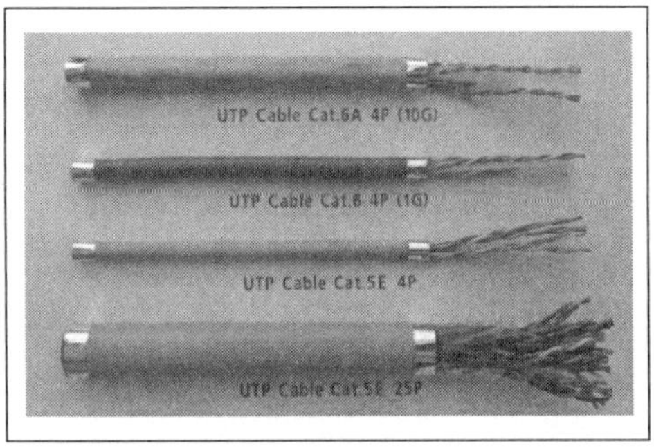

꼬임케이블 사례

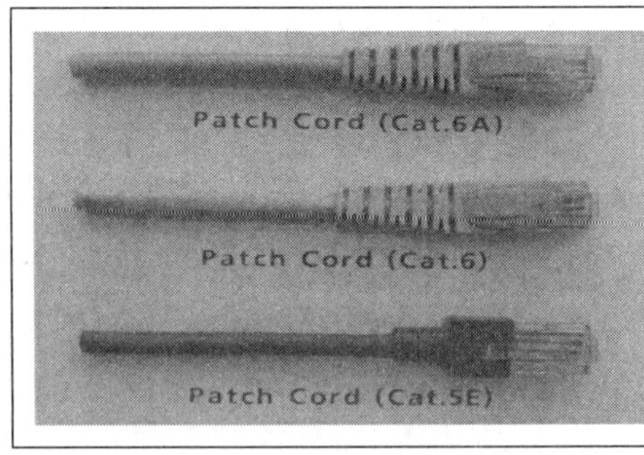

꼬임케이블 코드 사례

2.4.10 폐쇄회로 텔레비전장치의 설치

공동주택의 구내에 폐쇄회로 텔레비전장치를 설치하는 경우에는 배관은 제28호제5항과 구내선의 배선은 제23조 및 제32조의 규정을 준용하여 설치하여야 한다.

(1) 제28조⑤항 구내에 설치되는 옥내·외 배관의 요건

① 배관은 외부의 압력 또는 충격 등으로부터 선로를 보호할 수 있는 기계적 강도를 가진 내부식성 금속관 또는 한국산업표준 KS C 8454(지하에 매설되는 배관의 경우에는 KS C 8455) 동등규격 이상의 합성수지제 전선관을 사용하여야 한다.

② 배관의 내경은 배관에 수용되는 케이블단면적의 총합계가 배관단면적의 32% 이하가 되도록 하여야 한다.

③ 배관의 굴곡은 가능한 완만하게 처리하여야 하되, 곡률반경은 배관내경의 6배 이상으로 한다. 이 경우 엘보우 등 부가장치를 사용하여서는 아니된다.

④ 배관의 1구간에 있어서 굴곡개소는 3개소 이내이어야 하며, 1개소의 굴곡각도는 90° 이내로 하며 3개소의 합계는 180° 이내이어야 한다.

2.4.11 예비전원 설치

사업용방송통신설비외의 방송통신설비에 대한 예비전원설비의 설치기준은 다음과 같다.

① 국선수용용량이 10회선 이상인 구내교환설비의 경우에는 상용전원이 정지된 경우 최대부하전류를 공급할 수 있는 축전지 또는 발전기 등의 예비전원설비를 갖추어야 한다. 다만 정전이 되어도 국선으로부터의 호출에 대하여 응답이 가능한 경우에는 예외로 한다.

② 「재난 및 안전관리기본법」 제3조제5호 및 제7호의 규정에 의한 재난관리책임

기관과 긴급구조기관의 장이 설치 또는 운용하는 국선수용용량 10회선 이상인 교환설비 및 광전송설비의 경우에는 상용전원이 정지된 경우 최대부하전류를 3시간 이상 공급할 수 있는 축전지 또는 발전기 등의 예비전원설비를 갖추어야 한다.

[근거규정] 접지설비 · 구내통신설비 · 선로설비 및 통신공동구 기술기준 제34조

2.5 구내용이동통설비

2.5.1 급전선의 인입 배관

규징 제17조의2 및 세17소의3에 따른 대상 시설에 급전선 또는 광케이블을 인입하기 위한 배관 등은 별표 7의 제1호부터 제3호의 표준도에 준하여 다음 각 호와 같이 설치하여야 한다.

1. 옥외 안테나(옥상 또는 지상에 설치하는 안테나를 말하며 이하 같다.)에서 기지국의 송수신장치 또는 중계장치까지 급전선 또는 광케이블을 설치하기 위한 시설은 배관, 덕트 또는 트레이로 설치한다.
2. 옥외 안테나에서 중계장치 등까지 설치하는 배관은 다음 각 목에 적합하여야 하며, 건물 내 통신배관실을 이용하여 설치하는 경우에는 그러하지 아니하다.
   가. 급전선을 수용하는 배관의 내경은 36 mm 이상 또는 급전선 외경(다조인 경우에는 그 전체의 외경)의 2배 이상이 되어야 하며, 3공 이상을 설치하여야 한다.
   나. 광케이블을 수용하는 배관의 내경은 22 mm 이상이어야 하며, 예비공 1공 이상을 포함하여 2공 이상을 설치하여야 한다.
3. 제1호 및 제2호의 규정에도 불구하고 도시철도시설에서 배관의 설치 구간은 관로의 분계점에 가까운 맨홀에서 중계장치 등까지로 한다.
4. 배관 및 덕트는 제28조제4항제1호, 제5항 및 제6항의 규정을 준용하여 설치해야 하며, 중계장치 등에서 옥내 안테나까지 배관 등을 설치하고자 하는 경우에도 이와 같다. 다만, 구내통신선로설비의 배관이 제28조제5항제2호의 요건을 만족하고 상호 소통에 지장이 없는 경우에는 공동으로 사용할 수 있다.
5. 중계장치 등에서 옥내 안테나(또는 종단장치)까지의 급전선은 「화재예방, 소방시설 설치 · 유지 및 안전관리에 관한 법률」 제2조제1항제1호의 소방시설 중 무선통신보조설비와 상호 기능에 지장이 없는 경우 공용할 수 있다.

[별표 7] (제35조 및 제36조, 제37조, 제38조, 제39조 관련)

구내용 이동통신설비 설치 표준도

1. 규정 별표 1의 제1호에 따른 건축물의 경우

가. 건축물의 경우

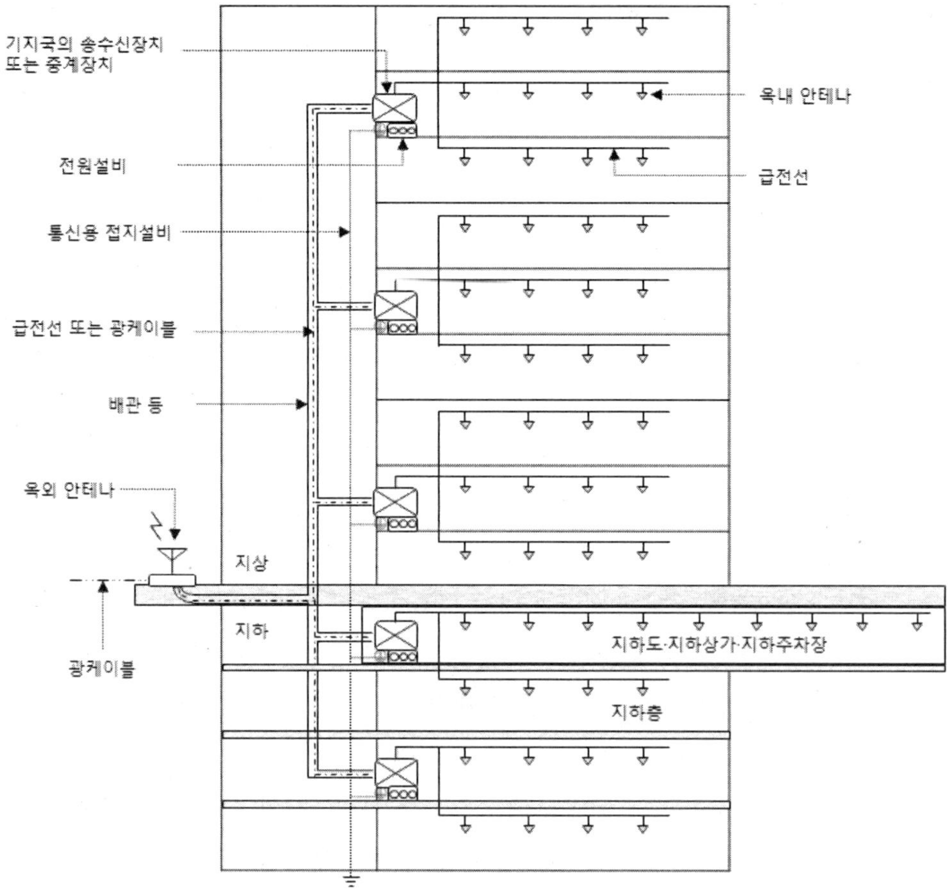

주) 1. 기지국의 송수신장치 또는 중계장치의 설치 장소는 건축물의 바닥면적 합계가 10,000 m2 당 1개소 이상으로 한다.
2. 건축물이 공동주택에 해당하는 경우에는 제2호의 표준도를 따른다.

나. 터널의 경우

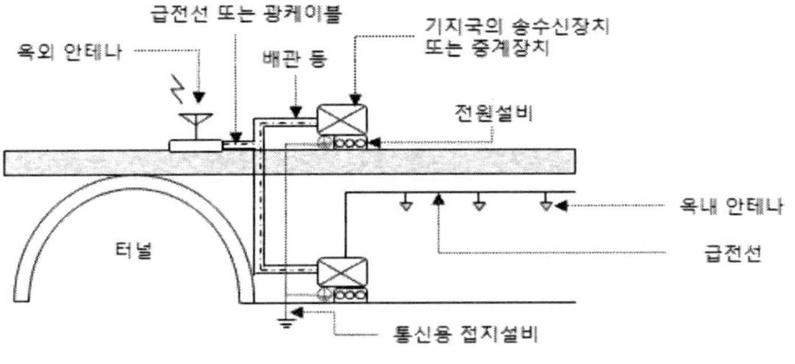

주) 1. 터널의 기지국 송수신장치 또는 중계장치는 터널 내부 또는 지상에 설치할 수 있으며, 지상에 설치하는 경우 접지시설 및 전원설비 등을 지상에 확보하여야 한다.
2. 터널의 길이에 따라 신호의 전달이 어려운 경우에는 터널 내부에 2개 이상의 중계장치를 설치해야 한다.
3. 복수 터널인 경우 각 터널 별로 각각의 관로를 설치하여야 하며 지상에서 터널 내부로 관통할 때에는 방수처리를 철저히 해야 한다.

건물옥상 이동통신용 안테나 -1

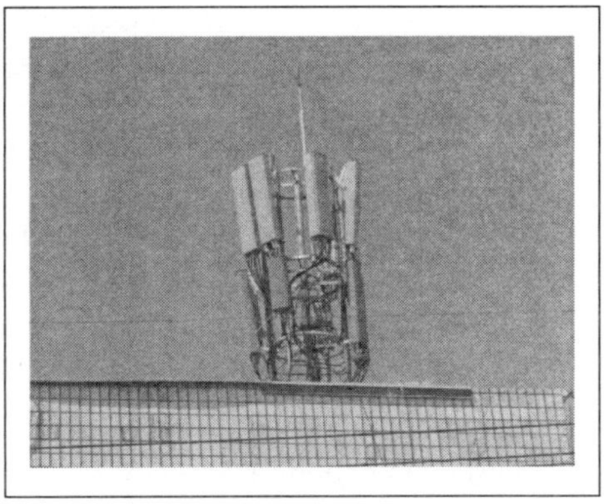

건물 옥상 이동통신용 안테나 -1

2. 규정 별표 1의 제2호에 따른 공동주택의 경우

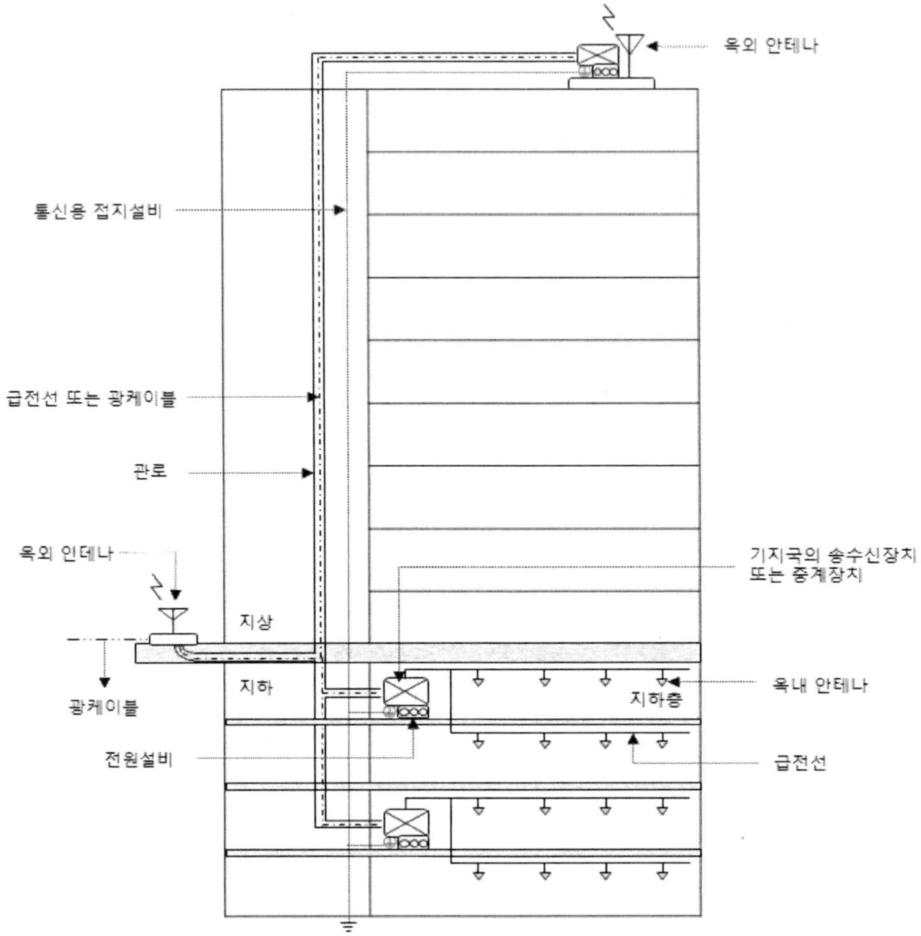

주) 1. 기지국의 송수신장치 또는 중계장치를 옥상에 설치하는 경우에는 단지 내 1개소 이상의 장소를 확보하여야 하며, 지하층에 설치하는 경우에는 지하층 바닥면적의 합계 5,000 m2 당 1개소 이상의 장소를 확보하여야 한다.

2. 옥상의 기지국 송수신장치 또는 중계장치를 별도의 실 안에 설치하고자 하는 경우에는 실내 적정 온도 유지를 위해 환기구를 갖추어야 한다.
3. 옥상에 옥외안테나 등을 설치하는 경우에는 접지시설 및 전원시설 등이 옥상까지 확보되어야 하며, 옥상을 관통할 때에는 방수 처리를 철저히 해야 한다.
4. 옥외 안테나를 옥상에 설치하는 경우 기간통신사업자는 옥외 안테나에서 기지국의 송수신장치 또는 중계장치까지 배관, 덕트 또는 트레이를 설치해야 한다.
5. 500세대 미만의 공동주택의 경우에는 지상층을 제외한 지하층에만 구내용 이동통신설비를 설치할 수 있다.

3. 규정 별표 1의 제3호에 따른 도시철도시설의 경우

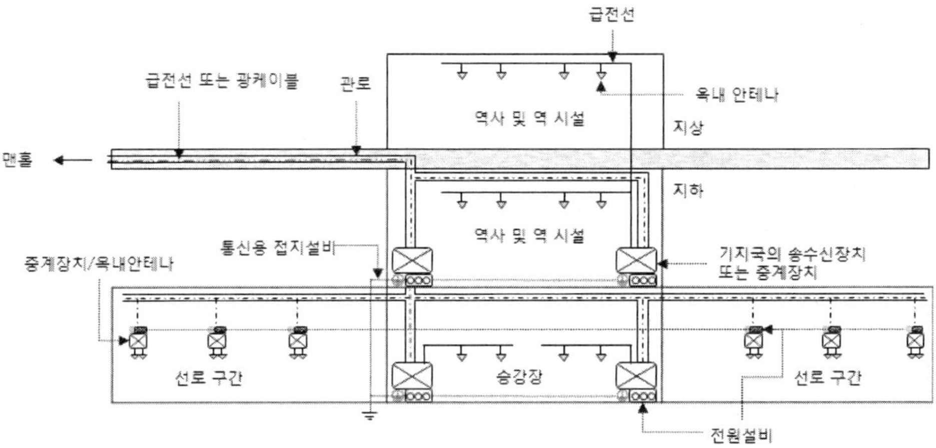

주) 1. 기지국의 송수신장치 또는 중계장치는 역사 및 역 시설에 2개소 이상, 승강장 양끝단에 각각 1개소 그리고 선로구간에서는 승강장 양 끝단으로부터 각 방향으로 250±20 m 간격마다 설치 장소를 확보하여야 한다.
2. 통신실에 여유가 있는 경우에는 외부로부터 인입된 광케이블과 최초로 접속되는 기지국 송수신장치 또는 중계장치를 설치할 수 있으며 통신 소통에 지장이 없도록 하여야 한다.
3. 선로 구간이 지상에 위치하는 경우에는 구내용 이동통신설비를 설치하지 않을 수 있다.
4. 선로 구간에 설치하는 기지국 송수신장치 또는 중계기는 도시철도의 운행에 지장을 주지 않아야 한다.

[근거규정] 접지설비 · 구내통신설비 · 선로설비 및 통신공동구 기술기준 제35조

이동통신중계기 설치 현장

옥상 이동통신 안테나 설치현장

2.5.2 이동통신용 접속함

급전선 또는 광케이블의 포설 및 철거가 용이하도록 다음 각 호의 하나에 해당하는 경우에는 [별표 7의 제4호]에 적합한 접속함을 설치하여야 한다.

① 관로의 길이가 40m를 초과할 경우

② 관로의 굴곡점

[근거규정] 접지설비 · 구내통신설비 · 선로설비 및 통신공동구 기술기준 제36조

[별표 7의 제4호] 접속함의 성능

구 분	함 체
절 연 저 항	50MΩ 이상
개 폐 장 치	여닫이식
재 질 조 건	두께 1.5mm 이상의 연강판 또는 동등 이상

2.5.3 이동통신용 접지시설

접지시설은 제5조의 규정 및 [별표 7의 제1호부터 제3호]의 표준도에 준하여 다음 각 호에 적합하게 하여야 한다.

1. 접지단자는 중계장치 등이 설치되는 각 층에 중계장치 등으로부터 최단거리에 설치하여야 한다.
2. 전파법 제11조에 따라 대가에 의한 주파수를 할당받는 기간통신사업자는 접지단자로부터 중계장치 등까지 접지선을 설치하여야 한다.

[근거규정] 접지설비 · 구내통신설비 · 선로설비 및 통신공동구 기술기준 제37조

이동통신중계기 우측 접지

이동통신용 접지단자

2.5.4 기지국과 중계용 상용전원 설치

중계장치 등의 전원은 용량이 4 ㎾ 이상으로서 교류 220V 전원단자가 3개 이상이어야 하며, [별표 7의 제1호부터 제3호]의 표준도에 준하여 다음 각 호에 적합하게 하여야 한다.

1. 전원단자는 중계장치 등이 설치되는 각 층에 중계장치 등으로부터 최단거리에 설치하여야 한다.
2. 기간통신사업자는 전원단자로부터 중계장치 등까지 전원선을 설치하여야 한다.

[근거규정] 접지설비 · 구내통신설비 · 선로설비 및 통신공동구 기술기준 제38조

2.5.5 이동통신구내선로설비의 장소확보

① 규정 제17조의2 및 제17조의3에 따른 대상 시설에는 송수신용 안테나, 중계장치 등의 설치 또는 운영을 위하여 다음 각 호의 기준에 적합한 장소를 확보하여야 한다.

1. 옥외 안테나의 설치를 위하여 전파의 송수신이 가장 양호한 곳으로서 각각 $4m^2$ 이상의 면적을 갖는 1개소 이상의 설치장소. 다만, 분계점에 가까운 맨홀에서 중계장치 등까지 광케이블을 통해 신호를 전달하는 경우에는 그러하지 아니하다.
2. 중계장치 등의 설치를 위하여 분진이나 유해가스로부터 격리된 각각 $2m^2$ 이상의 면적(높이 2m 이상)을 갖는 1개소 이상의 설치장소
3. 설치장소는 옥외안테나 또는 중계장치 등의 설치 및 유지 · 보수를 위한 작업 등에 지장이 없어야 한다.

② 기간통신사업자는 제1항에 따라 확보된 장소에 송수신용 안테나 또는 중계장치 등을 별표 7의 제1호부터 제3호의 표준도에 준하여 설치하여야 한다.

③ 규정 제24조의2제2항에 의한 협의대표는 건축허가 또는 사업계획승인이 지연되지 않도록 건축주 등의 요청 후 10일(공휴일 및 토요일 제외) 이내에 이동통신구내중계설비의 설치장소 및 설치방법, 설치시기 등의 협의를 완료하여야 하며, 이동통신구내중계설비의 설치 및 철거 시에는 건축주 등과 협의하여 원활한 설비 운용이 될 수 있도록 하여야 한다.

[근거규정] 접지설비 · 구내통신설비 · 선로설비 및 통신공동구 기술기준 제39조

2.6 통신공동구·관로 및 맨홀 등의 설치방법

2.6.1 통신공동구의 설치기준

① 통신공동구는 통신케이블의 수용에 필요한 공간과 통신케이블의 설치 및 유지·보수 등의 작업 시 필요한 공간을 충분히 확보할 수 있는 구조로 설계하여야 한다.

② 통신공동구를 설치하는 때에는 조명·배수·소방·환기 및 접지시설 등 통신케이블의 유지·관리에 필요한 부대설비를 설치하여야 한다.

③ 통신공동구와 관로가 접속되는 지점에는 통신케이블의 분기를 위한 분기구를 설치하여야 하며, 한 지점에서 여러 개의 관로로 분기될 경우에는 작업이 용이하도록 분기구간에는 일정거리 이상의 간격을 유지하여야 한다.

[근거규정] 접지설비·구내통신설비·선로설비 및 통신공동구 기술기준 제46조

2.6.2 관로 등의 매설기준

① 관로에 사용하는 관은 외부하중과 토압에 견딜 수 있는 충분한 강도와 내구성을 가져야 한다.

② 지면에서 관로상단까지의 거리는 다음 각호의 기준에 의한다. 다만, 시설관리기관과 협의하여 관로보호조치를 하는 경우에는 다음 각호의 기준에 의하지 아니할 수 있다.

1. 「도로법」 제2조에 의한 도로 등에 설치하는 경우에는 「도로법 시행령」 별표 2 제1호마목의 기준에 따른다.
2. 철도·고속도로 횡단구간 등 특수한 구간의 경우에는 1.5m 이상으로 한다.

③ 관로 상단부와 지면사이에는 관로보호용 경고테이프를 관로 매설경로에 따라 매설하여야 한다.

④ 관로는 가스등 다른 매설물과 50㎝ 이상 떨어져 매설하여야 한다. 다만, 부득이한 사유로 인하여 50cm 이상의 간격을 유지할 수 없는 경우에는 보호벽의 설치 등 관로를 보호하기 위한 조치를 하여야 한다.

⑤ 맨홀 또는 핸드홀간에 매설하는 관로는 케이블 견인에 지장을 주지 아니하는 곡률을 유지하는등 직선성을 유지하여야 한다.

[근거규정] 접지설비·구내통신설비·선로설비 및 통신공동구 기술기준 제47조

2.6.3 맨홀 또는 핸드홀의 설치기준

① 맨홀 또는 핸드홀은 케이블의 설치 및 유지 · 보수 등의 작업 시 필요한 공간을 확보할 수 있는 구조로 설계하여야 한다.

② 맨홀 또는 핸드홀은 케이블의 설치 및 유지 · 보수 등을 위한 차량출입과 작업이 용이한 위치에 설치하여야 한다.

③ 맨홀 또는 핸드홀에는 주변 실수요자용 통신케이블을 분기할 수 있는 인입 관로 및 접지시설 등을 설치하여야 한다.

④ 맨홀 또는 핸드홀 간의 거리는 246m 이내로 하여야 한다. 다만, 교량 · 터널 등 특수구간의 경우와 광케이블 등 특수한 통신케이블만 수용하는 경우에는 그러하지 아니할 수 있다.

[근거규정] 접지설비 · 구내통신설비 · 선로설비 및 통신공동구 기술기준 제48조

통신사업자 맨홀과 구내 맨홀 연결 공사 현장

구내에 건축주 맨홀 설치완료 현장

연 | 습 | 문 | 제

1. 보호기의 과전압 성능의 기술기준 중 틀린 것은?

가. 보호기는 직류 100V/sec의 상승전압을 L1-E, L2-E간에 인가할 때 184V 이상 280V 이하에서 접지를 통하여 방전이 개시되어야 한다.

나. 보호기는 100V/μs의 상승전압을 L1-E, L2-E간에 인가할 때 180V 이상 600V 이하에서 접지를 통하여 방전되어야 한다.

다. 보호기는 1000V/μs의 상승전압을 L1-E, L2-E간에 인가할 때 180V 이상 700V 이하에서 접지를 통하여 방전되어야 한다.

라. 보호기는 50V/μs의 상승전압을 L1-E, L2-E간에 인가할 때 180V 이상 700V 이하에서 접지를 통하여 방전되어야 한다.

답 라. 보호기는 50V/μs의 상승전압 규정은 없다.

[근거규정] 접지설비·구내통신설비·선로설비 및 통신공동구 기술기준 제4조

2. 보호기의 과전류 성능의 기술기준 중 틀린 것은?

가. 보호기는 L1-T1, L2-T2간에 교류 110V 250mA를 인가할 때 1분 이내

나. 교류 110V 1A를 인가할 때 2초 이내에 동작하여 부동작 전류 이하로 전류를 제한하여야 한다.

다. 과전류가 제거되면 자기복구되지 않아야 지속적인 피해를 예방한다.

라. 보호기는 L1-T1, L2-T2간에 직류 150mA를 3시간 인가할 때 과전류 제한소자는 동작하지 않아야 한다.

답 다. 과전류가 제거되면 자기 복구되어야 한다.

[근거규정] 접지설비·구내통신설비·선로설비 및 통신공동구 기술기준 제4조

3. 보호기의 발화방지 성능의 기술기준 중 맞는 것은?

가. 보호기는 L1-E, L2-E간에 60Hz, 15A를 15분간 인가할 때 과전압 방전소자의 발화방지 장치가 동작하여 보호기의 발화 및 변형이 없어야 한다.

나. 보호기는 과전압 방전소자가 삽입되지 않은 상태에서 L1-T1, L2-T2간에 교류 220V, 3A을 15분간 인가할 때 과전류 제한소자가 손상되지 않아야 하며, 보호기의 발화 및 변형이 없어야 한다.

다. 보호기는 L1-E, L2-E간에 60Hz, 15A를 5분간 인가할 때 과전압 방전소자의 발화방지 장치가 동작하여 보호기의 발화 및 변형이 없어야 한다.

라. 보호기는 과전압 방전소자가 삽입되지 않은 상태에서 L1-T1, L2-T2간에 교류 220V, 15A을 15분간 인가할 때 과전류 제한소자가 손상되지 않아야 하며, 보호기의 발화 및 변형이 없어야 한다.

답 나. 보호기는 과전압 방전소자가 삽입되지 않은 상태에서 L1-T1, L2-T2간에 교류 220V, 3A을 15분간 인가할 때 과전류 제한소자가 손상되지 않아야 하며, 보호기의 발화 및 변형이 없어야 한다.

[근거규정] 접지설비·구내통신설비·선로설비 및 통신공동구 기술기준 제4조

4. 다음은 보호기의 기본회로도이다. A의 명칭은?

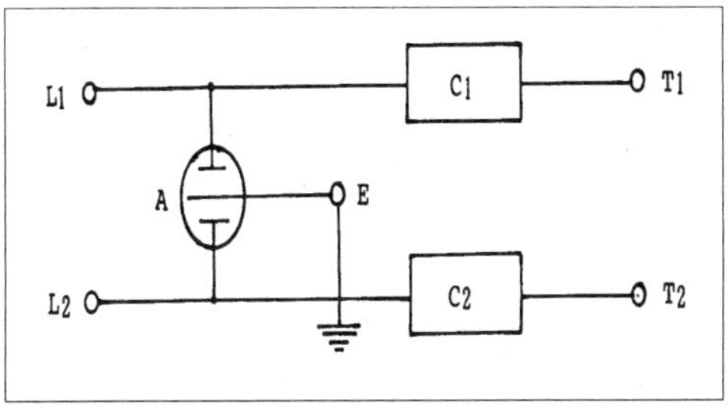

답 A : 과전압방전소자

[근거규정] 접지설비·구내통신설비·선로설비 및 통신공동구 기술기준 제4조

5. 교환설비·전송설비 및 통신케이블과 금속으로 된 단자함(구내통신단자함, 옥외분배함 등)·장치함 및 지지물 등이 사람이나 방송통신설비에 피해를 줄 우려가 있을 때에는 (　　)를 설치하여 접지하여야 한다.

답 접지단자

[근거규정] 접지설비·구내통신설비·선로설비 및 통신공동구 기술기준 제5조

6. 통신관련시설의 접지저항은 10Ω 이하를 기준으로 하는데 100Ω 이하로 할 수 있는 조건 중 틀린 것은?

가. 철탑이외 전주 등에 시설하는 이동통신용 중계기

나. 국선수용회선이 100회선 이상인 주배선반

다. 보호기를 설치하지 않는 구내통신단자함

라. 구내통신선로설비에 있어서 전송 또는 제어신호용 케이블의 쉴드 접지

답 나. 국선수용회선이 100회선 이상인 주배선반은 10Ω 이하 접지를 한다.

[근거규정] 접지설비·구내통신설비·선로설비 및 통신공동구 기술기준 제5조

7. 접지에 대한 설명 중 틀린 것은?

가. 통신회선 이용자의 건축물시설에 설치된 통신설비로서 통신용 접지시공이 곤란한 경우에는 그 시설물의 접지를 이용할 수 있다.

나. 전주 또는 맨홀 등의 시설에 설치된 통신설비로서 통신용 접지시공이 곤란한 경우에는 그 시설물의 접지를 이용할 수 있다.

다. 신고하지 아니하고 시설할 수 있는 소출력중계기 또는 무선국의 경우, 설치된 시설물의 접지를 이용할 수 없을 시 접지하지 아니할 수 있다.

라. 통신접지는 시설물 접지를 이용할 수 없다.

답 라. 시설물의 접지를 이용할 수 있다.

[근거규정] 접지설비·구내통신설비·선로설비 및 통신공동구 기술기준 제5조

8. 접지설치에 대한 설명 중 틀린 것은?

가. 접지선은 접지저항값이 10Ω 이하인 경우에는 2.6mm 이상 설치한다.

나. 접지저항값이 100Ω 이하인 경우에는 직경 1.6mm 이상의 피 · 브이 · 씨 피복 동선을 설치한다.

다. 절연효과가 있는 전선을 사용하고 접지극은 부식이나 토양오염방지를 고려한 도전성 재료를 사용한다.

라. 외부에 노출되지 않는 접지선이라도 피복동선을 설치하여야 한다.

답 라. 외부에 노출되지 않는 접지선의 경우에는 피복을 아니할 수 있다.

[근거규정] 접지설비·구내통신설비·선로설비 및 통신공동구 기술기준 제5조

9. 접지설치에 대한 설명 중 맞는 것은?

가. 접지체는 지표가 건조한 곳에 매설하여야 접지저항을 얻기 쉽다.

나. 접지체 상단이 지표로부터 수직깊이 75cm 이상되도록 매설

다. 접지체 하단이 지표로부터 수직깊이 60cm 이상

라. 금속성 함체이나 광섬유 접속 등과 같이 내부에 전기적 접속이 없어도 접지를 하여야 한다.

답 나.

[근거규정] 접지설비·구내통신설비·선로설비 및 통신공동구 기술기준 제5조

10. 가공통신선의 지지물과 가공강전류전선간의 이격거리에 대한 설명 중 틀린 것은?

가. 가공통신선의 지지물은 가공강전류전선 사이에 끼우거나 통과하여서는 아니된다.

나. 인체 또는 물건에 손상을 줄 우려가 없을 경우에는 가공통신선의 지지물은 가공강전류전선 사이에 끼우거나 통과할 수 있다.

다. 가공강전류전선의 사용전압이 저압의 경우 이격거리 30cm 이상

라. 가공강전류전선의 사용전압이 고압일 경우의 이격거리 60cm 이상

답 라. 가공강전류전선의 사용전압이 고압일 경우의 이격거리 30cm 이상

[근거규정] 접지설비·구내통신설비·선로설비 및 통신공동구 기술기준 제7조

11. 가공강전류전선의 사용전압이 특고압일 경우의 이격거리가 틀린 것은?

가. 35,000V 이하의 것으로 강전류케이블 50cm 이상

나. 35,000V 이하의 것으로 특고압 강전류절연전선 1m 이상

다. 35,000V 이하의 것으로 기타 강전류전선 1m 이상

라. 35,000V를 초과하고 60,000V 이하의 것 2m 이상

답 다. 35,000V 이하의 것으로 기타 강전류전선 2m 이상

[근거규정] 접지설비·구내통신설비·선로설비 및 통신공동구 기술기준 제7조

12. 전주의 안전계수에 대한 설명 중 틀린 것은?

가. 구조물로부터 그 전주의 높이에 상당하는 거리 내에 접근하는 가공통신선 : 안전계수 1.2

나. 철도 또는 궤도로부터 그 전주의 높이에 상당하는 거리 내에 접근하거나 도로, 철도 또는 궤도를 횡단하는 가공통신선 : 안전계수 1.2

다. 가공통신선과 저압 또는 고압의 가공강전류전선을 공가하는 전주 : 안전계수 1.5

라. 가공통신선과 특고압의 가공강전류전선을 공가하는 전주 : 안전계수 1.5

답 라. 가공통신선과 특고압의 가공강전류전선을 공가하는 전주 : 안전계수 2.0

[근거규정] 접지설비·구내통신설비·선로설비 및 통신공동구 기술기준 제8조

13. 풍속이 40m/s일 때 옥외통신설비 시설물의 수직투영면적 $1m^2$에 대한 풍압에 대한 기본풍압하중 설명 중 틀린 것은?

가. 철근콘크리트주 100kg

나. 철주의 원통주 80kg

다. 무선시설류로 철탑에 부착 시설되는 안테나류 200kg

라. 무선시설류로 강관에 의하여 구성된 것 170kg

답 가. 철근콘크리트주 80kg이다.

[출제근거] 접지설비·구내통신설비·선로설비 및 통신공동구 기술기준 제9조

14. 풍압하중에 대한 설명 중 틀린 것은?

가. 강풍지역외 시가지에서는 전주 및 기타 시설류에 대하여 풍압하중의 1/2배를 적용할 수 있다.

나. 강풍지역에서는 과거 기상자료를 바탕으로 하여 풍압하중 이상을 적용한다.

다. 무선시설류는 풍압하중의 3배 이상을 적용한다.

라. 다설지역에서는 통신선 또는 보조선에 비중 0.9의 빙설을 6mm의 두께로 부착한 경우에 상기 제1항 규정에 의한 풍압하중의 1/2배를 적용한 하중 중 큰 것을 적용한다.

답 다. 무선시설류는 풍압하중의 2배 이상을 적용한다.

[근거규정] 접지설비·구내통신설비·선로설비 및 통신공동구 기술기준 제9조

15. 가공통신선의 지지물에는 취급자가 오르내리는데 사용하는 발디딤쇠 등을 지표상으로부터 1.8m 이상의 높이에 부착하여야 하지만 예외로 할 수 있는 경우가 아닌 것은?

가. 발디딤쇠 등이 지지물의 내부로 들어가는 구조인 경우

나. 지지물 주위에 취급자 이외의 자가 들어갈 수 없도록 시설하는 경우

다. 지지물을 사람이 쉽게 접근할 수 없는 장소에 설치한 경우

라. 가공통신선의 지지물에 사람이 쉽게 올라가서 작업을 할 경우

답 라. 지지물을 사람이 접근할 수 있는 장소에 설치한 경우는 예외 규정에 포함이 안된다.

[근거규정] 접지설비·구내통신설비·선로설비 및 통신공동구 기술기준 제10조

16. 가공통신선의 높이에 대한 설명 중 틀린 것은?

가. 도로상에 설치되는 경우에는 노면으로부터 4.5m 이상으로 한다.

나. 교통에 지장을 줄 우려가 없고 시공상 불가피할 경우 보도와 차도의 구별이 있는 도로의 보도상에서는 3.5m 이상으로 한다.

다. 철도 또는 궤도를 횡단하는 경우에는 그 철도 또는 궤조면으로부터 6.5m 이상으로 한다.

라. 철도 또는 궤도를 횡단하는 경우에는 그 철도 또는 궤조면으로부터 6.5m 이상으로 하지만 차량의 통행에 지장을 줄 우려가 없는 경우에는 그러하지 아니하다.

답 나. 교통에 지장을 줄 우려가 없고 시공상 불가피할 경우 보도와 차도의 구별이 있는 도로의 보도상에서는 3m 이상으로 한다.

[근거규정] 접지설비·구내통신설비·선로설비 및 통신공동구 기술기준 제11조

17. 가공통신선의 높이에 대한 설명 중 틀린 것은?

가. 7,000V를 초과하는 전압의 가공강전류전선용 전주에 가설되는 경우에는 노면으로부터 5m 이상으로 한다.

나. 교통에 지장을 줄 염려가 없고 시공상 불가피한 경우에는 지표상으로부터 4m 이상으로 할 수 있다.

다. 가공선로설비가 하천 등을 횡단하는 경우에는 선박 등의 운행에 지장을 줄 우려가 없는 높이로 설치하여야 한다.

라. 헬리콥터 등의 안전운항에 지장이 없도록 안전표지(항공표지 등)가 설치되어야 한다.

답 나. 교통에 지장을 줄 염려가 없고 시공상 불가피한

경우에는 지표상으로부터 3m 이상으로 할 수 있다.

[근거규정] 접지설비·구내통신설비·선로설비 및 통신공동구 기술기준 제11조

18. 가공통신선이 가공강전류전선과 교차하거나 가공강전류전선과의 수평거리가 그 가공통신선 또는 가공강전류전선의 지지물 중 높은 것에 해당하는 거리 이하로 접근할 경우에 설치하는 보호망의 종류 및 구성설명 중 틀린 것은?

가. 제1종 보호망의 특별보안접지공사로 접지저항이 10Ω 이하가 되도록 하는 접지공사를 한 금속선을 망상으로 한다.

나. 제1종 보호망의 바깥둘레를 구성하는 금속선은 직경 3.5mm 이상의 동복강선 또는 직경 4.5mm의 경동선이나 이와 동등 이상의 강도의 것을 사용한다.

다. 기타의 부분을 구성하는 금속선은 직경 3.5mm 이상의 동복강선 또는 직경 4mm의 경동선이나 이와 동등 이상의 강도의 것을 사용한다.

라. 제1종 보호망의 병행하는 금속선 상호간 거리는 각각 1.5m 이하로 한다.

답 나. 제1종 보호망의 바깥둘레를 구성하는 금속선은 직경 3.5mm 이상의 동복강선 또는 직경 5mm의 경동선이나 이와 동등 이상의 강도의 것을 사용한다.

[근거규정] 접지설비·구내통신설비·선로설비 및 통신공동구 기술기준 제13조

19. 가공통신선이 가공강전류전선과 교차하거나 가공강전류전선과의 수평거리가 그 가공통신선 또는 가공강전류전선의 지지물 중 높은 것에 해당하는 거리 이하로 접근할 경우에 설치하는 보호망의 종류 및 구성설명 중 틀린 것은?

가. 제2종 보호망의 보안접지공사 접지저항이 10Ω 이하가 되도록 하는 접지공사를 한 금속선을 망상으로 할 것

나. 제2종 보호망의 세로선은 직경 3.5mm 이상의 동복강선 또는 직경 4mm의 경동선이나 이와 동등 이상의 강도를 가진 것을 사용할 것

다. 제2종 보호망의 가로선은 직경 2.6mm의 경동선이나 이와 동등 이상의 강도를 가진 것을 사용할 것

라. 제2종 보호망의 병행하는 금속선 상호간의 거리는 각각 1.5m 이하로 할 것

답 가. 제2종 보호망의 보안접지공사 접지저항이 100Ω 이하가 되도록 하는 접지공사를 한 금속선을 망상으로 할 것

[근거규정] 접지설비·구내통신설비·선로설비 및 통신공동구 기술기준 제13조

20. 보호망의 설치에 대한 설명 중 틀린 것은?

가. 보호망과 가공통신선 및 가공강전류전선 간의 수직이격거리는 각각 60cm 이상으로 한다.

나. 제2종 보호망에 있어서 공사상 부득이한 경우에는 그 수직거리를 30cm 이상으로 할 수 있다.

다. 보호망이 가공통신선 및 가공강전류전선의 밖으로 펼쳐지는 폭은 보호망과 가공통신선간의 수직거리의 1/2에 상당하는 길이 이상으로 한다.

라. 보호망이 가공통신선 및 가공강전류전선의 밖으로 펼쳐지는 폭은 보호망과 가공통신선간의 수직거리 길이가 30cm 미만이 되는 경우는 30cm로 할 수 없다.

마. 제2종 보호망은 제1종 보호망으로 대체할 수 있으나 제1종 보호망은 제2종 보호망으로 대체할 수 없다.

답 라. 보호망이 가공통신선 및 가공강전류전선의 밖으로 펼쳐지는 폭은 보호망과 가공통신선 간의 수직거리 길이가 30cm 미만이 되는 경우는

30cm로 할 수 있다.
[근거규정] 접지설비·구내통신설비·선로설비 및 통신공동구 기술기준 제13조

21. 가공통신선이 가공강전류전선과 교차하거나 가공강전류전선과의 수평거리가 그 가공통신선 또는 가공강전류전선의 지지물 중 높은 것에 해당하는 거리 이하로 접근할 경우에 설치하는 보호선의 종류 및 구성설명 중 틀린 것은?

가. 제1종 보호선 직경 3.5mm 이상의 동복강선 또는 직경 5mm의 경동선이나 이와 동등 이상의 강도를 가진 것을 2조 이상으로 구성하고 보안접지공사를 할 것

나. 제1종 보호선의 금속선 상호간의 간격은 75cm 이하로 할 것

다. 제2종 보호선 직경 3.5mm 이상의 동복강선 또는 직경 4mm의 경동선이나 이와 동등 이상의 강도를 가진 것을 2조 이상으로 구성하고, 보안접지공사를 할 것

라. 제2종 보호선 직경 4.5mm 이상의 동복강선은 보안접지를 하지 않아도 된다.

답 라. 보안접지를 하여야 한다.
[근거규정] 접지설비·구내통신설비·선로설비 및 통신공동구 기술기준 제14조

22. 보호선의 실치에 대한 설명 중 틀린 것은?

가. 가공통신선과 45°를 넘는 각도로 교차하여야 한다.

나. 보호선과 가공통신선 간의 수직이격거리는 60cm 이상으로 한다.

다. 보호선이 가공통신선의 밖으로 펼쳐지는 길이는 보호선과 가공통신선 간 수직거리의 1/2에 상당하는 길이(그 길이가 30cm 미만일 경우에는 30cm) 이상으로 한다.

라. 제2종 보호선은 제1종 보호선으로 대체할 수 없다.

답 라. 제2종 보호선은 제1종 보호선으로 대체할 수 있으나, 제1종 보호선은 제2종 보호선으로 대체할 수 없다.
[근거규정] 접지설비·구내통신설비·선로설비 및 통신공동구 기술기준 제14조

23. 가공통신선이 저압 또는 고압의 가공강전류전선과 교차하거나 가공강전류전선과의 수평거리가 그 가공통신선 또는 가공강전류전선의 지지물 중 높은 것에 해당하는 거리 이하로 접근할 경우의 이격거리에 대한 설명 중 틀린 것은?

가. 가공통신선은 가공강전류전선 아래에 설치하여야 한다.

나. 저압과 고압 강전류절연전선, 특고압 강전류절연전선 또는 케이블 이격거리는 30cm 이상

다. 저압과 강전류절연전선 이격거리는 30cm 이상

라. 고압과 강전류케이블 이격거리는 40cm 이상

답 다. 저압과 강전류절연전선 이격거리는 60cm 이상이다.
[근거규정] 접지설비·구내통신설비·선로설비 및 통신공동구 기술기준 제15조

24. 가공통신선이 저압 또는 고압의 가공강전류전선과의 수평거리가 그 가공통신선 또는 가공강전류전선의 지지물 중 높은 것에 해당하는 거리 이하로 접근할 경우 가공통신선을 가공강전류전선 위에 설치할 수 있는 경우가 아닌 것은?

가. 가공통신선이 5° 이하의 수평각도를 이루는 직선부분을 지지하는 지지물 간의 거리차가 크거나 5° 이상의 수평각도를 이루는 개소

나. 전주의 안전계수가 1.2 미만인 경우, 이를 보강할 수 있는 지선 또는 지주를 설치할 경우

다. 가공통신선과 가공강전류전선간의 수평거리가 2.5m 이상이고, 가공통신선 지지물이 도괴시에 가공강전류전선과 접촉할 우려가 없는 경우

라. 가공통신선과 약전류전선간의 수평거리가 2.5m 이하

답 라. 가공통신선과 약전류전선간의 수평거리 규정은 없다.

[근거규정] 접지설비·구내통신설비·선로설비 및 통신공동구 기술기준 제15조

25. 가공통신선과 가공강전류전선과의 수평 이격거리는 2m 이상으로 하지 않아도 되는 예외규정이 아닌 것은?

가. 가공통신선이 직경 5mm의 경동선이나 이와 동등 이상의 강도를 가진 절연전선 또는 케이블일 경우

나. 가공통신선을 직경 4mm의 아연도금 철선이나 이와 동등 이상의 강도의 것으로 조가하여 설치한 경우

다. 가공통신선이 10m 이하의 인입선일 경우

라. 가공통신선과 가공강전류전선과의 수직거리가 6m 이상인 경우

답 다. 가공통신선이 15m 이하의 인입선일 경우

[근거규정] 접지설비·구내통신설비·선로설비 및 통신공동구 기술기준 제16조

26. 가공통신선과 가공강전류전선과의 수평거리 설명 중 틀린 것은?

가. 가공통신선과 가공강전류전선과의 수평거리가 3m 미만이 되는 길이가 연속하여 50m 이하로 설치되어야 한다.

나. 가공강전류전선의 전주와 전주 사이에서 가공통신선과 가공강전류전선과의 수평거리가 3m 미만으로 되는 부분의 길이의 합계가 50m 이하로 설치하여야 한다.

다. 가공통신선과 가공강전류전선 간의 수평거리가 3m 이상이고, 가공통신선의 지지물이 도괴시에 가공강전류전선과 접촉할 우려가 없거나 다음과 같은 규정에 의할 경우에는 가공통신선을 위에 설치할 수 있다.

라. 가공강전류전선의 전주와 전주 사이에서 가공통신선과 가공강전류전선과의 수평거리가 3m 이상으로 되는 부분의 길이의 합계가 100m 이하로 설치하여야 한다.

답 라. 가공강전류전선의 전주와 전주 사이에서 가공통신선과 가공강전류전선과의 수평거리가 3m 미만으로 되는 부분의 길이의 합계가 50m 이하로 설치하여야 한다.

[근거규정] 접지설비·구내통신설비·선로설비 및 통신공동구 기술기준 제16조

27. 가공통신선과 전차선과의 접근 또는 교차의 설명 중 틀린 것은?

가. 가공통신선과 전차선 등과의 수평이격거리는 전차선이 저압일 경우는 60cm 이상, 고압일 경우에는 1.2m 이상으로 한다. 다만, 전차선 등의 설치자의 승낙을 얻는 경우에는 예외로 할 수 있다.

나. 가공통신선이 고압의 전차선 등과 45° 이하의 수평각도로 교차하거나 고압의 전차선 등과의 수평거리가 2.5m 이하인 경우에는 가공통신선과 전차선 등 사이에 제2종 보호망을 설치하여야 한다.

다. 가공통신선이 전차선 등과 45°를 초과하는 수평각도로 교차하는 경우에는 그 사이에 제1종 보호선을 설치하여야 한다.

라. 전차선 등과 보호선 또는 보호망과의 수직이격거리는 60cm 이상으로 하고

전차선 등의 관리책임자의 승낙과 관련 없이 60cm까지 하여야 한다.

답 라. 관리책임자의 승낙을 얻었을 때에는 30cm까지 할 수 있다.

[근거규정] 접지설비·구내통신설비·선로설비 및 통신공동구 기술기준 제18조

28. 가공통신선과 교류전차선의 수평거리가 그 가공통신선과 교류전차선의 지지물 중 높은 것에 해당하는 거리 이하로 접근할 경우를 설명한 것 중 틀린 것은?

가. 가공통신선과 교류전차선이 접근하는 경우에 수평거리는 3m 이상으로 하여야 하며, 가공통신선 또는 교류전차선의 절단이나 이들의 지지물이 도괴 시에는 접촉되지 않도록 설치하여야 한다.

나. 가공통신선과 교류전차선이 교차하는 경우에 가공통신선 또는 그 지지물과 교류전차선과의 이격거리는 3m 이상일 것

다. 가공통신선과 교류전차선이 교차하는 경우 가공통신선은 케이블을 사용하고, 단면적이 38mm^2 이상의 아연도금강연선으로서 인장하중이 3,000kg 이상인 것을 설치할 것

라. 전주(철탑은 제외)에는 통신선방향으로 교차하는 측의 반대측 및 통신선과 직각의 방향으로 그 양측에 지선을 설치한다.

답 나. 가공통신선과 교류전차선이 교차하는 경우에 가공통신선 또는 그 지지물과 교류전차선과의 이격거리는 2m 이상일 것

[근거규정] 접지설비·구내통신설비·선로설비 및 통신공동구 기술기준 제18조

29. 가공강전류전선과 동일의 지지물에 가설하는 가공통신선을 저압 또는 고압의 가공강전류전선과 2 이상 동일의 지지물에 연속하여 가설할 경우를 설명한 것 중 틀린 것은?

가. 가공통신선을 가공강전류전선 아래에 설치하여야 하고, 가공강전류전선의 완철과는 별도의 완철류에 설치하여야 한다.

나. 가공강전류전선이 저압으로서 고압 강전류절연전선, 특고압 강전류절연전선, 강전류케이블이거나 가공통신선의 도체가 가공강전류전선에 내장 또는 외접하여 설치하는 광섬유인 때는 예외로 할 수 있다.

다. 가공통신선과 가공강전류전선의 이격거리는 저압으로 고압 강전류절연전선, 특고압 강전류절연전선 또는 강전류케이블은 30cm 이상

라. 가공통신선과 가공강전류전선의 이격거리는 저압으로 강전류절연전선은 60cm 이상

답 라. 가공통신선과 가공강전류전선의 이격거리는 저압으로 강전류절연전선은 75cm 이상

[근거규정] 접지설비·구내통신설비·선로설비 및 통신공동구 기술기준 제19조

30. 가공통신선을 저압 또는 고압 강전류전선과 동일의 지지물에 설치하는 경우의 설명 중 틀린 것은?

가. 가공통신선의 수직배선은 가공강전류선선의 수직배선과 지지물을 사이에 두고 설치하여야 한다.

나. 가공통신선의 수직배선이 가공강전류전선의 수직배선으로부터 1m 이상 떨어져 있거나 가공통신선의 수직배선이 케이블이고, 가공강전류전선의 수직배선이 강전류케이블인 경우에 그들이 직접 혼촉할 염려가 없도록 지지물에 견고하게 설치할 때에는 지지물과 같은 방향으로 설치할 수 있다.

다. 가공통신선은 특고압 가공강전류전선

과 동일의 지지물에 설치하여서는 아니된다.

라. 가공통신선의 도체가 가공강전류전선에 내장 또는 외접하여 설치하는 광섬유는 동일지지물에 설치하여서는 아니된다.

답 라. 가공통신선의 도체가 가공강전류전선에 내장 또는 외접하여 설치하는 광섬유는 동일 지지물에 설치할 수 있다.

[근거규정] 접지설비·구내통신설비·선로설비 및 통신공동구 기술기준 제19조

31. 지중통신선을 설치하는 설명 중 틀린 것은?

가. 지중통신선을 지중강전류전선으로부터 30cm 이내의 거리에 설치하는 경우에는 지중통신선과 지중강전류전선 간에는 설치장소에서 발생할 수 있는 화염에 견딜 수 있는 격벽을 설치하여야 한다.

나. 지중통신선을 지중강전류전선이 특고압일 경우에는 60cm 이내의 거리에 설치하는 경우에는 지중통신선과 지중강전류전선 간에는 설치장소에서 발생할 수 있는 화염에 견딜 수 있는 격벽을 설치하여야 한다.

다. 지중통신선의 금속체의 피복 또는 관로는 지중강전류전선의 금속체의 피복 또는 관로와 전기적 접촉이 있어서는 아니된다.

라. 전기철도 또는 전기궤도의 귀선으로부터 누출되는 직류전선에 의한 부식 또는 강전류 설비로부터 방송통신설비에 유입되는 위험전류를 방지하거나 제한하기 위하여 퓨즈 · 개폐기 또는 이와 유사한 보안장치를 통하여 접속하는 경우에 지중통신선의 금속체의 피복 또는 관로는 지중강전류전선의 금속체의 피복 또는 관로와 전기적 접촉이 불가능하다.

답 라. 전기철도 또는 전기궤도의 귀선으로부터 누출되는 직류전선에 의한 부식 또는 강전류 설비로부터 방송통신설비에 유입되는 위험전류를 방지하거나 제한하기 위하여 퓨즈·개폐기 또는 이와 유사한 보안장치를 통하여 접속하는 경우에 지중통신선의 금속체의 피복 또는 관로는 지중강전류전선의 금속체의 피복 또는 관로와 전기적 접촉이 가능하다.

[근거규정] 접지설비·구내통신설비·선로설비 및 통신공동구 기술기준 제21조

32. 옥내통신선 이격거리에 대한 설명 중 틀린 것은?

가. 옥내통신선은 300V 초과 전선과의 이격거리는 15cm 이상

나. 옥내통신선은 300V 이하 전선과의 이격거리는 6cm 이상

다. 애자사용 전기공사 시 전선과 이격거리는 5cm 이상

라. 도시가스배관과는 혼촉되지 않도록 한다.

답 다. 애자사용 전기공사 시 전선과 이격거리는 10cm 이상

[근거규정] 접지설비·구내통신설비·선로설비 및 통신공동구 기술기준 제23조

33. 옥내통신선의 이격거리를 유지하지 않아도 되는 경우에 대한 설명 중 틀린 것은?

가. 옥내통신선이 절연선 또는 케이블이거나 광섬유케이블이 전도성 인장선이 없는 것일 경우

나. 전선이 케이블일 경우

다. 전선이 50V(15.4W) 이하의 직류 전원을 공급하는 경우

라. 전선이 300V 이하로서 케이블이 아닌 경우와 옥내통신선간에 절연성의 격벽을 설치할 때 또는 전선을 전선

관이 절연성 · 난연성 및 내수성을 갖춘 것에 수용하여 설치한 경우

답 다. 전선이 57V (15.4W) 이하의 직류 전원을 공급하는 경우

[근거규정] 접지설비·구내통신설비·선로설비 및 통신공동구 기술기준 제23조

34. 옥내통신선과 전선을 동일의 관·덕트·트레이·함 또는 인출구에 수용할 경우에는 그 관 등의 내부에 옥내통신선과 전선을 분리하기 위하여 경고한 (　　　)을 설치하여야 하고, 그 관 등의 금속제의 부분에는 접지를 한다.

답 (격벽)을 설지

[근거규정] 접지설비·구내통신설비·선로설비 및 통신공동구 기술기준 제23조

35. 사업자가 설치하는 지하관로의 공수는 “수용케이블 조수+예비관 공수”로 적용하는데 다음 중 틀린 것은?

가. 종국용량 1,000회선 이하 국소=1조

나. 종국용량 10,000회선 미만 국소=종국용량×피더케이블 공급배율÷1,200조

다. 종국용량 10,000회선 이상 국소의 특별시, 광역시, 인구과밀지역=종국용량×피더케이블 공급배율÷2,600조

라. 종국용량 10,000회선 이상 국소의 인구과밀지역을 제외한 중소도시=종국용량×피더케이블 공급배율÷2,400

답 다. 종국용량 10,000회선 이상 국소의 특별시, 광역시, 인구과밀지역=종국용량×피더케이블공급배율÷2,700조

[근거규정] 접지설비·구내통신설비·선로설비 및 통신공동구 기술기준 제24조

36. 사업자가 설치하는 지하관로의 공수계산에서 수용케이블 조수+예비관 공수 중 예비관 공수 중 틀린 것은?

가. 수용케이블 조수 1 이상 10 이하로 예비관 공수는 1

나. 수용케이블 조수 11 이상 20 이하 예비관 공수는 2

다. 수용케이블 조수 21 이상 예비관 공수는 4

라. 수용케이블 조수 31 이상 예비관 공수는 3

답 다. 수용케이블 조수 21 이상 예비관 공수는 3

[근거규정] 접지설비·구내통신설비·선로설비 및 통신공동구 기술기준 제24조

37. 사업자가 설치하는 지하관로의 관경은 다음과 같이 사용하고 지하관로를 사용하지 않고 직접 매설할 수 있는 광섬유케이블 보호관의 관로 관경은 예외로 할 수 있는데 그 용도와 지하관로 적용관경 중 틀린 것은?

가. 주관로용 지하관로 적용관경 100mm 이상

나. 배선관로용 지하관로 적용관경 100mm 이상

나. 인상분선관로(인수공과 전주 간) 지하관로 적용관경 36mm 내지 80mm

라. 사업자 맨홀과 건축주 맨홀 간 지하관로 적용관경 28mm

답 라. 사업자 맨홀과 건축주 맨홀 간 지하관로 적용관경은 규정하지 않고 있다.

[근거규정] 접지설비·구내통신설비·선로설비 및 통신공동구 기술기준 제25조

38. 국선을 지하로 인입하는 경우에는 배관, 맨홀 및 핸드홀을 설치하지 않아도 되는 경우의 설명 중 틀린 것은?

가. 국선인입을 위한 관로, 맨홀, 핸드홀 및 전주 등 구내통신선로설비는 사업자의 맨홀, 핸드홀 또는 인입주로부터 건축물의 최초 경계지점까지의 인입거리가 가능한 최단거리가 되도록 설치하여야 한다.

나. 인입선로의 길이가 246m 미만이고 인입선로상에서 분기되지 않는 경우 국선을 지하로 인입하는 경우
다. 5회선 미만의 국선을 인입하는 경우
라. 건축주가 5회선 미만의 국선을 지하로 인입시키기 위해 사업자가 이용하는 인입맨홀 · 핸드홀 또는 인입주까지 지하배관을 설치하는 경우

답 가. 국선인입을 위한 관로, 맨홀, 핸드홀 및 전주 등 구내통신선로설비는 사업자의 맨홀, 핸드홀 또는 인입주로부터 건축물의 최초 접속점까지의 인입거리가 가능한 최단거리가 되도록 설치하여야 한다

[근거규정] 접지설비·구내통신설비·선로설비 및 통신공동구 기술기준 제26조

39. 종합유선방송설비의 인입을 위한 배관의 공수는 (   )공 이상으로 한다.

답 1

[근거규정] 접지설비·구내통신설비·선로설비 및 통신공동구 기술기준 제26조

40. 종합유선방송설비의 인입관로상 맨홀 및 핸드홀 등은 (   )설비의 맨홀 및 핸드홀 등과 공용으로 사용할 수 있다.

답 구내통신선로설비

[근거규정] 접지설비·구내통신설비·선로설비 및 통신공동구 기술기준 제26조

41. 다음의 지하인입관로의 표준도에 대한 설명 중 틀린 것은?

가. 인입배관은 R≥6ϕ(ϕ는 관내경으로서 선로외경의 2배 이상일 것)
나. 인입배관은 KS C 8456 동등규격 이상의 합성수지관
다. 토피의 두께는 60cm 이상으로 하며 차도의 경우에는 100cm 이상일 것
라. 국선단자함은 실내에 설치할 것

답 나. 인입배관은 KS C 8455 동등규격 이상의 합성수지관

[근거규정] 접지설비·구내통신설비·선로설비 및 통신공동구 기술기준 제26조

42. 사업자의 전주에 배관을 연결하는 경우에 대한 설명 중 틀린 것은?

가. 인입배관은 R≥6ϕ(ϕ는 관내경으로서 선로외경의 2배 이상일 것)
나. 토피의 두께는 60cm 이상이고 차도의 경우에는 100cm 이상일 것
다. '인입배관의 높이(h)'는 30cm 이하일 것
라. 사유지 경계지점에서 사업자전주까지 배관은 사업자가 설치할 것

답 다. '인입배관의 높이(h)'는 20cm 이상 50cm 이하일 것

[근거규정] 접지설비·구내통신설비·선로설비 및 통신공동구 기술기준 제26조

43. 국선의 인입배관에 대한 설명 중 틀린 것은?

가. 국선의 인입배관은 국선의 수용 및 교체, 증설이 용이하게 시공될 수 있는 구조로서 다음과 같이 설치되어야 한다.
나. 배관의 내경은 선로외경의 2배 이상이 되어야 한다.
다. 주거용건축물 중 공동주택의 인입배관의 내경은 20세대 이상의 공동주택은 최소 100mm 이상
라. 주거용건축물 중 공동주택의 인입배관의 내경은 20세대 미만의 공동주택 최소 36mm 이상

답 다. 주거용건축물 중 공동주택의 인입배관의 내경은 20세대 이상의 공동주택은 최소 54mm 이상

[근거규정] 접지설비·구내통신설비·선로설비 및 통신공동구 기술기준 제26조

44. 국선 인입배관의 공수의 설명 중 틀린 것은?

가. 주거용의 경우에는 1공 이상의 예비공을 포함하여 2공 이상

나. 기타건축물의 경우에는 1공 이상의 예비공을 포함하여 3공 이상

다. 업무용건축물의 경우에는 2공 이상의 예비공을 포함하여 3공 이상으로 설치하여야 한다.

라. 통신구 또는 트레이 등의 설비를 설치할 경우에는 향후 증설을 고려하여 여유공간을 확보한다.

답 나. 기타건축물의 경우에는 1공 이상의 예비공을 포함하여 2공 이상

[근거규정] 접지설비·구내통신설비·선로설비 및 통신공동구 기술기준 제27조

45. 구내배관에 대한 설명 중 틀린 것은?

가. 구내에 설치되는 건물의 옥내·외에는 선로를 용이하게 설치하거나 철거할 수 있도록 한국산업표준규격의 배관, 덕트 또는 트레이 등의 시설을 설치하여야 한다.

나. 주택에 홈네트워크설비를 설치하는 경우 세대단자함과 홈네트워크 주장치 간에는 홈네트워크용 배관을 3공 이상 설치하여야 한다.

다. 통신용 배관에 여유가 있는 경우에는 공동으로 사용할 수 있으며 통신소통에 지장이 없도록 하여야 한다.

라. 인입배관을 주거용의 경우에는 1공 이상의 예비공을 포함하여 2공 이상

답 나. 주택에 홈네트워크설비를 설치하는 경우 세대단자함과 홈네트워크 주장치 간에는 홈네트워크용 배관을 1공 이상 설치하여야 한다.

[근거규정] 접지설비·구내통신설비·선로설비 및 통신공동구 기술기준 제28조

46. 배관 공수에 대한 설명 중 틀린 것은?

가. 구내간선계 배관 공수는 동등 이상 내경을 가진 예비공 1공 이상을 포함하여 2공 이상을 설치하여야 한다.

나. 건물간선계의 배관 공수는 동등 이상 내경을 가진 예비공 1공 이상을 포함하여 2공 이상을 설치하여야 한다.

다. 트레이 및 덕트 등을 설치할 경우에는 향후 증설을 고려하여 여유공간을 확보한다.

라. 수직배선계의 배관은 성형구조 또는 성형배선이 가능한 구조이어야 한다.

답 라. 수평배선계의 배관은 성형구조 또는 성형배선이 가능한 구조이어야 한다.

[근거규정] 접지설비·구내통신설비·선로설비 및 통신공동구 기술기준 제28조

47. 업무용건축물의 배관설치에 대한 설명 중 틀린 것은?

가. 구내선이 7.5m를 넘는 실내에는 바닥덕트 또는 배관을 설치하여야 한다.

나. 바닥덕트 또는 배관은 실내의 용도와 규모를 고려하여 성형으로만 설치하여야 한다.

다. 바닥덕트 또는 배관의 매구간 교차점 또는 완곡부에는 각 1개씩의 실내접속함을 설치하여야하며 실내접속함의 간격은 7.5m 이내가 되도록 하여야 한다.

라. 직선관로로서 선로작업에 지장이 없는 경우에는 간격을 12.5m 이내로 할 수 있다.

답 나. 바닥덕트 또는 배관은 실내의 용도와 규모를 고려하여 성형 또는 망형 등으로 설치하여야 한다.

[근거규정] 접지설비·구내통신설비·선로설비 및 통신공동구 기술기준 제28조

48. 구내에 설치되는 옥내·외 배관의 요건의 설명 중 틀린 것은?

가. 배관은 외부의 압력 또는 충격 등으로부터 신로를 보호할 수 있는 기계적 강도를 가진 내부식성 금속관 또는 한국산업표준 KS C 8454(지하에 매설되는 배관의 경우에는 KS C 8455) 동등규격 이상의 합성수지제 전선관을 사용하여야 한다.

나. 배관의 내경은 배관에 수용되는 케이블단면적의 총합계가 배관단면적의 32% 이하가 되도록 하여야 한다.

다. 배관의 굴곡은 가능한 완만하게 처리하여야 하되, 곡률반경은 배관내경의 6배 이상으로 하고 엘보우 등 부가장치를 사용하여서는 아니된다.

라. 배관의 1구간에 있어서 굴곡개소는 3개소 이내이어야 하며, 1개소의 굴곡각도는 90° 이내로 하며 3개소의 합계는 270° 이내이어야 한다.

답 라. 배관의 1구간에 있어서 굴곡개소는 3개소 이내이어야 하며, 1개소의 굴곡각도는 90°이내로 하며 3개소의 합계는 180°이내이어야 한다.

[근거규정] 접지설비·구내통신설비·선로설비 및 통신공동구 기술기준 제28조

49. 옥내에 설치하는 덕트의 요건 설명 중 틀린 것은?

가. 덕트는 선로를 용이하게 수용할 수 있는 구조와 유지·보수를 위한 충분한 공간을 갖추어야 한다.

나. 수직으로 설치된 덕트의 주변에는 선로의 포설, 유지 및 보수의 작업을 용이하게 할 수 있는 디딤대 등을 설치하여야 한다.

나. 덕트의 내부에는 선로의 포설에 필요한 선로 받침대를 60cm 내지 150cm의 간격으로 설치하여야 한다.

라. 선로용 배관을 따로 설치하는 경우에도 선로 받침대를 60cm 내지 150cm의 간격으로 설치하여야 한다.

답 라. 선로용 배관을 따로 설치하는 경우에는 받침대를 설치하지 아니한다.

[근거규정] 접지설비·구내통신설비·선로설비 및 통신공동구 기술기준 제28조

50. 옥내에 설치하는 덕트 내부의 요건 설명 중 틀린 것은?

가. 덕트의 내부에는 유지·보수 작업용 조명이 설치되어야 한다.

나. 덕트의 내부에는 전기콘센트가 설치되어야 한다.

다. 바닥덕트의 경우에도 유지·보수 작업용 조명 또는 전기콘센트를 설치하여야 한다.

라. 바닥덕트의 매구간 교차점 또는 완곡부에는 각 1개씩의 실내접속함을 설치한다.

답 다. 바닥덕트의 경우에는 유지·보수 작업용 조명 또는 전기콘센트가 설치하지 아니할 수 있다.

[근거규정] 접지설비·구내통신설비·선로설비 및 통신공동구 기술기준 제28조

51. 국선단자함설치 요건에 대한 설명 중 틀린 것은?

가. 구내로 인입된 국선은 구내선과의 분계점에 설치된 중간배선반에 수용하여야 한다.

나. 구내교환기를 설치하는 경우에는 주배선반에 수용하여야 한다.

다. 광섬유케이블 또는 300회선 미만의 동케이블을 수용하는 경우에는 주단자함 또는 주배선반

라. 300회선 이상의 동케이블을 수용하는 경우에는 주배선반

답 가. 구내로 인입된 국선은 구내선과의 분계점에 설치된 주단자함 또는 주배선반에 수용하여야 한다.
[근거규정] 접지설비·구내통신설비·선로설비 및 통신공동구 기술기준 제29조

52. 국선단자함 설치와 관리에 대한 설명 중 틀린 것은?
가. 이용자는 국선단자함 및 구내케이블을 수용하기 위한 단자를 설치하고 운영·관리를 하여야 한다.
나. 건축주는 국선을 수용하기 위한 단자 및 보호기를 국선단자함에 설치하여야 한다.
다. 국선이 광케이블인 경우는 보호기를 설치하지 아니할 수 있다.
라. 사업자는 보호기를 설치하는 경우 국선단자함에서 보호기를 통하여 국선과 이용자 구내케이블간의 회선접속을 하여야 하며, 이용자가 회선접속 정보를 요구할 경우에는 관련 정보를 제공하여야 한다.

답 나. 사업자는 국선을 수용하기 위한 단자 및 보호기를 국선단자함에 설치하여야 한다.
[근거규정] 접지설비·구내통신설비·선로설비 및 통신공동구 기술기준 제29조

53. 국선단자함의 설치위치에 대한 설명 중 틀린 것은?
가. 국선단자함은 국선수용 단자, 단자반 및 보호기를 설치할 수 있는 충분한 공간 및 구조를 갖추어야 하며 관로의 분계점과 가장 가까운 곳에 설치하여야 한다.
나. 국선단자함은 실내에 설치하여야 한다.
다. 보일러실, 발전기계실에는 국선단자함을 설치할 수 있다.
다. 선로를 수용할 단자함의 하부는 바닥으로부터 30cm 이상에 시설되어야 한다.

답 다. 보일러실, 발전기계실에는 국선단자함을 설치할 수 없다.
[근거규정] 접지설비·구내통신설비·선로설비 및 통신공동구 기술기준 제29조

54. 국선단자함의 요건에 대한 설명 중 틀린 것은?
가. 절연저항 30MΩ 이상
나. 보호장치는 휴지기능, 피뢰기능, 접지기능이 되어야 한다.
다. 단자 또는 접속어댑터의 성능은 배선케이블 등급과 동등 이상의 성능.
라. AC 전원단자 설치와 함체의 크기는 필요한 기기 또는 보호장치를 수용할 수 있고 작업에 지장이 없도록 한 변의 길이는 400mm 이상으로 크기 $0.2m^2$ 이상(깊이 80mm 이상)이다.

답 가. 절연저항 50MΩ 이상
[근거규정] 접지설비·구내통신설비·선로설비 및 통신공동구 기술기준 제29조

55. 중간단자함의 요건에 대한 설명 중 틀린 것은?
가. 선로를 용이하게 수용하기 위한 중간단자함을 설치한다.
나. 국선단자함과 세대단자함의 사이에 설치하는 단자함이다.
다. 국선단자함으로부터 세대단자함까지의 구간 중에서 배관의 굴곡점장소에 설치되어야 한다.
라. 국선단자함으로부터 세대단자함까지의 구간 중에서 선로를 모아서 접속을 위하여 필요한 곳이다.

답 라. 국선단자함으로부터 세대단자함까지의 구간 중에서 선로의 분기 및 접속을 위하여 필요한 곳
[근거규정] 접지설비·구내통신설비·선로설비 및 통신공동구 기술기준 제30조

56. 세대단자함의 요건에 대한 설명 중 틀린 것은?

가. 주거용건축물 중 공동주택의 경우에는 세대별로 배선의 인입 및 분기가 용이하도록 세대단자함을 설치하여야 한다.

나. 세대내에서 분기가 없는 기숙사 세대단자함을 설치하지 아니한다.

다. 「주택법 시행령」 제3조제1항제2호에서 규정하는 원룸형 주택의 모든 요건을 갖춘 주택은 세대단자함을 설치하여야 한다.

라. 세대단자함 크기는 규정하지 않고 있다.

답 다. 「주택법 시행령」 제3조제1항제2호에서 규정하는 원룸형 주택의 모든 요건을 갖춘 주택은 제외한다.
[근거규정] 접지설비·구내통신설비·선로설비 및 통신공동구 기술기준 제30조

57. 중간단자함과 세대단자함의 요건에 대한 설명 중 틀린 것은?

가. 접속저항은 0.01Ω 이하

나. 세대단자함은 공유기를 설치하기 때문에 접지기능을 설치하여야 한다.

다. 중간단자함은 접지기능을 설치하여야 한다.

라. 중간단자함과 세대단자함의 전원시설은 홈네트워크설비를 설치하는 경우에 한한다.

답 나. 세대단자함의 접지기능은 홈네트워크설비를 설치하는 경우에 한한다.
[근거규정] 접지설비·구내통신설비·선로설비 및 통신공동구 기술기준 제30조

58. 회선종단장치의 요건에 대한 설명 중 틀린 것은?

가. 주거용건축물의 통신용 인출구는 모듈러잭이나 동축커넥터 또는 광인출구 등으로 종단하여야 한다.

나. 업무용의 경우에는 각 실별 단위로 통신용 인출구 또는 통신용 단자함으로 종단하여야 한다.

다. 기타건축물의 경우에는 각 실별 단위로 하지 않고 필요한 경우에만 통신용 인출구 또는 통신용 단자함으로 종단하여야 한다.

라. 인출구의 효율적인 사용을 위하여 통신용선로, 방송공동수신설비, 홈네트워크설비 등을 하나의 인출구로 종단할 경우에는 선로상호간 누화로 인한 통신소통에 지장이 없도록 하여야 한다.

답 다. 기타건축물의 경우에는 각 실별 단위로 통신용 인출구 또는 통신용 단자함으로 종단하여야 한다.
[근거규정] 접지설비·구내통신설비·선로설비 및 통신공동구 기술기준 제31조

59. 구내통신선 설치에 대한 설명 중 틀린 것은?

가 옥내에 설치하는 통신선은 16MHz 이상의 전송대역을 갖는 꼬임케이블을 사용하여야 한다.

나. 옥내에 설치하는 통신선은 광섬유케이블을 사용하여야 한다.

다. 옥내에 설치하는 통신선은 동축케이블을 사용하여야 한다.

라. 옥외에 설치하는 선로는 옥외용 꼬임케이블, 옥외용 광섬유케이블, 동축케이블을 사용하여야 한다.

답 가 옥내에 설치하는 통신선은 100MHz 이상의 전송대역을 갖는 꼬임케이블을 사용하여야 한다.
[근거규정] 접지설비·구내통신설비·선로설비 및 통신공동구 기술기준 제32조

60. 주거용건축물에 설치하는 구내배선의 설치에 대한 설명 중 틀린 것은?

가. 두 개 이상의 공동주택이 하나의 단지를 형성할 때는 국선단자함이 설치된

공동주택에서 각 공동주택별로 구내간선케이블을 설치하여 동단자함에 배선하여야 한다.

나. 세대단자함에서 각 인출구까지는 성형배선 방식으로 하여야 한다.

다. 국선단자함에서 세대 내 인출구까지 꼬임케이블을 배선할 경우에 구내배선설비의 링크 성능은 100MHz 이상의 전송특성이 유지되도록 하여야 한다.

라. 동단자함이 설치된 경우에는 링크성능 구간은 중간단자함에서 세대내 인출구까지로 한다.

답 라. 동단자함이 설치된 경우에는 링크성능 구간은 동단자함에서 세대내 인출구까지로 한다.

[근거규정] 접지설비·구내통신설비·선로설비 및 통신공동구 기술기준 제33조

61. 업무용과 기타건축물에 설치하는 구내배선의 설치에 대한 설명 중 틀린 것은?

가. 하나의 부지에 두 개 이상의 건축물이 있는 경우에는 표준도에 준하여야 하며, 국선단자함이 설치된 건축물에서 각 건축물별로 구내간선케이블을 설치하여 동단자함에 배선하여야 한다.

나. 층단자함에서 각 인출구까지는 성형배선 방식으로 하여야 하며 국선단자함 또는 동단자함에서 인출구까지 직접 배선하는 경우는 수평배선계의 케이블을 설치한 것으로 본다.

다. 국선단자함에서 인출구까지 꼬임케이블을 배선할 경우에 구내배선설비의 링크성능은 100MHz 이상의 전송특성이 유지되도록 하여야 한다. 다만, 동단자함이 설치된 경우 링크성능 구간은 동단자함에서 인출구까지로 한다.

라. 국선단자함 또는 동단자함에서 인출구까지 직접 배선하는 경우는 건물간선계의 케이블을 설치한 것으로 본다.

답 라. 국선단자함 또는 동단자함에서 인출구까지 직접 배선하는 경우는 수평배선계의 케이블을 설치한 것으로 본다.

[근거규정] 접지설비·구내통신설비·선로설비 및 통신공동구 기술기준 제33조

62. 한 개의 공동주택의 경우 구내배선의 설치에 대한 설명 중 틀린 것은?

가. 국간단자함에서 중간단자함구간 세대당 4쌍 꼬임케이블 1 회선이상 또는 광섬유 케이블 2코아 이상

나. 중간단자함에서 세대단자함구간 세대당 4쌍 꼬임케이블 1 회선이상 또는 광섬유 케이블 2코아 이상

다. 세대단자함에서 인출구간 세내당 4쌍 꼬임케이블 1 회선이상 또는 광섬유 케이블 2코아 이상

라. 단독주택에도 공동주택과 같이 적용하여야한다.

답 라. 제33조 별표11 제1호 주 : 단독주택의 구내 배선 시, 건축물의 규모를 고려하여 이 표준도를 신축적으로 적용할 수 있다.

[근거규정] 접지설비·구내통신설비·선로설비 및 통신공동구 기술기준 제33조 별표11

63. 두 개 이상의 공동주택의 경우 구내배선의 설치에 대한 설명 중 틀린 것은?

가. 국선단자함에서 동단자함구간 업무구역당 4쌍 꼬임케이블 1 회선이상 또는 광섬유 케이블 2코아 이상과 국선단자함과 동단자함이 광다중화 기능을 갖는 경우는 구내간선케이블은 광섬유케이블 4코아 이상

나. 국선단자함에서 중간단자함구간 업무구역당 4쌍 꼬임케이블 1 회선이상 또는 광섬유 케이블 2코아 이상

다. 중간단자함에서 세대단자함구간 세대당 4쌍 꼬임케이블 1 회선이상 또는

광섬유 케이블 2코아 이상

라. 동단자함에서 세대단자함 또는 인출구까지의 건물간선케이블 및 수평배선케이블은 단위세대당 1회선(4쌍 꼬임케이블 기준) 이상 또는 광섬유케이블 2코아 이상으로 설치할 수 있다.

답 가. 제33조 별표11 제2 호 주 : 국선단자함과 동단자함이 광다중화 기능을 갖는 경우, 구내간선케이블은 광섬유케이블 8코아 이상
[근거규정] 접지설비·구내통신설비·선로설비 및 통신공동구 기술기준 제33조

64. 업무용건축물의 경우 구내배선의 설치에 대한 설명 중 틀린 것은?

가. 국선단자함에서 중간단자함구간 업무구역당 4쌍 꼬임케이블 1 회선이상 또는 광섬유 케이블 2코아 이상

나. 중간단자함에서 인출구간 업무구역당 4쌍 꼬임케이블 1 회선이상 또는 광섬유 케이블 2코아 이상

다. 동단자함에서 세대단자함 또는 인출구까지의 건물간선케이블 및 수평배선케이블은 각 업무구역(10제곱미터)당 1회선(4쌍 꼬임케이블 기준) 이상 또는 광섬유케이블 2코아 이상으로 설치할 수 있다.

라. 국선단자함과 동단자함이 광다중화 기능을 갖는 경우, 구내간선케이블은 광섬유케이블 6코아 이상

답 라. 제33조 별표12 제호 주 : 국선단자함과 동단자함이 광다중화 기능을 갖는 경우, 구내간선케이블은 광섬유케이블 8코아 이상
[근거규정] 접지설비·구내통신설비·선로설비 및 통신공동구 기술기준 제33조

65. 동케이블의 링크성능에 대한 설명 중 틀린 것은?

가. 반사손실은 측정값 100MHz에서 기준값이 10.0dB 이상

나. 감쇠 측정값 100MHz에서 기준값이 24.0dB 이하

다. 근단누화손실 측정값 100MHz에서 기준값이 30.1dB 이하

라. 원단감쇠 대 누화비 측정값 100MHz에서 기준값이 17.4dB 이상

답 다. 근단누화손실 측정값 100MHz에서 기준값이 30.1dB 이상
[근거규정] 접지설비·구내통신설비·선로설비 및 통신공동구 기술기준 제33조

66. 공동주택과 업무용건축물의 집중구내통신실에서 광섬유케이블의 종단인 세대단자함 또는 인출구까지의 광섬유케이블 링크성능에서 틀린 것은?

가. 단일모드 파장 1,310nm, 채널손실 9dB 이하

나. 단일모드 파장 1,550nm, 채널손실 7dB 이하

다. 다중모드 파장 850nm, 채널손실 13dB 이하

라. 다중모드 파장 1,300nm, 채널손실 9dB 이하

답 가. 단일모드 파장 1,310nm 채널손실 7dB 이하
[근거규정] 접지설비·구내통신설비·선로설비 및 통신공동구 기술기준 제33조

67. 건축물 및 기타건축물의 국선단자함에서 광섬유케이블의 종단인 세대단자함 또는 인출구까지의 광섬유케이블 링크성능의 단일모드 파장 1,310nm과 1,550nm의 채널손실값은?

답 3.45dB 이하
[근거규정] 접지설비·구내통신설비·선로설비 및 통신공동구 기술기준 제33조

68. 사업용방송통신설비외의 방송통신설비에 대한 예비전원설비의 설치기준 중 틀린 것은?

가. 국선수용용량이 10회선 이상인 구내교환설비의 경우에는 상용전원이 정지된 경우 최대부하전류를 공급할 수 있는 축전지 또는 발전기 등의 예비전원설비를 갖추어야 한다.

나. 정전이 되어도 국선으로부터의 호출에 대하여 응답이 가능한 경우에는 축전지 또는 발전기 등의 예비전원설비를 갖추지 않아도 된다.

다. 재난관리책임기관과 긴급구조기관의 장이 설치하여 운용하는 국선수용용량 10회선 이상인 교환설비 및 광전송설비의 경우에는 상용전원이 정지된 경우 최대부하전류를 3시간 이상 공급할 수 있는 축전지 또는 발전기 등의 예비전원설비를 갖추어야 한다.

라. 국선수용용량이 5회선 이상인 구내방송설비의 경우에는 상용전원이 정지된 경우 최대부하전류를 공급할 수 있는 축전지 또는 발전기 등의 예비전원설비를 갖추어야 한다.

답 라. 국선수용용량이 5회선 이상인 구내방송설비의 경우 규정이 없다.

[근거규정] 접지설비·구내통신설비·선로설비 및 통신공동구 기술기준 제34조

69. 기간통신역무 중 주파수를 할당받아 제공하는 역무를 제공받기 위한 급전선을 지상 또는 옥상안테나에서 옥내안테나까지 인입하는 경우를 설명한 것 중 틀린 것은?

가. 옥외안테나에서 옥내안테나까지의 관로는 배관 또는 덕트로 설치한다.

나. 급전선을 수용하는 배관의 내경은 36 mm 이상 또는 급전선 외경(다조인 경우에는 그 전체의 외경)의 2배 이상이 되어야 하며, 3공 이상을 설치하여야 한다.

다. 광케이블을 수용하는 배관의 내경은 22mm 이상이어야 하며, 예비공 1공 이상을 포함하여 2공 이상을 설치하여야 한다.

라. 배관의 내경은 36mm 또는 급전선 외경(다조인 경우에는 그 전체의 외경)의 1배 이상이 되어야 한다.

답 라. 배관의 내경은 36mm 또는 급전선 외경(다조인 경우에는 그 전체의 외경)의 2배 이상이 되어야 한다.

[근거규정] 접지설비·구내통신설비·선로설비 및 통신공동구 기술기준 제35조

70. 공동주택의 구내용 이동통신설비 설치에 관한 설명 중 틀린 것은?

가. 기지국의 송수신장치 또는 중계장치를 옥상에 설치하는 경우에는 단지 내 1개소 이상의 장소를 확보하여야 하며, 지하층에 설치하는 경우에는 지하층 바닥면적의 합계 5,000m^2 당 1개소 이상의 장소를 확보하여야 한다.

나. 옥상의 기지국 송수신장치 또는 중계장치를 별도의 실 안에 설치하고자 하는 경우에는 실내 적정 온도 유지를 위해 환기구를 갖추어야 한다.

다. 옥상에 옥외안테나 등을 설치하는 경우에는 접지시설 및 전원시설 등이 옥상까지 확보되어야 하며, 옥상을 관통할 때에는 방수 처리를 철저히 해야 한다.

라. 500세대 미만의 공동주택의 경우에는 지상층을 포함한 지하층에도 구내용 이동통신설비를 설치할 수 있다.

답 라. 500세대 미만의 공동주택의 경우에는 지상층을 제외한 지하층에만 구내용 이동통신설비를 설치할 수 있다.

[근거규정] 접지설비·구내통신설비·선로설비 및 통신공동구 기술기준 제35조

71. 이동통신용 접속함은 급전선의 포설 및 철거가 용이하도록 접속함을 설치하는 경우는 관로의 길이가 (   )를 초과할 경우와 관로의 굴곡점이다.

답 40m

[근거규정] 접지설비·구내통신설비·선로설비 및 통신공동구 기술기준 제36조

72. 기지국의 송수신장치 또는 중계장치용 전원은 용량이 (   ) 이상으로서 교류 220V 전원단자가 3개 이상이어야 한다.

답 4kW

[근거규정] 접지설비·구내통신설비·선로설비 및 통신공동구 기술기준 제38조

73. 건축물에 이동통신구내선로설비의 장소 확보 방법에 대한 설명 중 틀린 것은?

가. 옥외 안테나의 설치를 위하여 전파의 송수신이 가장 양호한 곳으로서 각각 $4m^2$ 이상의 면적을 갖는 1개소 이상의 설치장소

나. 중계장치 등의 설치를 위하여 분진이나 유해가스로부터 격리된 각각 $2m^2$ 이상의 면적(높이 2m 이상)을 갖는 1개소 이상의 설치장소

다. 설치장소는 옥외안테나 또는 중계장치 등의 설치 및 유지 · 보수를 위한 작업 등에 지장이 없어야 한다.

라. 건축주는 옥상에 접지단자 설치 장소를 선정과 접지단자로부터 중계장치 등까지 접지선을 설치하여야 한다.

답 라. 기간통신사업자는 접지단자로부터 중계장치 등까지 접지선을 설치하여야 한다.

[근거규정] 접지설비·구내통신설비·선로설비 및 통신공동구 기술기준 제37조와 제39조

74. 통신공동구의 설치기준 설명 중 틀린 것은?

가. 통신공동구는 통신케이블의 수용에 필요한 공간과 통신케이블의 설치 및 유지 · 보수등의 작업 시 필요한 공간을 충분히 확보할 수 있는 구조로 설계하여야 한다.

나. 통신공동구를 설치하는 때에는 조명 · 배수 · 소방 · 환기 및 접지시설 등 통신케이블의 유지 · 관리에 필요한 부대설비를 설치하여야 한다.

다. 통신공동구와 관로가 접속되는 지점에는 통신케이블의 접속을 위한 분기구를 설치하여야 한다.

라. 한 지점에서 여러 개의 관로로 분기될 경우에는 작업이 용이하도록 분기구간에는 일정거리 이상의 간격을 유지하여야 한다.

답 나. 통신공동구와 관로가 접속되는 지점에는 통신케이블의 분기를 위한 분기구를 설치하여야 한다.

[근거규정] 접지설비·구내통신설비·선로설비 및 통신공동구 기술기준 제46조

75. 관로의 매설깊이를 설명한 것 중 틀린 것은?

가. 관로에 사용하는 관은 외부하중과 토압에 견딜수 있는 충분한 강도와 내구성을 가져야 한다.

나. 지면에서 관로상단까지의 거리는 차도는 1.0m 이상의 기준에 의한다.

다. 지면에서 관로상단까지의 거리는 보도 및 자전거도로는 0.6m 이상의 기준에 의한다.

라. 지면에서 관로상단까지의 거리는 철도 · 고속도로 횡단구간 등 특수한 구간은 1.0m 이상의 기준에 의한다.

답 라. 지면에서 관로상단까지의 거리는 철도·고속도로 횡단구간 등 특수한 구간은 1.5m 이상의 기준에 의한다.

[근거규정] 접지설비·구내통신설비·선로설비 및 통신공동구 기술기준 제47조

76. 관로매설 방법을 설명한 것 중 틀린 것은?

가. 관로 상단부와 지면사이에는 관로보호용 경고테이프를 관로 매설경로에 따라 매설하여야 한다.

나. 맨홀 또는 핸드홀간에 매설하는 관로는 케이블 견인에 지장을 주지 아니하는 곡률을 유지하는 곡선성을 유지하여야 한다.

다. 관로는 가스 등 다른 매설물과 50cm 이상 떨어져 매설하여야 한다.

라. 부득이한 사유로 인하여 50cm 이상의 간격을 유지할 수 없는 경우에는 보호벽의 설치 등 관로를 보호하기 위한 조치를 하여야 한다.

답 나. 맨홀 또는 핸드홀간에 매설하는 관로는 케이블 견인에 지장을 주지 아니하는 곡률을 유지하는 직선성을 유지하여야 한다.
[근거규정] 접지설비·구내통신설비·선로설비 및 통신공동구 기술기준 제47조

77. 맨홀 또는 핸드홀의 설치기준을 설명한 중 틀린 것은?

가. 맨홀 또는 핸드홀은 케이블의 설치 및 유지·보수 등의 작업 시 필요한 공간을 확보할 수 있는 구조로 설계하여야 한다.

나. 맨홀 또는 핸드홀은 케이블의 설치 및 유지·보수 등을 위한 차량출입과 작업이 용이한 위치에 설치하여야 한다.

다. 맨홀 또는 핸드홀에는 주변 실수요자용 통신케이블을 분기할 수 있는 인입 관로 및 접지시설 등을 설치하여야한다.

라. 맨홀 또는 핸드홀 간의 거리는 246m 이상으로 하여야 하고 교량·터널 등 특수구간의 경우와 광케이블 등 특수한 통신케이블만 수용하는 경우에는 그러하지 아니할 수 있다.

답 다. 맨홀 또는 핸드홀 간의 거리는 246m 이내로 하여야 하고 교량·터널 등 특수구간의 경우와 광케이블 등 특수한 통신케이블만 수용하는 경우에는 그러하지 아니할 수 있다.
[근거규정] 접지설비·구내통신설비·선로설비 및 통신공동구 기술기준 제48조

제3장 지능형 홈네트워크 설비 설치 및 기술기준

3.1 근거규정

「주택법」 제2조제13호와「주택건설기준 등에 관한 규정」 제32조의2에 따라 지능형 홈네트워크설비의 설치 및 기술적 사항에 관하여 위임된 사항과 그 시행에 관하여 필요한 사항을 규정(과학기술정보통신부고시 제2017-7호)

[근거규정] 지능형 홈네트워크 설비 설치 및 기술기준 제1조

3.1.1 적용범위

주택건설기준에 따라 홈네트워크 설비를 설치하고자 하는 경우에 적용

[근거규정] 지능형 홈네트워크 설비 설치 및 기술기준 제2조

3.1.2 용어정의

사용하는 용어의 뜻은 다음과 같다.

1. "홈네트워크망"이란 홈네트워크 설비를 연결하는 것을 말하며 다음 각 목으로 구분한다.
   가. 단지망 : 집중구내통신실에서 세대까지를 연결하는 망
   나. 세대망 : 전유부분(각 세대내)을 연결하는 망
2. "홈게이트웨이(홈서버를 포함한다. 이하 같다)"란 세대망과 단지망을 상호 접속하는 장치로서, 세대내에서 사용되는 홈네트워크 기기들을 유무선 네트워크 기반으로 연결하고 홈네트워크 서비스를 제공하는 기기를 말한다.
3. "월패드"란 세대 내의 홈네트워크 시스템을 제어할 수 있는 기기를 말한다.
4. "단지네트워크장비"란 세대내 홈게이트웨이(단 월패드가 홈게이트웨이 기능을 포함하는 경우는 월패드로 대체 가능)와 단지서버간의 통신 및 보안을 수행하는 장비로서, 백본(back-bone), 방화벽(Fire Wall), 워크그룹스위치 등을 말한다.
5. "단지서버"란 단지 내 설치되어 홈네트워크 설비를 총괄적으로 관리하며, 각종 데이터 저장, 단지 공용시스템 및 세대내 홈게이트웨이와 연동하여 단지 정보

및 서비스를 제공해 주는 기기를 말한다.

6. "예비 전원장치"란 전원 공급이 중단될 경우 무정전 전원장치 또는 발전기 등에 의한 비상전원을 공급하는 홈네트워크 설비 등을 보호하기 위한 장치를 말한다.
7. "원격제어기기"란 주택 내부 및 외부에서 원격으로 제어할 수 있는 기기로서 가스밸브제어기, 조명제어기, 난방제어기 등을 말한다.
8. "감지기"란 가스누설이나 주거침입 상황 등 세대내의 상황을 감지하는데 필요한 기기로서 화재감지기(화재수신반 연동), 가스감지기, 개폐감지기, 동체감지기, 환경감지기(VOC, 온·습도, Co2 감지) 등을 말한다.
9. "주동출입시스템"이란 비밀번호나 출입카드 등으로 출입문을 개폐할 수 있고, 관리실 또는 세대와 통신하여 방문자의 출입 인가 여부를 결정할 수 있도록 주동출입구 및 지하주차장 출입구에 설치하는 시스템을 말한다.
10. "원격검침시스템"이란 세대 내의 전력, 가스, 난방, 온수, 수도 등의 사용량 정보를 네트워크 등을 통하여 사용자에게 알려주는 시스템을 말한다.
11. "차량출입시스템"이란 단지에 출입하는 차량의 등록여부를 확인하고 출입을 관리하는 시스템을 말한다.
12. "전자경비시스템"이란 세대 내에 침입자나 화재 등 비상사태가 발생할 경우 이를 자동으로 감지하여 신호를 경비실 또는 관리실 등에 자동으로 통보하는 시스템을 말한다.
13. "무인택배시스템"이란 택배화물, 등기우편물 등 배달물품을 서비스 제공자와 공동주택 입주자 사이에 직접적인 대면 없이 안전하게 주고받을 수 있은 시스템을 말한다.
14. "세대단자함"이란 세대내에 들어가는 통신선로 , 종합유선방송설비 또는 홈네트워크 설비 등의 배선을 효율적으로 분배·접속하기 위하여 이용자의 전용공간에 설치되는 분배함을 말한다.
15. "세대통합관리반"이란 세대단자함의 기능을 포함하고 홈게이트웨이와 홈네트워크시스템의 중앙장치가 추가된 캐비넷이나 실 형태로 전유부분에 설치하는 공간을 말한다.
16. "통신배관실"(TPS실)이란 통신용 파이프 샤프트 및 통신단자함을 설치하기 위한 공간을 말한다.

17. "집중구내통신실"(MDF실)이란 국선 · 국선단자함 또는 국선배선반과 초고속통신망장비 등 각종 구내통신용 설비를 설치하기 위한 공간을 말한다.
18. "방재실"이란 단지 내 방범, 방재, 안전 등을 위한 설비를 설치하기 위한 공간을 말한다.
19. "단지서버실"이란 단지서버를 설치하기 위한 공간을 말한다.
20. "단지네트워크센터"란 집중구내통신실과 방재실, 단지서버실을 동일건물에 통합설치하기 위한 공간을 말한다.

[근거규정] 지능형 홈네트워크 설비 설치 및 기술기준 제3조

3.1.3 홈네트워크 설비 설치

① 공동주택에 홈네트워크를 설치하는 경우에는 다음 각호의 설비를 갖추어야 한다.

1. 홈네트워크망
   가. 단지망
   나. 세대망
2. 홈네트워크장비
   가. 홈게이트웨이
   나. 월패드
   다. 단지네트워크장비
   라. 단지서버
   마. 폐쇄회로텔레비전장비
   바. 예비전원장치
3. 원격제어기기
   가. 가스밸브제어기
   나. 조명제어기
   다. 난방제어기
4. 감지기
   가. 가스감지기
   나. 개폐감지기
5. 단지공용시스템
   가. 주동출입시스템

나. 원격검침시스템

6. 홈네트워크 설비 설치공간

가. 세대단자함 또는 세대통합관리반

나. 통신배관실(TPS실)

다. 집중구내통신실(MDF실)

라. 단지서버실

마. 방재실

② 제1항제6호 라목의 단지서버실을 위하여 독립된 공간을 확보할 수 없을 때에는 별도로 단지서버실을 설치하지 않고, 단지서버를 집중구내통신실이나 방재실 내에 설치할 수 있다.

③ 홈네트워크설비를 설치하고자 할 경우 구내의 배관, 배선, 종단장치 등은 과학기술정보통신부의 「방송통신설비의 기술기준에 관한 규정」에 따라 설치되어야 한다.

④ 제13조제5항에 따른 클라우드컴퓨팅서비스를 이용하는 경우 제1항제6호라목의 단지서버실을 설치하지 않을 수 있다.

[근거규정] 지능형 홈네트워크 설비 설치 및 기술기준 제4조

3.2 전유부분 홈네트워크 설비의 설치기준

3.2.1 홈게이트웨이

① 홈게이트웨이는 세대단자함 또는 세대통합관리반에 설치할 수 있다.

② 세대단자함 또는 세대통합관리반에 설치되는 홈게이트웨이는 벽에 부착할 수 있어야 하며 동작에 필요한 전원이 공급되어야 한다.

③ 홈게이트웨이는 이상전원 발생시 제품을 보호할 수 있는 기능을 내장하여야 하며, 동작상태와 케이블의 연결상태를 쉽게 확인할 수 있는 구조로 설치하여야 한다.

[근거규정] 지능형 홈네트워크 설비 설치 및 기술기준 제5조

3.2.2 월패드

① 월패드에는 조작을 위한 전원이 공급되어야 하며, 이상전원 발생시 제품을 보

호할 수 있는 기능을 내장하여야 한다.

② 월패드는 사용자의 조작을 고려한 위치 및 높이에 설치하여야 한다.

③ 월패드에서 원격제어 되는 조명제어기, 난방제어기 등 모든 원격제어기기에는 수동으로 조작하는 스위치를 설치하여야 한다.

[근거규정] 지능형 홈네트워크 설비 설치 및 기술기준 제6조

3.2.3 원격제어기기

① 취사용 가스밸브는 원격제어가 가능한 가스밸브제어기를 설치하여야 한다. 단 취사용 가스밸브제어기가 여러 개인 경우에는 이를 통합 제어할 수 있어야 한다.

② 원격제어가 가능한 조명제어기를 세대안에 1구 이상 설치하여야 한다.

③ 디지털도어락은 월패드와 유선 또는 무선으로 연동시켜 설치하여야 한다. 이때 유선인 경우는 배관 · 배선으로 하여야 한다.

[근거규정] 지능형 홈네트워크 설비 설치 및 기술기준 제7조

3.2.4 감지기

① 감지기에는 동작에 필요한 전원이 공급되어야 한다.

② 가스감지기는 사용하는 가스가 LNG인 경우에는 천장 쪽에, LPG인 경우에는 바닥 쪽에 설치하여야 한다.

③ 개폐감지지는 현관출입문 상단에 설치하며 단독배선하여야 한다.

④ 동체감지기는 유효감지반경을 고려하여 설치하여야 한다.

[근거규정] 지능형 홈네트워크 설비 설치 및 기술기준 제8조

3.2.5 세대단자함

① 세대단자함은 골조공사시 변형이 생기지 않도록 세대단자함의 재질 및 보강방법을 고려하여 설치하여야 한다.

② 세대단자함에는 전원 공급용 배관 및 배선을 설치하여야 하고, 내부발열 및 기기소음에 대한 사항을 고려하여야 한다.

③ 세대단자함은 유지보수를 고려한 위치에 설치하여야 한다.

④ 세대단자함은 500mm×400mm×80mm(깊이) 크기로 설치할 것을 권장한다.

[근거규정] 지능형 홈네트워크 설비 설치 및 기술기준 제9조

3.2.6 세대통합관리반

① 세대통합관리반은 실 형태나 캐비넷 형태로 설치하고, 실 형태로 설치하는 경우에는 유지관리를 고려한 위치에 설치하여야 한다.

② 세대통합관리반에는 전원을 공급하여야 하며, 내부발열 및 기기소음에 대한 사항을 고려하여야 한다.

[근거규정] 지능형 홈네트워크 설비 설치 및 기술기준 제10조

3.2.7 예비전원장치

① 세대내 홈네트워크설비에는 정전시 예비전원이 공급될 수 있도록 하여야 한다.

② 예비전원장치는 진동 및 발열로 인한 성능 저하 등을 고려하여 설치하여야 한다.

[근거규정] 지능형 홈네트워크 설비 설치 및 기술기준 제11조

3.3 공용부분 홈네트워크 설비의 설치기준

3.3.1 단지네트워크장비

① 단지네트워크장비는 집중구내통신실 또는 통신배관실에 설치하여야 한다.

② 단지네트워크장비에는 전원 공급을 위한 배관 및 배선을 설치하여야 한다.

③ 단지네트워크장비는 외부인으로부터 직접적인 접촉이 되지 않도록 별도의 함체나 랙(rack)으로 설치하며, 함체나 랙에는 외부인의 조작을 막기 위한 잠금장치를 하여야 한다.

[근거규정] 지능형 홈네트워크 설비 설치 및 기술기준 제12조

3.3.2 단지서버

① 단지서버는 단지서버실에 설치할 것을 권장하나 집중구내통신실 또는 방재실에 설치할 수 있다. 다만 집중구내통신실에 설치하는 때에는 보안을 고려하여 폐쇄회로텔레비전 등을 설치하여야 한다.

② 단지서버는 랙 시스템의 보관장치에 설치하는 것을 권장한다.

③ 단지서버는 외부인의 조작을 막기 위한 잠금장치를 하여야 한다.

④ 단지서버는 상온·상습인 곳에 설치하여야 한다.

⑤ 제1항부터 제4항까지의 규정에도 불구하고 국토교통부장관과 사전에 협의하고, 「국가균형발전 특별법」 제22조에 따른 지역발전위원회에서 선정한 단지서버 설치 규제특례 지역의 경우에는 「클라우드컴퓨팅 발전 및 이용자 보호에 관한 법률」 제2조제3호에 따른 클라우드컴퓨팅서비스를 이용하는 것으로 할 수 있다. 이 경우 단지에 대한 정보의 암호화 등을 통하여 보안문제가 발생하지 않도록 하여야 한다.

[근거규정] 지능형 홈네트워크 설비 설치 및 기술기준 제13조

3.3.3 폐쇄회로텔레비전장비

① 폐쇄회로텔레비전장비의 카메라는 주차장, 주동출입구, 어린이놀이터, 엘리베이터 등에 설치할 것을 권장한다.

② 제1항의 규정에 의하여 폐쇄회로텔레비전장비를 설치하는 때에는, 설치되는 대상시설의 주요부분 등이 조망될 수 있게 설치하여야 한다.

③ 폐쇄회로텔레비전의 영상은 필요시 거주자에게 제공될 수 있도록 관련 설비를 설치하여야 한다.

④ 렌즈를 포함한 폐쇄회로텔레비전장비는 결로되거나 빗물이 스며들지 않도록 설치하여야 한다.

[근거규정] 지능형 홈네트워크 설비 설치 및 기술기준 제14조

3.3.4 예비전원장치

① 집중구내통신실, 통신배관실, 단지서버실 및 방재실, 주동출입시스템, 전자경비시스템 등에 설치하는 공용부분 홈네트워크설비에는 정전시 예비전원이 공급될 수 있도록 하여야 한다.

② 예비전원장치는 진동 및 발열로 인한 성능 저하 등을 고려하여 설치하여야 한다.

[근거규정] 지능형 홈네트워크 설비 설치 및 기술기준 제15조

3.3.5 주동출입시스템

① 주동출입시스템은 지상의 주동 현관과 지하주차장과 주동을 연결하는 출입구에 설치하여야 한다.

② 주동출입시스템은 화재발생 등 비상시 소방시스템과 연동되어 주동현관이나 지하주차장의 자동문의 잠김상태가 자동으로 풀려야 한다.

③ 주동출입시스템은 매립형으로 설치하고 주동설계시 강우를 고려하여 설계하거나 강우에 대비한 차단설비(날개벽, 차양 등)를 설치하여야 한다.

④ 자동문의 경우 프레임 내부에 접지단자를 설치하여야 한다.

⑤ 주동출입시스템과 세대의 월패드 사이에는 통신이 가능하도록 해야 한다.

[근거규정] 지능형 홈네트워크 설비 설치 및 기술기준 제16조

3.3.6 원격검침시스템

① 각 세대별 원격검침장치는 운용시스템의 동작 불능시에도 계속 동작이 가능하도록 하여야 한다.

② 세대별 원격검침장치의 전원은 정전시에도 동작이 가능하게 구성하여야 하고, 그렇지 못한 경우를 대비하여 정전시 각 세대별 원격검침장치는 데이터 값을 저장 및 기억할 수 있도록 하여야 한다.

[근거규정] 지능형 홈네트워크 설비 설치 및 기술기준 제17조

3.3.7 차량출입시스템

① 차량출입시스템은 단지 주출입구에 설치하되 차량의 진·출입에 지장이 없도록 하여야 한다.

② 등록차량 확인과 문제발생시 관리자와 통화할 수 있는 설비(폐쇄회로텔레비전 장비와 인터폰 등)를 설치하여야 한다.

③ 차량출입시스템 서버와 단지시버간 통신배선을 연결하여야 한다.

[근거규정] 지능형 홈네트워크 설비 설치 및 기술기준 제18조

3.3.8 무인택배시스템

① 무인택배시스템은 휴대폰·이메일을 통한 문자서비스(SMS) 및 월패드 알림서비스를 제공하는 제어부와 무인택배함으로 구성하여야 한다.

② 무인택배함의 설치수량은 소형주택의 경우 세대수의 약 10~15%, 중형주택 이상은 세대수의 15~20%로 정도 설치할 것을 권장한다.

[근거규정] 지능형 홈네트워크 설비 설치 및 기술기준 제19조

3.3.9 통신배관실

① 통신배관실은 유지관리를 용이하게 할 수 있도록 하여야 하며 통신배관을 위한 공간을 확보하여야 한다.

② 통신배관실내의 트레이(tray) 설치용 개구부는 화재시 층간 확대를 방지하도록 방화처리제를 사용하여야 한다.

③ 통신배관실은 외부인으로부터의 보안을 위하여 출입문은 최소 폭 0.7미터, 높이 1.8미터 이상(문틀의 외측치수)의 잠금장치가 있는 출입문으로 설치하여야 하며, 관계자외 출입통제 표시를 부착하여야 한다.

④ 통신배관실은 외부의 청소 등에 의한 먼지, 물 등이 들어오지 않도록 50밀리미터 이상의 문턱을 설치하여야 한다. 다만 차수판 또는 차수막을 설치하는 때에는 그러하지 아니하다.

[근거규정] 지능형 홈네트워크 설비 설치 및 기술기준 제20조

3.3.10 집중구내통신실

① 집중구내통신실은 「방송통신설비의 기술기준에 관한 규정」 제19조에 따라 설치하여야 한다.

② 집중구내통신실은 독립적인 출입구를 설치하여야 한다.

③ 집중구내통신실에는 보안을 위한 잠금장치를 설치하여야 한다.

④ 집중구내통신실에는 적정온도의 유지를 위한 냉방시설 및 냉방기 고장시 실내온도 상승을 억제하기 위한 흡배기용 환풍기를 설치하여야 한다.

[근거규정] 지능형 홈네트워크 설비 설치 및 기술기준 제21조

3.3.11 단지서버실

① 단지서버실은 3제곱미터 이상으로 한다.

② 단지서버실의 바닥은 이중바닥방식으로 설치하여야 한다.

③ 단지서버실은 단지서버의 성능을 위한 항온·항습장치를 설치하여야 한다.

④ 출입문은 폭 0.9미터, 높이 2미터 이상(문틀의 외측치수)의 잠금장치가 있는 출입문으로 설치하며, 관계자 외 출입통제 표시를 부착하여야 한다.

[근거규정] 지능형 홈네트워크 설비 설치 및 기술기준 제22조

3.3.12 방재실

① 방재실에는 홈네트워크 관련 설비를 설치하기 위한 공간을 확보하여야 한다.

② 방재실 바닥은 이중바닥방식으로 설치하여야 한다.

③ 방재실은 공동주택의 각 세대 및 경비실 등과 유·무선통화를 할 수 있도록 하여야 한다.

④ 방재실에는 보안을 위한 잠금장치를 설치하여야 한다.

⑤ 방재실에는 방재실내 장비들의 성능을 위한 항온·항습장치를 설치하여야 한다.

[근거규정] 지능형 홈네트워크 설비 설치 및 기술기준 제23조

3.3.13 단지네트워크센터

단지네트워크센터는 통합관리가 가능하도록 집중구내통신실, 단지서버실과 방재실을 인접시켜 설치하여야 한다.

[근거규정] 지능형 홈네트워크 설비 설치 및 기술기준 제24조

3.4 홈네트워크 설비의 설치기준

3.4.1 기기인증

① 홈네트워크 기기는 산업통상자원부와 과학기술정보통신부의 인증규정에 따른 기기인증을 받은 제품이거나 이와 동등한 성능의 적합성 평가 또는 시험성적서를 받은 제품을 설치하여야 한다.

② 기기인증 관련 기술기준이 없는 기기의 경우 인증 및 시험을 위한 규격은 산업표준화법에 따른 한국산업표준(KS)을 우선 적용하며, 필요에 따라 정보통신단체표준 등과 같은 관련 단체 표준을 따른다.

③ 홈네트워크 기기 중 홈게이트웨이는 세대내의 홈네트워크 기기들 및 단지서버간의 상호 연동이 가능한 기능을 갖추어야 한다.

[근거규정] 지능형 홈네트워크 설비 설치 및 기술기준 제25조

3.4.2 기기의 호환

① 홈네트워크 기기 중 원격제어기기, 감지기는 기기간의 호환이 가능하도록 구성하여야 한다.

② 홈네트워크기기는 하자담보기간과 내구연한을 표시하여야 한다.

③ 홈네트워크기기의 예비부품은 5%이상 5년간 확보할 것을 권장하며, 이 경우 제2항의 규정에 따른 내구연한을 고려하여야 한다.

[근거규정] 지능형 홈네트워크 설비 설치 및 기술기준 제26조

연 | 습 | 문 | 제

1. 공동주택에 홈네트워크를 설치하는 경우 설비를 갖추어야 하는 홈네트워크망에 속하는 것은?

가. 단지망 나. 가정망
다. 외부망 라. 주택망

답 가. 단지망

[근거규정] 지능형 홈네트워크 설비 설치 및 기술기준 제4조

2. 홈네트워크장비에 속하지 않는 것은?

가. 홈게이트웨이, 월패드
나. 단지네트워크장비, 예비전원장치
다. 단지서버, 폐쇄회로텔레비전장비
라. 텔레비전 수신기

답 가. 단지망

[근거규정] 지능형 홈네트워크 설비 설치 및 기술기준 제4조

3. 원격제어기기에 속하지 않는 것은?

가. 가스밸브제어기
나. 조명제어기
다. 난방제어기
라. 엘리베이터 제어기

답 라. 엘리베이터 제어기 해당이 안 됨.

[근거규정] 지능형 홈네트워크 설비 설치 및 기술기준 제4조

4. 단지공용시스템인 것은?

가. 주동출입시스템
나. 전기계량기
다. 가스감지기
라. 개폐감지기

답 가. 주동출입시스템

[근거규정] 지능형 홈네트워크 설비 설치 및 기술기준 제4조

5. 홈네트워크 설비 설치공간에 속하지 않는 것은?

가. 세대단자함 또는 세대통합관리반
나. 통신배관실(TPS실), 집중구내통신실(MDF실)
다. 경비실
마. 단지서버실, 방재실

답 다. 경비실 제외

[근거규정] 지능형 홈네트워크 설비 설치 및 기술기준 제4조

6. 공동주택의 홈네트워크설비 단지서버실에 대한 설명 중 틀린 것은?

가. 단지서버실을 위하여 독립된 공간을 확보할 수 없을 때에는 별도로 단지서버실을 설치하지 않고, 단지서버를 집중구내통신실이나 방재실 내에 설치할 수 있다.
나. 단지서버실과 홈네트워크설비를 설치하고자 할 경우 구내의 배관, 배선, 종단장치 등은 「방송통신설비의 기술기준에 관한 규정」에 따라 설치되어야 한다.
다. 클라우드컴퓨팅서비스를 이용하는 경우 단지서버실을 설치하지 않을 수 있다.
라. 층 구내 통신실에 단지서버실을 설치할 수 있다.

답 라. 층 구내 통신실에 단지서버실을 설치 할 수 없다.

[근거규정] 지능형 홈네트워크 설비 설치 및 기술기준 제4조

7. 홈게이트웨이에 대한 설명 중 틀린 것은?
가. 홈게이트웨이는 세대단자함 설치할 수 있다.
나. 세대통합관리반에 설치할 수 있다.
다. 홈게이트웨이는 이상전원 발생시 제품을 보호할 수 있는 기능을 내장하여야 하며, 동작상태와 케이블의 연결상태를 쉽게 확인할 수 있는 구조로 설치하여야 한다.
라. 세대단자함 또는 세대통합관리반에 설치되는 홈게이트웨이는 벽에 부착을 하지 말아야 하며 동작에 필요한 전원이 공급되어야 한다.

답 라. 홈게이트웨이는 벽에 부착할 수 있어야 하며 동작에 필요한 전원이 공급되어야 한다.
[근거규정] 지능형 홈네트워크 설비 설치 및 기술기준 제5조

8. 월패드에 대한 설명 중 틀린 것은?
가. 월패드에는 조작을 위한 전원이 공급되어야 하며, 이상전원 발생시 제품을 보호할 수 있는 기능을 내장하여야 한다.
나. 월패드는 스마트폰으로 연동이 되어야한다.
다. 월패드에서 원격제어 되는 조명제어기, 난방제어기 등 모든 원격제어기기에는 수동으로 조작하는 스위치를 설치하여야 한다.
라. 월패드는 사용자의 조작을 고려한 위치 및 높이에 설치하여야 한다.

답 나. 월패드의 스마트폰 연동은 해당이 없다.
[근거규정] 지능형 홈네트워크 설비 설치 및 기술기준 제6조

9. 원격제어기기에 대한 설명 중 틀린 것은?
가. 취사용 가스밸브는 원격제어가 가능한 가스밸브제어기를 설치하여야 한다.
나. 원격제어가 가능한 조명제어기를 세대안에 1구 이상 설치하여야 한다.
다. 디지털도어락은 월패드와 유선 또는 무선으로 연동시켜 설치하여야 한다. 이 때 유선인 경우는 배관 · 배선으로 하여야 한다.
라. 취사용 가스밸브제어기가 여러 개인 경우 화재의 발생우려로 통합 제어를 피해야한다.

답 라. 취사용 가스밸브제어기가 여러 개인 경우에는 이를 통합 제어할 수 있어야 한다.
[근거규정] 지능형 홈네트워크 설비 설치 및 기술기준 제7조

10. 감지기에 대한 설명 중 틀린 것은?
가. 감지기에는 동작에 필요한 전원이 공급되어야 한다.
나. 가스감지기는 사용하는 가스가 LNG인 경우에는 바닥 쪽에, LPG인 경우에는 청장 쪽에 설치하여야 한다.
다. 개폐감지지는 현관출입문 상단에 설치하며 단독배선하여야 한다.
라. 동체감지기는 유효감지반경을 고려하여 설치하여야 한다.

답 나. 가스감지기는 사용하는 가스가 LNG인 경우에는 천장 쪽에, LPG인 경우에는 바닥 쪽에 설치하여야 한다.
[근거규정] 지능형 홈네트워크 설비 설치 및 기술기준 제8조

11. 세대단자함에 대한 설명 중 틀린 것은?
가. 세대단자함은 골조공사시 변형이 생기지 않도록 세대단자함의 재질 및 보강방법을 고려하여 설치하여야 한다.
나. 세대단자함에는 전원 공급용 배관 및 배선을 설치하여야 하고, 내부발열 및 기기소음에 대한 사항을 고려하여야 한다.

다. 세대단자함은 유지보수를 고려한 위치에 설치하여야 한다.

라. 세대단자함은 500㎜×400㎜×80㎜(깊이) 크기로 설치 의무규정이다.

답 라. 세대단자함은 500mm×400mm×80(깊이) 크기로 설치할 것을 권장한다.

[근거규정] 지능형 홈네트워크 설비 설치 및 기술기준 제9조

12. 세대통합관리반에 대한 설명 중 틀린 것은?

가. 세대통합관리반은 실 형태나 캐비넷 형태로 설치하고,

나. 실 형태로 설치하는 경우에는 유지관리를 고려한 위치에 설치하여야 한다.

다. 세대통합관리반은 금속의 함을 설치하고 접지 하여야한다.

라 세대통합관리반에는 전원을 공급하여야 하며, 내부발열 및 기기소음에 대한 사항을 고려하여야 한다.

답 다. 세대통합관리반은 반드시 금속의 함을 설치하는 규정은 없다.

[근거규정] 지능형 홈네트워크 설비 설치 및 기술기준 제10조

13. 예비전원장치에 대한 설명 중 틀린 것은?

가. 세대내 홈네트워크설비에는 정전시 예비전원이 공급될 수 있도록 하여야 한다.

나. 예비전원장치는 진동 으로 인한 성능 저하 등을 고려하여 설치하여야 한다.

다. 예비전원장치는 발열로 인한 성능 저하 등을 고려하여 설치하여야 한다.

라. 세대내 홈네트워크설비는 반드시 거실 벽면에 설치하여야 한다.

답 라. 세대내 홈네트워크설비는 반드시 거실 벽면에 설치 규정은 없다.

[근거규정] 지능형 홈네트워크 설비 설치 및 기술기준 제11조

14. 단지네트워크장비에 대한 설명 중 틀린 것은?

가. 단지네트워크장비는 비상시 점검이 가능 하도록 방재실에 설치하여야 한다.

나. 단지네트워크장비에는 전원 공급을 위한 배관 및 배선을 설치하여야 한다.

다. 단지네트워크장비는 외부인으로부터 직접적인 접촉이 되지 않도록 별도의 함체나 랙(rack)으로 설치하며, 함체나 랙에는 외부인의 조작을 막기 위한 잠금장치를 하여야 한다.

라. 단지네트워크장비는 집중구내통신실 또는 통신배관실에 설치하여야 한다.

답 가. 단지네트워크장비는 집중구내통신실 또는 통신배관실에 설치하여야 한다.

[근거규정] 지능형 홈네트워크 설비 설치 및 기술기준 제12조

15. 단지서버에 대한 설명 중 틀린 것은?

가. 단지서버는 단지서버실에 설치할 것을 권장하나 집중구내통신실 또는 방재실에 설치할 수 있으며 집중구내통신실에 설치하는 때에는 보안을 고려하여 폐쇄회로텔레비전 등을 설치하여야 한다.

나. 단지서버는 반드시 랙 시스템의 보관장치에 설치한다.

다. 단지서버는 외부인의 조작을 막기 위한 잠금장치를 하여야 한다.

라. 단지서버는 상온·상습인 곳에 설치하여야 한다.

답 나. 단지서버는 랙 시스템의 보관장치에 설치하는 것을 권장한다.

[근거규정] 지능형 홈네트워크 설비 설치 및 기술기준 제13조

16. 폐쇄회로텔레비전장비에 대한 설명 중 틀린 것은?

가. 폐쇄회로텔레비전장비의 카메라는 주차장, 주동출입구, 어린이놀이터, 엘리베이터 등에 설치할 것을 권장한다.

나. 폐쇄회로텔레비전장비를 설치하는 때에는, 설치되는 대상시설의 주요부분 등이 조망될 수 있게 설치하여야 한다.

다. 폐쇄회로텔레비전의 영상은 개인정보보호법에 의하여 거주자에게 제공 금지와 보안관리를 하도록 설비를 설치하여야 한다.

라. 렌즈를 포함한 폐쇄회로텔레비전장비는 결로되거나 빗물이 스며들지 않도록 설치하여야 한다.

답 다. 폐쇄회로텔레비전의 영상은 필요시 거주자에게 제공될 수 있도록 관련 설비를 설치하여야 한다.

[근거규정] 지능형 홈네트워크 설비 설치 및 기술기준 제14조

17. 예비전원장치에 대한 설명 중 틀린 것은?

가. 집중구내통신실, 통신배관실에 설치하는 공용부분 홈네트워크설비에는 정전시 예비전원이 공급될 수 있도록 하여야 한다.

나. 예비전원장치는 진동 및 발열로 인한 성능 저하 등을 고려하여 설치하여야 한다.

다. 단지서버실 및 방재실, 주동출입시스템에 설치하는 공용부분 홈네트워크설비에는 정전시 예비전원이 공급될 수 있도록 하여야 한다.

라. 전자경비시스템은 예비전원 설비 대상이 아니다.

답 라. 전자경비시스템은 공용부분 홈네트워크설비에 속하여 정전시 예비전원이 공급될 수 있도록 하여야 한다.

[근거규정] 지능형 홈네트워크 설비 설치 및 기술기준 제15조

18. 주동출입시스템에 대한 설명 중 틀린 것은?

가. 주동출입시스템은 지상의 주동 현관과 지하주차장과 주동을 연결하는 출입구에 설치하여야 한다.

나. 주동출입시스템은 화재발생 등 비상시 소방시스템과 연동되어 주동현관이나 지하주차장의 자동문의 잠김상태가 자동으로 풀려야 한다.

다. 주동출입시스템은 노출형으로 설치하고 주동설계시 강우를 고려하여 설계하거나 강우에 대비한 차단설비(날개벽, 차양 등)를 설치하여야 한다.

라. 자동문의 경우 프레임 내부에 접지단자를 설치와 주동출입시스템과 세대의 월패드 사이에는 통신이 가능하도록 해야 한다.

답 다. 주동출입시스템은 매립형으로 설치하고 주동설계시 강우를 고려하여 설계하거나 강우에 대비한 차단설비(날개벽, 차양 등)를 설치하여야 한다.

[근거규정] 지능형 홈네트워크 설비 설치 및 기술기준 제16조

19. 원격검침시스템에 대한 설명 중 틀린 것은?

가. 각 세대별 원격검침장치는 운용시스템의 동작 불능시에도 계속 동작이 가능하도록 하여야 한다.

나. 세대별 원격검침장치의 전원은 정전시에도 동작이 가능하게 구성하여야 한다.

다. 각 세대별 원격검침장치는 데이터 값을 빅데이터 처리 하여야 한다.

라. 정전시 각 세대별 원격검침장치는 데이터 값을 저장 및 기억할 수 있도록 하여야 한다.

답 다. 각 세대별 원격검침장치의 데이터 값을 빅데이터 처리하는 의무 규정이 없다.

[근거규정] 지능형 홈네트워크 설비 설치 및 기술기준 제17조

20. 차량출입시스템에 대한 설명 중 틀린 것은?

가. 차량출입시스템은 단지 주출입구에 설치하되 차량의 진·출입에 지장이 없도록 하여야 한다.

나. 차량출입시스템 단말기와 서버와 단지서버간 무선통신이 되어야 한다.

다. 차량출입시스템 서버와 단지서버간 통신배선을 연결하여야 한다.

라. 등록차량 확인과 문제발생시 관리자와 통화할 수 있는 설비(폐쇄회로텔레비전장비와 인터폰 등)를 설치하여야 한다.

답 나. 차량출입시스템 단말기와 서버와 단지서버간 무선통신 의무 규정은 없다.

[근거규정] 지능형 홈네트워크 설비 설치 및 기술기준 제18조

21. 무인택배시스템에 대한 설명 중 틀린 것은?

가. 무인택배시스템은 휴대폰·이메일을 통한 문자서비스(SMS)서비스를 제공하는 제어부와 무인택배함으로 구성하여야 한다.

나. 무인택배함의 설치수량은 소형주택의 경우 세대수의 약 10~15% 정도 설치할 것을 권장한다.

다. 무인택배함의 설치수량은 중형주택 이상은 세대수의 20~30%로 정도 설치할 것을 권장한다.

라. 월패드 알림서비스를 제공하는 제어부와 무인택배함으로 구성하여야 한다.

답 다. 무인택배함의 설치수량은 중형주택 이상은 세대수의 15~20%로 정도 설치할 것을 권장한다.

[근거규정] 지능형 홈네트워크 설비 설치 및 기술기준 제19조

22. 통신배관실에 대한 설명 중 틀린 것은?

가. 통신배관실은 유지관리를 용이하게 할 수 있도록 하여야 하며 통신배관을 위한 공간을 확보하여야 한다.

나. 통신배관실내의 트레이(tray) 설치용 개구부는 화재시 층간 확대를 방지하도록 방화처리제를 사용하여야 한다.

다. 통신배관실은 외부인으로부터의 보안을 위하여 출입문은 최소 폭 0.7미터, 높이 1.8미터 이상(문틀의 외측치수)의 잠금장치가 있는 출입문으로 설치하여야 하며, 관계자외 출입통제 표시를 부착하여야 한다.

라. 통신배관실은 외부의 청소 등에 의한 먼지, 물 등이 들어오지 않도록 20밀리미터 이상의 문턱을 설치하여야 한다.

답 라. 통신배관실은 외부의 청소 등에 의한 먼지, 물 등이 들어오지 않도록 50밀리미터이상의 문턱을 설치하여야 한다.

[근거규정] 지능형 홈네트워크 설비 설치 및 기술기준 제20조

23. 집중구내통신실에 대한 설명 중 틀린 것은?

가. 집중구내통신실 면적은「방송공동수신 설비의 설치 기준에 관한 고시」 제19조에 따라 설치하여야 한다.

나. 집중구내통신실은 독립적인 출입구를 설치하여야 한다.

다. 집중구내통신실에는 보안을 위한 잠금장치를 설치하여야 한다.

라. 집중구내통신실에는 적정온도의 유지를 위한 냉방시설 및 냉방기 고장시 실내온도 상승을 억제하기 위한 흡배기용 환풍기를 설치하여야 한다.

답 가. 집중구내통신실 면적은「방송통신설비의 기술기준에 관한 규정」 제19조에 따라 설치하여야 한다.

[근거규정] 지능형 홈네트워크 설비 설치 및 기술기준 제21조

24. 단지서버실에 대한 설명 중 틀린 것은?
   가. 단지서버실은 30제곱미터 이상으로 한다.
   나. 단지서버실의 바닥은 이중바닥방식으로 설치하여야 한다.
   다. 단지서버실은 단지서버의 성능을 위한 항온 · 항습장치를 설치하여야 한다.
   라. 출입문은 폭 0.9미터, 높이 2미터 이상(문틀의 외측치수)의 잠금장치가 있는 출입문으로 설치하며, 관계자 외 출입통제 표시를 부착하여야 한다.

답 가. 단지서버실은 3제곱미터 이상으로 한다.
[근거규정] 지능형 홈네트워크 설비 설치 및 기술기준 제22조

25. 방재실에 대한 설명 중 틀린 것은?
   가. 방재실에는 홈네트워크 관련 설비를 설치하기 위한 공간을 확보하여야 한다.
   나. 방재실 바닥은 이중바닥방식으로 설치하여야 한다.
   다. 방재실은 공동주택의 각 세대 및 경비실 등과 유 · 무선통화를 할 수 있도록 하여야 한다.
   라. 방재실에는 방재실내 장비들의 성능을 위한 냉방장치를 설치하여야 한다.

답 라. 방재실에는 방재실내 장비들의 성능을 위한 항온·항습장치를 설치하여야 한다.
[근거규정] 지능형 홈네트워크 설비 설치 및 기술기준 제23조

26. 단지네트워크센터에 대한 설명 중 맞는 것은?
   가. 단지네트워크센터는 통합관리가 가능하도록 집중구내통신실, 단지서버실과 방재실을 인접시켜 설치하여야 한다.
   나. 단지네트워크센터는 통합관리가 가능하도록 층 구내통신실과 방재실을 인접시켜 설치하여야 한다.
   다. 단지네트워크센터는 통합관리가 가능하도록 방송실과 방재실을 인접시켜 설치하여야 한다.
   라. 단지네트워크센터는 통합관리가 가능하도록 전기실과 방재실을 인접시켜 설치하여야 한다.

답 가. 단지네트워크센터는 통합관리가 가능하도록 집중구내통신실, 단지서버실과 방재실을 인접시켜 설치하여야 한다.
[근거규정] 지능형 홈네트워크 설비 설치 및 기술기준 제24조

27. 홈네트워크 설비의 기기인증에 대한 설명 중 맞는 것은?
   가. 홈네트워크 기기는 산업통상자원부와 과학기술정보통신부의 인증규정에 따른 기기인증을 받은 제품이거나 이와 동등한 성능의 적합성 평가 또는 시험성적서를 받은 제품을 설치하여야 한다.
   나. 기기인증 관련 기술기준이 없는 기기의 경우 인증 및 시험을 위한 규격은 산업표준화법에 따른 한국산업표준(KS)을 우선 적용하며, 필요에 따라 정보통신단체표준 등과 같은 관련 단체 표준을 따른다.
   다. 홈게이트웨이는 세대내의 홈네트워크 기기들 및 단지서버간의 상호 연동이 가능한 기능을 갖추어야 한다.
   라. 중 홈게이트웨이는 무선인터넷 기능을 갖추어 이동통신과 연동이 되어야 한다.

답 라. 홈게이트웨이는 무선인터넷 기능을 갖추어 이동통신과 연동 의무 규정이 없다.

[근거규정] 지능형 홈네트워크 설비 설치 및 기술기준 제25조

28. 홈네트워크기기의 호환에 대한 설명 중 틀린 것은?

    가. 홈네트워크기기는 정부시설이 아니라서 내구연한을 고려 할 필요성은 없다.

    나. 홈네트워크기기는 예비부품을 5년간 확보하여야 한다.

    다. 홈네트워크기기의 예비부품은 5% 이상 권장한다.

    라. 홈네트워크 기기 중 원격제어기기, 감지기는 기기간의 호환이 가능하도록 구성하여야 한다.

답 가. 홈네트워크기기의 예비부품은 5%이상 5년간 확보할 것을 권장하며, 이 경우 제2항의 규정에 따른 내구연한을 고려하여야 한다.

[근거규정] 지능형 홈네트워크 설비 설치 및 기술기준 제26조

제4부

정보통신공사 감리

제1장 정보통신감리 용어의 정의

1.1 정보통신공사업법에서 감리와 관련 용어

1.1.1 정보통신공사업법의 용어 정의

① 이 법에서 사용하는 용어의 뜻은 다음과 같다(제2조).

1. "정보통신설비"란 유선, 무선, 광선, 그 밖의 전자적 방식으로 부호·문자·음향 또는 영상 등의 정보를 저장·제어·처리하거나 송수신하기 위한 기계·기구(器具)·선로(線路) 및 그 밖에 필요한 설비를 말한다.
2. "정보통신공사"란 정보통신설비의 설치 및 유지·보수에 관한 공사와 이에 따르는 부대공사(附帶工事)로서 대통령령으로 정하는 공사를 말한다.
3. "정보통신공사업"이란 도급이나 그 밖에 명칭이 무엇이든 이 법을 적용받는 정보통신공사(이하 "공사"라 한다)를 업(業)으로 하는 것을 말한다.
4. "정보통신공사업자"란 이 법에 따른 정보통신공사업(이하 "공사업"이라 한다)의 등록을 하고 공사업을 경영하는 자를 말한다.
5. "용역"이란 다른 사람의 위탁을 받아 공사에 관한 조사, 설계, 감리, 사업관리 및 유지관리 등의 역무를 하는 것을 말한다.
6. "용역업"이란 용역을 영업으로 하는 것을 말한다.
7. "용역업자"란 「엔지니어링산업 진흥법」 제21조제1항에 따라 엔지니어링사업자로 신고하거나 「기술사법」 제6조에 따라 기술사사무소의 개설자로 등록한 자로서 통신·전자·정보처리 등 대통령령으로 정하는 정보통신 관련 분야의 자격을 보유하고 용역업을 경영하는 자를 말한다.
8. "설계"란 공사(「건축사법」 제4조에 따른 건축물의 건축등은 제외한다)에 관한 계획서, 설계도면, 시방서(示方書), 공사비명세서, 기술계산서 및 이와 관련된 서류(이하 "설계도서"라 한다)를 작성하는 행위를 말한다.
9. "감리"란 공사(「건축사법」 제4조에 따른 건축물의 건축등은 제외한다)에 대하여 발주자의 위탁을 받은 용역업자가 설계도서 및 관련 규정의 내용대로 시공되는지를 감독하고, 품질관리·시공관리 및 안전관리에 대한 지도 등에 관한

발주자의 권한을 대행하는 것을 말한다.

10. “감리원(監理員)”이란 공사(「건축사법」 제4조에 따른 건축물의 건축등은 제외한다)의 감리에 관한 기술 또는 기능을 가진 사람으로서 제8조에 따라 과학기술정보통신부장관의 인정을 받은 사람을 말한다.
11. “발주자”란 공사(용역을 포함한다. 이하 이 조에서 같다)를 공사업자(용역업자를 포함한다. 이하 이 조에서 같다)에게 도급하는 자를 말한다. 다만, 수급인(受給人)으로서 도급받은 공사를 하도급(下都給)하는 자는 제외한다.
12. “도급”이란 원도급(原都給), 하도급, 위탁, 그 밖에 명칭이 무엇이든 공사를 완공할 것을 약정하고, 발주자가 그 일의 결과에 대하여 대가를 지급할 것을 약정하는 계약을 말한다.
13. “하도급”이란 도급받은 공사의 일부에 대하여 수급인이 제3자와 체결하는 계약을 말한다.
14. “수급인”이란 발주자로부터 공사를 도급받은 공사업자를 말한다.
15. “하수급인”이란 수급인으로부터 공사를 하도급받은 공사업자를 말한다.
16. “정보통신기술자”란 「국가기술자격법」에 따라 정보통신 관련 분야의 기술자격을 취득한 사람과 정보통신설비에 관한 기술 또는 기능을 가진 사람으로서 제39조에 따라 과학기술정보통신부장관의 인정을 받은 사람을 말한다.

1.1.2 정보통신감리 수행지침의 용어 정의 사례

이 지침에서 사용하는 용어의 뜻은 다음 각 호와 같다.

1. “공사감리”란 공사에 대하여 발주자의 위탁을 받은 감리업자가 설계도서, 그 밖의 관계 서류의 내용대로 시공되는지 여부를 확인하고, 품질관리 · 공사관리 및 안전관리 등에 대한 기술지도를 하며, 관계 법령에 따라 발주자의 권한을 대행하는 것을 말한다(이하 “감리”라 한다).
2. “발주자”란 공사를 발주하는 자를 말한다.
3. “감리업자”란 법 엔지니어링사업법 제21조에 따라 등록한 자를 말한다.
4. “공사업자”란 「정보통신공사업법」 제14조에 따른 자를 말한다.
5. “감리원”이란 감리업체에 종사하면서 감리업무를 수행하는 사람으로서 상주감리원과 비상주감리원을 말한다.
6. “책임감리원”이란 감리업자를 대표하여 현장에 상주하면서 해당 공사 전반에

관하여 책임감리 등의 업무를 총괄하는 사람을 말한다.

7. "보조감리원"이란 책임감리원을 보좌하는 사람으로서 담당 감리업무를 책임감리원과 연대하여 책임지는 사람을 말한다.
8. "상주감리원"이란 현장에 상주하면서 감리업무를 수행하는 사람으로서 책임감리원과 보조감리원을 말한다.
9. "비상주감리원"이란 감리업체에 근무하면서 상주감리원의 업무를 기술적 · 행정적으로 지원하는 사람을 말한다.
10. "지원업무담당자"란 감리업무 수행에 따른 업무 연락 및 문제점 파악, 민원해결, 용지보상 지원 그 밖에 필요한 업무를 수행하게 하기 위하여 발주자가 지정한 발주자의 소속 직원을 말한다.
11. "공사계약문서"란 계약서, 설계도서, 공사입찰유의서, 공사계약 일반조건, 공사계약 특수조건 및 산출내역서 등으로 구성되며 상호 보완의 효력을 가진 문서를 말한다.
12. "감리용역 계약문서"란 계약서, 기술용역입찰유의서, 기술용역계약 일반조건, 감리용역계약 특수조건, 과업지시서, 감리비 산출내역서 등으로 구성되며 상호 보완의 효력을 가진 문서를 말한다.
13. "감리기간"이란 감리용역계약서에 표기된 계약기간을 말하며, 공사업자 또는 발주자의 사유 등으로 인하여 공사기간이 연장된 경우의 감리기간은 연장된 공사기간을 포함하여 감리용역 변경계약서에 표기된 기간을 말한다.
14. "검토"란 공사업자가 수행하는 중요 사항과 해당 공사와 관련한 발주자의 요구 사항에 대하여 공사업자가 제출한 서류, 현장실정 등을 고려하여 감리원의 경험과 기술을 바탕으로 타당성 여부를 확인하는 것을 말한다.
15. "확인"이란 공사업자가 공사를 공사계약 문서대로 실시하고 있는지 여부 또는 지시 · 조정 · 승인 · 검사 이후 실행한 결과에 대하여 발주자 또는 감리원이 원래의 의도와 규정대로 시행되었는지를 확인하는 것을 말한다.
16. "검토 · 확인"이란 공사의 품질을 확보하기 위하여 기술적인 검토뿐만 아니라 그 실행 결과를 확인하는 일련의 과정을 말하며 검토 · 확인자는 검토 · 확인사항에 대하여 책임을 진다.
17. "지시"란 발주자가 감리원 또는 감리원이 공사업자에게 발주자의 발의나 기술적 · 행정적 소관 업무에 관한 계획, 방침, 기준, 지침, 조정 등에 대하여 기술

지도를 하고, 실시하게 하는 것을 말한다. 다만, 지시사항은 계약문서에 나타난 지시 및 이행사항에 해당하는 것을 원칙으로 하며, 구두 또는 서면으로 지시할 수 있으나 지시내용과 그 처리 결과는 반드시 확인하여 문서로 기록·비치하여야 한다.

18. "요구"란 계약당사자들이 계약조건에 나타난 자신의 업무에 충실하고 정당한 계약이행을 위하여 상대방에게 검토, 조사, 지원, 승인, 협조 등 적합한 조치를 취하도록 의사를 밝히는 것으로, 요구사항을 접수한 자는 반드시 이에 대한 적절한 답변을 하여야 한다.
19. "승인"이란 발주자 또는 감리원이 공사 또는 감리업무와 관련하여, 이 지침에 나타난 승인사항에 대하여 감리원 또는 공사업자의 요구에 따라 그 내용을 서면으로 동의하는 것을 말하며, 발주자 또는 감리원의 승인 없이는 다음 단계의 업무를 수행할 수 없다.
21. "작성"이란 공사 또는 감리에 관한 각종 서류, 변경 설계도서, 계획서, 보고서 및 관련 도서를 양식에 맞게 제작, 검토, 관리하는 것을 말한다. 각 설계도서 및 서류 별로 작성주체·소요비용에 관하여 계약할 때 명시하거나 사전에 협의하는 것을 원칙으로 하여 업무의 혼란이 없도록 한다.
22. "검사"란 공사계약문서에 나타난 공사 등의 단계 또는 자재 등에 대한 공정과 완성품의 품질을 확보하기 위하여 감리원 또는 검사원이 시공상태 또는 완성품 등의 품질, 규격, 수량 등을 확인하는 것을 말한다. 이 경우 공사업자가 실시한 확인 결과 중 대표가 되는 부분을 추출하여 실시할 수 있으며, 공사에 대한 합격 판정은 검사원이 한다.

[근거 : 정보통신감리 수행지침 한국엔지니어링협회 발간 2006년]

1.1.3 공사계약일반조건(기획재정부계약예규 제365호)의 용어 정의

이 조건에서 사용하는 용어의 정의는 다음과 같다.(제2조)

1. "계약담당공무원"이라 함은「국가를 당사자로 하는 계약에 관한 법률 시행규칙」제2조에 의한 공무원을 말한다. 이 경우에 각 중앙관서의 장이 계약에 관한 사무를 그 소속공무원에게 위임하지 아니하고 직접 처리하는 경우에는 이를 계약담당공무원으로 본다.
2. "계약상대자"라 함은 정부와 공사계약을 체결한 자연인 또는 법인을 말한다.

3. “공사감독관”이라 함은 공사임무를 수행하기 위하여 정부가 임명한 기술담당공무원 또는 그의 대리인을 말한다.
4. “설계서”라 함은 공사시방서, 설계도면, 현장설명서 및 공종별 목적물 물량내역서(가설물의 설치에 소요되는 물량 포함하며, 이하 “물량내역서”라 한다)를 말하며, 다음 각 목의 내역서는 설계서에 포함하지 아니한다.
   가. 〈삭제 2010. 9. 8.〉
   나. 일괄입찰을 실시하여 체결된 공사와 대안입찰을 실시하여 체결된 공사(대안이 채택된 부분에 한함)의 산출내역서
   다. 실시설계 기술제안 입찰을 실시하여 체결된 공사와 기본설계 기술제안입찰을 실시하여 체결된 공사의 산출내역서
   라. 수의계약으로 체결된 공사의 산출내역서. 다만, 시행령 제30조제2항 본문에 따라 체결된 수의계약 공사의 물량내역서는 제외
5. “공사시방서”라 함은 공사에 쓰이는 재료, 설비, 시공체계, 시공기준 및 시공기술에 대한 기술설명서와 이에 적용되는 행정명세서로서, 설계도면에 대한 설명 또는 설계도면에 기재하기 어려운 기술적인 사항을 표시해 놓은 도서를 말한다.
6. “설계도면”이라 함은 시공될 공사의 성격과 범위를 표시하고 설계자의 의사를 일정한 약속에 근거하여 그림으로 표현한 도서로서 공사목적물의 내용을 구체적인 그림으로 표시해 놓은 도서를 말한다.
7. “현장설명서”라 함은 현장설명 시 교부하는 도서로서 시공에 필요한 현장상태 등에 관한 정보 또는 단가에 관한 설명서 등을 포함한 입찰가격 결정에 필요한 사항을 제공하는 도서를 말한다.
8. “물량내역서”라 함은 공종별 목적물을 구성하는 품목 또는 비목과 동 품목 또는 비목의 규격 · 수량 · 단위 등이 표시된 다음 각 목의 내역서를 말한다.
   가. 계약담당공무원 또는 입찰에 참가하려는 자가 작성한 내역서
   나. 계약예규「정부입찰 · 계약 집행기준」 제10조제3항에 따라 견적서제출 안내공고 후 견적서를 제출하려는 자에게 교부된 내역서
9. “산출내역서”라 함은 입찰금액 또는 계약금액을 구성하는 물량, 규격, 단위, 단가 등을 기재한 다음 각 목의 내역서를 말한다.

연 | 습 | 문 | 제

1. 공사에 대하여 발주자의 위탁을 받은 용역업자가 설계도서 및 관련 규정의 내용대로 시공되는지를 감독하고, 품질관리 · 시공관리 및 안전관리에 대한 지도 등에 관한 발주자의 권한을 대행하는 것을 (   )라고 말한다.

답 감리

[근거 : 정보통신공사업법 제2조]

2. 공사의 감리에 관한 기술 또는 기능을 가진 사람으로서 제8조에 따라 과학기술정보통신부장관의 인정을 받은 사람을 (   )이라고 말한다.

답 감리원

[근거 : 정보통신공사업법 제2조]

3. "설계"란 공사에 관한 계획서, 설계도면, 시방서, 공사비명세서, 기술계산서 및 이와 관련된 서류를 작성하는 행위를 말한다.

답 설계

[근거 : 정보통신공사업법 제2조]

4. 도급받은 공사의 일부에 대하여 수급인이 제3자와 체결하는 계약을 (   )말한다.

답 하도급

[근거 : 정보통신공사업법 제2조]

5. 발주자로부터 공사를 도급받은 공사업자를 (   )인 이라고 말한다.

답 수급인

[근거 : 방송통신발전 기본법 제2조]

6. 「국가기술자격법」에 따라 정보통신 관련 분야의 기술자격을 취득한 사람과 정보통신설비에 관한 기술 또는 기능을 가진 사람으로서 과학기술정보통신부장관의 인정을 받은 사람을 (   )라고 말한다.

답 정보통신기술자

[근거 : 방송통신발전 기본법 제2조]

제2장 착공·시공·준공 단계 감리업무

2.1 정보통신감리원의 감리 수행 규정

정보통신감리원의 감리업무 수행은 정보통신공사업법의 감리에 대한 법령과공사계약일반조건(기획재정부계약예규 제365호)의 감독자에 대한 규정으로 감독업무를 수행한다.

2.1.1 정보통신감리의 발주와 자격 법령(정보통신공사업법 제8조)

① 발주자는 용역업자에게 공사의 감리를 발주하여야 한다.

② 제1항에 따라 공사의 감리를 발주 받은 용역업자는 감리원에게 그 공사에 대하여 감리를 하게 하여야 한다.

③ 감리원으로 인정받으려는 사람은 대통령령으로 정하는 바에 따라 과학기술정보통신부장관에게 자격을 신청하여야 한다.

④ 과학기술정보통신부장관은 제3항에 따른 신청인이 대통령령으로 정하는 감리원의 자격에 해당하면 감리원으로 인정하여야 한다.

2.1.2 감리의 발주 법령

① 정보통신공사업법 제8조(감리 등)① 발주자는 용역업자에게 공사의 감리를 발주하여야 한다.

② 제1항에 따라 공사의 감리를 발주 받은 용역업자는 감리원에게 그 공사에 대하여 감리를 하게 하여야 한다.

③ 감리원으로 인정받으려는 사람은 대통령령으로 정하는 바에 따라 과학기술정보통신부장관에게 자격을 신청하여야 한다.

④ 과학기술정보통신부장관은 제3항에 따른 신청인이 대통령령으로 정하는 감리원의 자격에 해당하면 감리원으로 인정하여야 한다.

2.1.3 감리원의 배치기준 법령(정보통신공사업법시행령 제11조)

정보통신공사업법시행령 제11조(감리원의 배치기준 등) ① 정보통신공사업법 제8조제7항에 따라 용역업자는 해당 공사의 규모 및 공사의 종류에 적합하다고 인정되는 자를 감리원으로 현장에 상주시키되, 해당 공사 전반에 관한 감리업무를 총괄하는 자를 다음 각 호의 기준에 따라 배치하여야 한다. 다만, 공사가 중단된 기간은 그러하지 아니하다.

1. 총공사금액 100억원 이상 공사 : 특급감리원(기술사자격을 가진 자로 한정한다)
2. 총공사금액 70억원 이상 100억원 미만인 공사 : 특급감리원
3. 총공사금액 30억원 이상 70억원 미만인 공사 : 고급감리원 이상의 감리원
4. 총공사금액 5억원 이상 30억원 미만인 공사 : 중급감리원 이상의 감리원
5. 총공사금액 5억원 미만의 공사 : 초급감리원 이상의 감리원

② 용역업자는 제1항에 따라 감리원을 배치한 때에는 그 배치내용을 해당 공사의 발주자에게 통지하여야 하며, 배치된 감리원을 교체하려는 경우에는 미리 발주자의 승인을 받아야 한다.

③ 용역업자는 1명의 감리원에게 2 이상의 공사를 감리하게 하여서는 아니 된다. 다만, 다음 각 호의 어느 하나에 해당하는 공사로서 발주자의 승낙을 얻은 경우에는 그러하지 아니하다.

1. 총공사금액이 2억원 미만의 공사로서 다음 각 목의 어느 하나에 해당하는 공사
   가. 동일한 시(특별시 · 광역시 및 특별자치시를 포함한다) · 군에서 행하여지는 동일한 종류의 공사
   나. 공사 현장 간의 직선거리가 20킬로미터 이내인 지역에서 행하여지는 동일한 종류의 공사
2. 이미 시공 중에 있는 공사의 현장에서 새로이 행하여지는 동일한 종류의 공사

④ 용역업자는 제1항 각 호 또는 제3항제1호의 기준에 따라 감리원을 배치한 이후에 설계변경 또는 물가변동 등의 사유로 총공사금액이 변경되는 경우에는 변경된 총공사금액에 적합하게 감리원을 배치하여야 한다. 다만, 최초 총공사금액의 100분의 10 미만의 범위에서 변경되는 경우에는 기존에 배치된 감리원에게 감리업무를 계속 수행하게 할 수 있다.

⑤ 용역업자는 감리원이 감리업무의 수행기간 중 관계법령에 따른 교육을 받거나 질병 또는 유급휴가로 현장을 이탈하게 되는 경우에는 감리업무에 지장이 없도록 필요한 조치를 하여야 한다.

2.1.4 감리원의 업무범위 법령(정보통신공사업법시행령 제12조)

정보통신공사업법시행령 제12조(감리원의 업무범위)정보통신공사업법 제8조제7항에 따른 감리원의 업무범위는 다음 각 호와 같다.

1. 공사계획 및 공정표의 검토
2. 공사업자가 작성한 시공상세도면의 검토 · 확인
3. 설계도서와 시공도면의 내용이 현장조건에 적합한지 여부와 시공가능성 등에 관한 사전검토
4. 공사가 설계도서 및 관련규정에 적합하게 행하여지고 있는지에 대한 확인
5. 공사 진척부분에 대한 조사 및 검사
6. 사용자재의 규격 및 적합성에 관한 검토 · 확인
7. 재해예방대책 및 안전관리의 확인
8. 설계변경에 관한 사항의 검토 · 확인
9. 하도급에 대한 타당성 검토
10. 준공도서의 검토 및 준공확인

2.1.5 공사감독관의 지정 법령(공사계약일반조건 제16조)

공사계약일반조건 제16조(공사감독관) ① 공사감독관은 계약된 공사의 수행과 품질의 확보 및 향상을 위하여「건설기술 진흥법」제39조제6항 및 동법 시행령 제59조,「전력기술관리법」제12조, 그 밖에 공사관련법령에 따른 건설사업리기술자 또는 감리원의 업무범위에서 정한 내용 및 이 조건에서 규정한 업무를 수행한다.

② 공사감독관은 계약담당공무원의 승인없이 계약상대자의 의무와 책임을 면제시키거나 증감시킬 수 없다.

③ 계약상대자는 공사감독관의 지시 또는 결정이 이 조건에서 정한 사항에 위반되거나 계약의 이행에 적합하지 아니하다고 인정될 경우에는 즉시 계약담당공무원에게 이의 시정을 요구하여야 한다.

④ 계약담당공무원은 제3항에 의한 시정요구를 받은 날부터 7일이내에 필요한 조치를 하여야 한다.

⑤ 계약상대자는 발주기관에 제출하는 모든 문서에 대하여 그 사본을 공사감독관에게 제출하여야 한다.

⑥ 공사감독관은 계약상대자로부터 제43조의2 제1항에 따른 통보를 받은 경우에는

하수급인 및 계약상대자와 직접 계약을 체결한 건설공사용부품제작납품업자, 건설기계대여업자(이하 "하수급인 및 자재 · 장비업자"라 한다)로부터 대금 수령내역 및 증빙서류를 제출받아 대금 지급내역 및 수령내역의 일치 여부를 확인하여야 한다.

2.1.6 감리 행정업무 수행 방법

① 감리업자는 감리용역계약 즉시 상주 및 비상주감리원의 투입 등 감리업무 수행준비에 대하여 발주자와 협의하여야 하며, 계약서상 착수일에 감리용역을 착수하여야 한다. 다만, 감리대상 공사의 전부 또는 일부가 발주자의 사정 등으로 계약서상 착수일에 감리용역을 착수할 수 없는 경우에는 발주자는 실 착수시점 및 상주감리원 투입시기 등을 조정하여 감리업자에게 통보하여야 한다.

② 감리업자는 감리용역 착수시 다음 각 호의 서류를 첨부한 착수신고서를 제출하여 발주자의 승인을 받아야 한다.

1. 감리업무 수행계획서
2. 감리비 산출내역서
3. 상주, 비상주 감리원 배치계획서와 감리원의 경력확인서
4. 감리원 조직 구성내용과 감리원별 투입기간 및 담당업무

③ 감리업자는 제2항제3호에 따른 감리원 배치계획서에 따라 감리원을 배치하여야 한다. 다만, 감리원의 퇴직 · 입원 등 부득이한 사유로 감리원을 교체하려는 때에는 교체 · 배치하여야 한다.

④ 발주자는 제2항제3호 및 제4호의 내용을 검토하여 감리원 또는 감리조직 구성내용이 해당 공사현장의 공종 및 공사 성격에 적합하지 아니하다고 인정될 경우에는 감리업자에게 사유를 명시하여 서면으로 변경을 요구할 수 있으며, 변경요구를 받은 감리업자는 특별한 사유가 없으면 응하여야 한다.

⑤ 발주자의 승인을 받은 감리원은 업무의 연속성, 효율성 등을 고려하여 특별한 사유가 없으면 감리용역이 완료될 때까지 근무하여야 한다.

⑥ 감리원의 구성은 계약문서에 기술된 과업내용에 따라 관련 분야 기술자격 또는 학력 · 경력을 갖춘 사람으로 구성되어야 한다.

2.1.7 설계도서의 관리 수행 방법

① 감리원은 감리업무 착수와 동시에 공사에 관한 설계도서 및 자료, 공사계약문

서 등을 발주자로부터 인수하여 관리번호를 부여하고, 관리대장을 작성하여 공사관계자 이외의 자에게 유출을 방지하는 등 관리를 철저히 하여야 하며, 외부에 유출하고자 하는 때에는 발주자 또는 지원업무담당자의 승인을 받아야 한다.

② 감리원은 설계도면 등 중요한 자료는 반드시 잠금장치로 된 서류함에 보관하여야 하며, 캐비닛 등에 보관된 설계도서 및 관리 서류의 명세서를 기록하여 내측에 부착하여 관리하여야 한다.

③ 공사업자가 차용하여 간 설계도서 등 중요자료를 반드시 잠금장치로 된 서류함에 보관하여 분실 또는 유실되지 않도록 지도 · 감독하여야 한다.

④ 감리원은 공사완료 후 공사 시작 전에 인수하여 보관하고 있는 설계도서 등을 발주자에게 반납하거나 지시에 따라 폐기 처분한다.

⑤ 감리원은 공사의 여건을 감안하여 각종 법령, 표준 설계설명서 및 필요한 기술서적 등을 비치하여야 한다.

2.1.8 공사표지판 등의 설치 수행 방법

① 감리원은 공사업자가 공사표지를 게시하고자 할 때에는 표지판의 제작방법, 크기, 설치 장소 등이 포함된 표지판 제작설치계획서를 제출 받아 검토한 후 설치하도록 하여야 한다.

② 공사현장의 표지는 공사 시작일부터 준공 전일까지 게시 · 설치하여야 한다.

2.1.9 착공신고서 검토 및 보고 수행 방법

① 감리원은 공사가 시작된 경우에는 공사업자로부터 다음 각 호의 서류가 포함된 착공신고서를 제출받아 적정성 여부를 검토하여 7일 이내에 발주자에게 보고하여야 한다.

1. 시공관리책임자 지정통지서(현장관리조직, 안전관리자)
2. 공사 예정공정표
3. 품질관리계획서
4. 공사도급 계약서 사본 및 산출내역서
5. 공사 시작 전 사진
6. 현장기술자 경력사항 확인서 및 자격증 사본
7. 안전관리계획서

8. 작업인원 및 장비투입 계획서
9. 그 밖에 발주자가 지정한 사항

② 감리원은 다음 각 호를 참고하여 착공신고서의 적정여부를 검토하여야 한다.

1. 계약내용의 확인
   가. 공사기간(착공~준공)
   나. 공사비 지급조건 및 방법(선급금, 기성부분 지급, 준공금 등)
   다. 그 밖에 공사계약문서에 정한 사항
2. 현장기술자의 배치 및 안전관리자
   가. 시공관리책임자 : 「정보통신공사업법」 제33조, 제39조
   나. 안전관리자 : 「산업안전보건법」 제15조
3. 공사 예정공정표 : 작업 간 선행 · 동시 및 완료 등 공사 전 · 후 간의 연관성이 명시되어 작성되고, 예정 공정률이 적정하게 작성되었는지 확인
4. 품질관리계획 : 공사 예정공정표에 따라 공사용 자재의 투입시기와 시험방법, 빈도 등이 적정하게 반영되었는지 확인
5. 공사 시작 전 사진 : 전경이 잘 나타나도록 촬영되었는지 확인
6. 안전관리계획 : 산업안전보건법령에 따른 해당 규정 반영여부
7. 작업인원 및 장비투입 계획 : 공사의 규모 및 성격, 특성에 맞는 장비형식이나 수량의 적정여부 등

2.1.10 공사관계자 합동회의 수행 방법

감리원은 발주자(지원업무수행자)가 주관하는 공사관계자 합동회의에 참석하여 필요한 경우에는 현장조사결과와 설계도면 등의 검토내용을 설명하여야 하며, 그 결과를 회의 및 협의내용 관리대장에 기록 · 관리하여야 한다.

2.1.11 현장사무소, 공사용 도로, 작업장부지 등의 선정 수행 방법

① 내역서에 현장사무소 설치가 있는 경우 감리원은 공사 시작과 동시에 공사업자에게 다음 각 호에 따른 가설시설물의 면적, 위치 등을 표시한 가설시설물 설치계획표를 작성하여 제출하도록 하여야 한다.

1. 공사용도로
2. 가설사무소, 작업장, 창고, 숙소, 식당 및 그 밖의 부대설비

3. 자재 야적장
4. 공사용 임시전력

2.1.12 현지 여건조사 수행 방법

① 감리원은 공사 시작 후 조속한 시일 내에 공사추진에 지장이 없도록 공사업자와 합동으로 현지 조사하여 시공자료로 활용하고 당초 설계내용의 변경이 필요한 경우에는 설계변경 절차에 따라 처리하여야 한다.

2.2 공사 착공단계 감리원의 업무

2.2.1 공사계획서 검토 법령(정보통신공사업법시행령 제12조)

정보통신공사업법시행령 제12조(감리원의 업무범위) 법 제8조제7항에 따른 감리원의 업무범위는 다음 각 호와 같다.

1. 공사계획 및 공정표의 검토

2.2.2 시공계획서의 검토·확인 수행 방법

① 감리원은 공사업자가 작성 · 제출한 시공계획서를 공사의 일반시방서에 규정한 일자 이내에 제출받아 이를 검토 · 확인하여 7일 이내에 승인하여 시공하도록 하여야 하고, 시공계획서의 보완이 필요한 경우에는 그 내용과 사유를 문서로서 공사업자에게 통보하여야 한다. 시공계획서에는 시공계획서의 작성기준과 함께 다음 각 호의 내용이 포함되어야 한다.

1. 현장 조직표
2. 공사 세부공정표
3. 주요 공정의 시공 절차 및 방법
4. 시공일정
5. 주요 장비 동원계획
6. 주요 기자재 및 인력투입 계획
7. 주요 설비

8. 품질 · 안전 · 환경관리 대책 등

② 감리원은 시공계획서를 공사 착공신고서와 별도로 실제 공사시작 전고 일반시방서에 지정한 일자 이전에 제출받아야 하며, 공사 중 시공계획서에 중요한 내용변경이 발생할 경우에는 그 때마다 변경 시공계획서를 제출받은 후 5일 이내에 검토 · 확인하여 승인한 후 시공하도록 하여야 한다.

2.2.3 금일 작업실적 및 계획서의 검토·확인

① 감리원은 공사업자로부터 명일 작업계획서를 제출받아 공사업자와 그 시행상의 가능성 및 각자가 수행하여야 할 사항을 협의하여야 하고 명일 작업계획의 공종 및 위치에 따라 감리원의 배치, 감리시간 등의 일일 감리업무 수행을 검토 · 확인하고 이를 감리일지에 기록하여야 한다.

② 감리원은 공사업자로부터 금일 작업실적이 포함된 공사업자의 공사일지 또는 작업일지 사본(공사업자 자체양식)을 제출받아 계획대로 작업이 추진되었는지 여부를 확인하고 금일 작업실적과 사용자재량, 품질관리 시험회수 및 성과 등이 서로 일치하는지 여부를 검토 · 확인하고 이를 감리일지에 기록하여야 한다.

2.2.4 시공상세도와 설계도서 검토 법령

정보통신공사업법시행령 제12조(감리원의 업무범위) 정보통신공사업법 제8조제7항에 따른 감리원의 업무범위는 다음 각 호와 같다(제2호, 제3호).

2. 공사업자가 작성한 시공상세도면의 검토 · 확인
3. 설계도서와 시공도면의 내용이 현장조건에 적합한지 여부와 시공가능성 등에 관한 사전검토

2.2.5 시공상세도 승인 수행 방법

① 감리원은 공사업자로부터 시공상세도를 사전에 제출받아 다음 각 호의 사항을 고려하여 공사업자가 제출한 날부터 7일 이내에 검토 · 확인하여 승인 한 후 시공할 수 있도록 하여야 한다. 다만, 7일 이내에 검토 · 확인이 불가능한 때에는 사유 등을 명시하여 통보하고, 통보사항이 없는 때에는 승인한 것으로 본다.

1. 설계도면, 설계설명서 또는 관계 규정에 일치하는지 여부

2. 현장의 시공기술자가 명확하게 이해할 수 있는지 여부
3. 실제시공 가능 여부
4. 안정성의 확보 여부
5. 계산의 정확성
6. 제도의 품질 및 선명성, 도면작성 표준에 일치 여부
7. 도면으로 표시 곤란한 내용은 시공시 유의사항으로 작성되었는지 등의 검토

② 시공상세도는 설계도면 및 설계설명서 등에 불명확한 부분을 명확하게 해줌으로써 시공 상의 착오방지 및 공사의 품질을 확보하기 위한 수단으로 다음 각 호의 사항에 대한 것과 공사 설계설명서에서 작성하도록 명시한 시공상세도에 대하여 작성하였는지를 확인한다.

2.2.6 설계도서의 검토 수행 방법

① 감리원은 설계도면, 설계설명서, 공사비 산출내역서, 기술계산서, 공사계약서의 계약내용과 해당 공사의 조사 설계보고서 등의 내용을 완전히 숙지하여 새로운 방향의 공법개선 및 예산절감을 도모하도록 노력하여야 한다.

② 감리원은 설계도서 등에 대하여 공사계약문서 상호 간의 모순되는 사항, 현장 실정과의 부합여부 등 현장 시공을 주안으로 하여 해당 공사 시작 전에 검토하여야 하며 검토내용에는 다음 각 호의 사항 등이 포함되어야 한다.

1. 현장조건에 부합 여부
2. 시공의 실제가능 여부
3. 다른 사업 또는 다른 공정과의 상호부합 여부
4. 설계도면, 설계설명서, 기술계산서, 산출내역서 등의 내용에 대한 상호일치 여부
5. 설계도서의 누락, 오류 등 불명확한 부분의 존재여부
6. 발주자가 제공한 물량 내역서와 공사업자가 제출한 산출내역서의 수량일치 여부
7. 시공 상의 예상 문제점 및 대책 등

③ 감리원 제2항의 검토결과 불합리한 부분, 착오, 불명확하거나 의문사항이 있을 때에는 그 내용과 의견을 발주자에게 보고하여야 한다. 또한, 공사업자에게도 설계도서 및 산출내역서 등을 검토하도록 하여 검토결과를 보고 받아야 한다.

2.2.7 시공확인 수행 방법

① 감리원은 다음 각 호의 시공 확인업무를 수행하여야 한다.

1. 공사목적물을 제조, 조립, 설치하는 시공과정에서 가설시설물공사와 영구시설물공사의 모든 작업단계의 시공상태 확인
2. 시공·확인하여야 할 구체적인 사항은 해당 공사의 설계도면, 설계설명서 및 관계 규정에 정한 공종을 반드시 확인
3. 공사업자가 표시한 시설물의 배치 위치를 공사업자로부터 제출받아 시설물의 위치, 표고, 치수의 정확도 확인
4. 외부에서 확인하기 곤란한 시공에는 반드시 검사하여 시공 당시 상세한 경과 기록 및 사진촬영 등의 방법으로 그 시공내용을 명확히 입증할 수 있는 자료를 작성하여 비치하고, 발주자 등의 요구가 있을 때에는 제시

2.2.8 설계도서의 기술기준 준수 법령

1) 정보통신공사업법 제6조(기술기준의 준수) ① 공사를 설계하는 자는 대통령령으로 정하는 기술기준에 적합하게 설계하여야 한다.

② 감리원은 설계도서 및 관련 규정에 적합하게 공사를 감리하여야 한다.

2) 정보통신공사업법시행령 제5조(설계에 있어서의 기술기준) 법 제6조제1항에서 "대통령령으로 정하는 기술기준"이란 다음 각 호의 기술기준을 말한다.

1. 「방송통신발전 기본법」 제28조제1항에 따른 기술기준

1의2. 「전기통신사업법」 제61조, 제68조제2항, 제69조제2항 및 제69조의2제2항에 따른 기술기준

2. 「전파법」 제37조제1항, 제45조, 제47조, 제47조의2제1항·제2항 및 제47조의3제1항에 따른 기술기준
3. 「방송법」 제79조제1항에 따른 기술기준
4. 「건축법 시행령」 제87조제5항 및 「주택건설기준 등에 관한 규정」 제32조, 제32조의2, 제39조 및 제42조에 따른 기술기준

2.2.9 감리서류 준비 업무 수행 방법

① 감리원은 감리업무 착수 후 빠른 시일 내에 해당 공사의 내용, 규모, 감리원

배치인원수 등을 감안하여 각종 행정업무 중에서 최소한의 필요한 행정업무 사항을 발주자와 협의하여 결정하고, 이를 공사업자에게 통보하여야 한다.

② 감리원은 다음 각 호의 서식 중 해당 감리현장에서 감리업무 수행 상 필요한 서식을 비치하고 기록 · 보관하여야 한다.

1. 감리업무일지
2. 근무상황판
3. 지원업무수행 기록부
4. 착수 신고서
5. 회의 및 협의내용 관리대장
6. 문서접수대장
7. 문서발송대장
8. 교육실적 기록부
9. 민원처리부
10. 지시부
11. 발주자 지시사항 처리부
12. 품질관리 검사 · 확인대장
13. 설계변경 현황
14. 검사 요청서
15. 검사 체크리스트
16. 시공기술자 실명부
17. 검사결과 통보서
18. 기술검토 의견서
19. 주요기자재 검수 및 수불부
20. 기성부분 감리조서
21. 발생품(잉여자재) 정리부
22. 기성부분 검사조서
23. 기성부분 검사원
24. 준공 검사원
25. 기성공정 내역서
26. 기성부분 내역서

27. 준공검사조서
28. 준공감리조서
29. 안전관리 점검표
30. 사고 보고서
31. 재해발생 관리부
32. 사후환경영향조사 결과보고서

③ 공사업자는 다음 각 호의 서식 중 해당 공사현장에서 공사업무 수행 상 필요한 서식을 비치하고 기록·보관하여야 한다.

1. 하도급 현황
2. 주요인력 및 장비투입 현황
3. 작업계획서
4. 기자재 공급원 승인현황
5. 주간공정계획 및 실적보고서
6. 안전관리비 사용실적 현황
7. 각종 측정 기록표

④ 감리원은 다음 각 호에 따른 문서의 기록관리 및 문서수발에 관한 업무를 하여야 한다.

1. 감리업무일지는 감리원별 분담업무에 따라 항목별(품질관리, 시공관리, 안전관리, 공정관리, 행정 및 민원 등)로 수행업무의 내용을 육하원칙에 따라 기록하며 공사업자가 작성한 공사일지를 매일 제출받아 확인한 후 보관한다.
2. 주요한 현장은 공사 시작 전, 시공 중, 준공 등 공사과정을 알 수 있도록 동일 장소에서 사진을 촬영하여 보관한다.
3. 현지조사 보고사항은 그 내용을 구체적으로 작성하여 현장을 답사하지 않고도 현황을 파악할 수 있을 정도로 명확히 기록한다.
4. 각종 지시, 통보사항 및 회의내용 등 중요한 사항은 감리원 모두가 숙지하도록 교육 또는 공람시킨다.
5. 문서는 성격별로 분류하여 관리하며, 서류가 손실되는 일이 없도록 목차 및 페이지를 기록하여 보관한다.

2.3 시공단계 감리원 업무

2.3.1 시공관리 관련 감리업무 수행 방법

감리원은 공사가 설계도서 및 관계 규정 등에 적합하게 시공되는지 여부를 확인하고 공사업자가 작성 제출한 시공계획서, 시공상세도의 검토 · 확인 및 시공단계별 검사, 현장설계변경 여건처리 등의 시공관리업무를 통하여 공사목적물이 소정의 공기 내에 우수한 품질로 완공되도록 철저를 기하여야 한다.

2.3.2 감리보고 업무 수행 방법

① 책임감리원은 감리업무 수행 중 긴급하게 발생되는 사항 또는 불특정하게 발생하는 중요사항에 대하여 발주자에게 수시로 보고하여야 하며, 보고서 작성에 대한 서식은 특별히 정해진 것이 없으므로 보고사안에 따라 보고하여야 한다.

② 책임감리원은 다음 각 호의 사항이 포함된 분기보고서를 작성하여 발주자에게 제출하여야 한다. 보고서는 매 분기말 다음 달 5일 이내(과업지시서에 지정한 일자)로 제출한다.

1. 공사추진 현황(공사계획의 개요와 공사추진계획 및 실적, 공정현황, 감리용역 현황, 감리조직, 감리원 조치내역 등)
2. 감리원 업무일지
3. 품질검사 및 관리현황
4. 검사요청 및 결과통보내용
5. 주요기자재 검사 및 수불내용(주요기자재 검사 및 입 · 출고가 명시된 수불현황)
6. 설계변경 현황
7. 그 밖에 책임감리원이 감리에 관하여 중요하다고 인정하는 사항

③ 책임감리원은 다음 각 호의 사항이 포함된 최종감리보고서를 감리기간 종료 후 14일 이내에 발주자에게 제출하여야 한다.

1. 공사 및 감리용역 개요 등(사업목적, 공사개요, 감리용역 개요)
2. 공사추진 실적현황(기성 및 준공검사 현황, 공종별 추진실적, 설계변경 현황, 공사현장 실정보고 및 처리현황, 지시사항 처리, 주요인력 및 장비투입현황, 하도급 현황, 감리원 투입현황)

3. 품질관리 실적(검사요청 및 결과통보현황, 각종 측정기록 및 조사표, 시험장비 사용현황, 품질관리 및 측정자 현황, 기술검토실적 현황 등)
4. 주요기자재 사용실적(기자재 공급원 승인현황, 주요기자재 투입현황, 사용자재 투입현황)
5. 안전관리 실적(안전관리조직, 교육실적, 안전점검실적, 안전관리비 사용실적)
6. 환경관리 실적(폐기물발생 및 처리실적)
7. 종합분석

④ 최종감리보고서는 전산프로그램(CD-ROM)으로 제출할 수 있다.

2.3.3 현장 정기교육 수행 방법

감리원은 공사업자에게 현장에 종사하는 시공기술자의 양질시공 의식고취를 위한 다음 각 호와 같은 내용의 현장 정기교육을 해당 현장의 특성에 적합하게 실시하도록 하게하고, 그 내용을 교육실적 기록부에 기록 · 비치하여야 한다.

1. 관련 법령 · 기준, 지침 등의 내용과 공사현황 숙지에 관한 사항
2. 감리원과 현장에 종사하는 기술자들의 화합과 협조 및 양질시공을 위한 의식교육
3. 시공결과 · 분석 및 평가
4. 작업시 유의사항 등

2.3.4 감리원의 의견제시 수행 방법

① 감리원은 해당 공사와 관련하여 공사업자의 공법 변경요구 등 중요한 기술적인 사항에 대하여 요구한 날부터 7일 이내에 이를 검토하고 의견서를 첨부하여 발주자에게 보고하여야 하며, 전문성이 요구되는 경우에는 요구가 있는 날부터 14일 이내에 감리원의 검토의견서를 첨부하여 발주자에 보고하여야 한다.

② 감리원은 시공과 관련하여 검토한 내용에 대하여 스스로 필요하다고 판단될 경우에는 발주자 또는 공사업자에게 그 검토의견을 서면으로 제시할 수 있다.

③ 감리원은 시공 중 예산이 변경되거나 계획이 변경되는 중요한 민원이 발생된 때에는 발주자가 민원처리를 할 수 있도록 검토의견서를 첨부하여 발주자에게 보고하여야 한다.

④ 감리원은 공사와 직접 관련된 경미한 민원처리는 직접 처리하여야 하고, 전화

또는 방문민원을 처리함에 있어 민원인과의 대화는 원만하고 성실하게 하여야 하며 공사업자와 협조하여 적극적으로 해결방안을 강구 · 시행하고 그 내용은 민원처리부에 기록 비치하여야 한다.

2.3.5 공사업자에 대한 지시 및 수명사항의 처리 수행 방법

① 감리원은 공사업자에게 시공과 관련하여 지시하는 경우에는 다음 각 호와 같이 처리하여야 한다.

1. 감리원은 시공과 관련하여 공사업자에게 지시를 하고자 할 경우에는 서면으로 하는 것을 원칙으로 하며, 현장 실정에 따라 시급한 경우 또는 경미한 사항에 대하여는 우선 구두지시로 시행하도록 조치하고, 추후에 이를 서면으로 확인하여야 한다.
2. 감리원의 지시내용은 해당 공사 설계도면 및 설계설명서 등 관계 규정에 근거, 구체적으로 기술하여 공사업자가 명확히 이해할 수 있도록 지시하여야 한다.
3. 감리원은 지시사항에 대하여 그 이행상태를 수시로 점검하고 공사업자로부터 이행결과를 보고받아 기록 · 관리하여야 한다.

2.3.6 사진촬영 및 보관 수행 방법

① 감리원은 공사업자에게 촬영일자가 나오는 시공사진을 공종별로 공사 시작 전부터 끝났을 때까지의 공사과정, 공법, 특기사항을 촬영하고 공사내용(시공일자, 위치, 공종, 작업내용 등) 설명서를 기재, 제출하도록 하여 후일 참고자료로 활용하도록 한다. 공사기록사진은 공종별, 공사추진 단계에 따라 다음의 사항을 촬영 · 정리하도록 하여야 한다.

1. 주요한 공사현황은 공사 시작 전, 시공 중, 준공 등 시공과정을 알 수 있도록 가급적 동일 장소에서 촬영
2. 시공 후 검사가 불가능하거나 곤란한 부분
   가. 암반선 확인 사진(접지설비에 해당)
   나. 매몰, 수중 구조물
   다. 매몰되는 옥내외 배관 등 광경
   라. 주변의 매몰배관 등

② 감리원은 특별히 중요하다고 판단되는 시설물에 대하여는 공사과정을 비디오테이프 등으로 촬영하도록 하여야 한다.

③ 감리원은 제1항과 제2항에 따라 촬영한 사진은 Digital 파일, CD(필요시 촬영한 비디오테이프)을 제출 받아 수시 검토 · 확인할 수 있도록 보관하고 준공시 발주자에게 제출하여야 한다.

2.3.7 감리원의 공정표 검토 법령

정보통신공사업법시행령 제12조(감리원의 업무범위) 정보통신공사업법 제8조제7항에 따른 감리원의 업무범위는 다음 각 호와 같다.

1. 공사계획 및 공정표의 검토
5. 공사 진척부분에 대한 조사 및 검사

2.3.8 공정관리 수행 방법

① 감리원은 해당 공사가 정해진 공기 내에 설계설명서, 도면 등에 따라 우수한 품질을 갖추어 완성될 수 있도록 공정관리의 계획수립, 운영, 평가에 있어서 공정진척도 관리와 기성관리가 동일한 기준으로 이루어질 수 있도록 감리하여야 한다.

② 감리원은 공사 시작일부터 공사시방서에 지정한 일자 이내에 공사업자로부터 공정관리 계획서를 제출받아 검토하고 제출받은 날부터 14일 이내에 발주자에게 제출하여야한다.

1. 공사업자의 공정관리 기법이 공사의 규모, 특성에 적합한지 여부
2. 계약서, 설계설명서 등에 공정관리 기법이 명시되어 있는 경우에는 명시된 공정관리 기법으로 시행되도록 감리
3. 계약서, 설계설명서 등에 공정관리 기법이 명시되어 있지 않을 경우, 단순한 공종 및 보통의 공종 공사인 경우에는 공사조건에 적합한 공정관리 기법을 적용하도록 하고, 복잡한 공종의 공사 또는 감리원이 PERT/CPM 이론을 기본으로 한 공정관리가 필요하다고 판단하는 경우에는 별도의 PERT/CPM 기법에 의한 공정관리를 적용하도록 조치
4. 특수한 현장여건으로 전산공정관리 등이 필요하다고 판단되는 경우에는 발주자에게 별도의 공정관리를 시행하도록 건의
5. 감리원은 일정관리와 원가관리, 진도관리가 병행될 수 있는 종합관리 형태의 공정관리가 되도록 조치

③ 감리원은 공사의 규모, 공종 등 제반여건을 감안하여 공사업자가 공정관리업

무를 성공적으로 수행할 수 있는 공정관리 조직을 갖추도록 다음 각 호의 사항을 검토 · 확인하여야 한다.

1. 공정관리 요원 자격 및 그 요원 수의 적합 여부
2. Software와 Hardware 규격 및 그 수량의 적합 여부
3. 보고체계의 적합성 여부
4. 계약공기의 준수 여부
5. 각 공종별 작업공기에 품질 · 안전관리가 고려되었는지 여부
6. 지정휴일과 기상조건 감안 여부
7. 자원조달 여부
8. 공사주변의 여건 및 법적제약조건 감안 여부
9. 주공정의 적합 여부
10. 동원 가능한 장비, 그 밖의 부대설비 및 그 성능 감안 여부
11. 동원 가능한 작업인원과 작업자의 숙련도 감안 여부
12. 특수장비 동원을 위한 준비기간의 반영 여부
13. 그 밖에 필요하다고 판단되는 사항

2.3.9 공사진도 관리 수행 방법

① 감리원은 공사업자로부터 전체 실시공정표에 따른 월간, 주간 상세공정표를 사전에 제출받아 검토 · 확인하여야 한다.

1. 월간 상세공정표 : 작업 착수 7일전 제출
2. 주간 상세공정표 : 작업 착수 4일전 제출

② 감리원은 매주 또는 매월 정기적으로 공사진도를 확인하여 예정공정과 실시공정을 비교하여 공사의 부진 여부를 검토한다.

③ 감리원은 현장여건, 기상조건, 지장물 이설 등에 따른 관련 기관 협의사항이 정상적으로 추진되는지를 검토 · 확인하여야 한다.

④ 감리원은 공정진척도 현황을 최근 1주일 전의 자료가 유지될 수 있도록 관리하고 공정지연을 방지하기 위하여 주 공정 중심의 일정관리가 될 수 있도록 공사업자를 감리하여야 한다.

⑤ 감리원은 주간 단위의 공정계획 및 실적을 공사업자로부터 제출받아 검토 · 확인하고, 필요한 경우에는 공사업자의 시공관리책임자를 포함한 관계 직원 합동으로

금주작업에 대한 실적을 분석 · 평가하고, 공사추진에 지장을 초래하는 문제점, 잘못 시공된 부분의 지적 및 재시공 등의 지시와 재발방지대책, 공정진도의 평가, 그 밖에 공사추진 상 필요한 내용의 협의를 위한 주간 또는 월간 공사 추진회의를 개최하고 그 회의록을 관리하여야 한다.

2.3.10 착공보고와 공정보고 법령

공사계약 일반조건 제17조(착공 및 공정보고) ①계약상대자는 계약문서에서 정하는 바에 따라 공사를 착공하여야 하며 착공시에는 다음 각호의 서류가 포함된 착공신고서를 발주기관에 제출하여야 한다.

1. 「건설기술 진흥법령」 등 관련법령에 의한 현장기술자지정신고서
2. 공사공정예정표
3. 안전 · 환경 및 품질관리계획서
4. 공정별 인력 및 장비투입계획서
5. 착공전 현장사진
6. 기타 계약담당공무원이 지정한 사항

② 계약상대자는 계약의 이행중에 설계변경 또는 기타 계약내용의 변경으로 인하여 제1항에 의하여 제출한 서류의 변경이 필요한 때에는 관련서류를 변경하여 제출하여야 한다.

③ 계약담당공무원은 제1항 및 제2항에 의하여 제출된 서류의 내용을 조정할 필요가 있다고 인정하는 경우에는 계약상대자에게 이의 조정을 요구할 수 있다.

④ 계약담당공무원은 계약상대자로 하여금 월별로 수행한 공사에 대하여 다음 각호의 사항을 명백히 하여 익월 14일까지 발주기관에 제출하게 할 수 있으며, 이 경우 계약상대자는 이에 응하여야 한다.

1. 월별 공정율 및 수행공사금액
2. 인력 · 장비 및 자재현황
3. 계약사항의 변경 및 계약금액의 조정내용
4. 공정상황을 나타내는 현장사진

⑤ 계약담당공무원은 공정이 지체되어 소정기한내에 공사가 준공될 수 없다고 인정할 경우에는 제4항에 의한 월별 현황과는 별도로 주간공정현황의 제출 등 공사추진에 필요한 조치를 계약상대자에게 지시할 수 있다.

2.3.11 공정보고 기간 수행 방법

① 감리원은 주간 및 월간단위의 공정현황을 공사업자로부터 제출받아 검토 · 확인하여야 한다.

② 감리원은 공정현황을 분기감리보고서에 포함하여 발주자에게 보고하여야 한다.

③ 감리원은 공사업자가 준공기한 연기를 요청할 경우에는 타당성을 검토 · 확인하고 검토의견서를 첨부하여 발주자에게 보고하여야 한다.

2.3.12 부진공정 만회대책 수행 방법

① 감리원은 공사 진도율이 계획공정 대비 월간 공정실적이 10% 이상 지연되거나, 누계공정 실적이 5% 이상 지연될 때에는 공사업자에게 부진사유 분석, 만회대책 및 만회공정표를 수립하여 제출하도록 지시하여야 한다.

② 감리원은 공사업자가 제출한 부진공정 만회대책을 검토 · 확인하고, 그 이행 상태를 주간단위로 점검 · 평가하여야 하며, 공사추진회의 등을 통하여 미 조치 내용에 대한 필요대책 등을 수립하여 정상 공정으로 회복할 수 있도록 조치하여야 한다.

③ 감리원은 검토 · 확인한 부진공정 만회대책과 그 이행상태의 점검 · 평가결과를 감리보고서에 수록하여 발주자에게 보고하여야 한다.

2.3.13 수정 공정계획 수행 방법

① 감리원은 설계변경 등으로 인한 물공량의 증감, 공법변경, 공사 중 재해, 천재지변 등 불가항력에 따른 공사중지, 지급자재 공급지연 등으로 인하여 공사진척 실적이 지속적으로 부진할 경우에는 공정계획을 재검토하여 수정공정 계획수립의 필요성을 검토하여야 한다.

② 감리원은 공사업자의 요청 또는 감리원의 판단에 따라 수정공정 계획을 수립할 경우에는 공사업자로부터 수정 공정계획을 제출받아 제출일부터 7일 이내에 검토하여 승인하고 발주자에게 보고하여야 한다.

③ 감리원은 수정 공정계획을 검토할 때에는 수정목표 종료일이 당초 계약종료일을 초과하지 않도록 조치하여야 하며, 초과할 경우에는 그 사유를 분석하여 감리원의 검토안을 작성하고 필요시 수정 공정계획과 함께 발주자에게 보고하여야 한다.

2.3.14 설계변경에 관한 사항의 검토 법령

정보통신공사업법시행령 제12조(감리원의 업무범위) 법 제8조제7항에 따른 감리원의 업무범위는 다음 각 호와 같다.

8. 설계변경에 관한 사항의 검토 · 확인

2.3.15 설계변경 및 계약금액 조정 수행 방법

① 감리원은 설계변경 및 계약금액의 조정 확인의 감리업무를 수행하여야 한다.

② 감리원은 시공과정에서 당초 설계의 기본적인 사항인 방식, 규격 및 공법 등의 변경 없이 현지 여건에 따른 위치변경과 연장증감 등으로 인한 수량증감이나 단순 시설물의 추가 또는 삭제 등의 경미한 설계변경 사항이 발생한 경우에는 설계변경 도면, 수량증감 및 증감공사 내역을 공사업자로부터 제출받아 검토 · 확인하고 우선 변경 시공하도록 지시할 수 있으며 사후에 발주자에게 서면으로 보고하여야 한다. 이 경우 경미한 설계변경의 구체적 범위는 발주자가 정한다.

③ 발주자는 외부적 사업환경의 변동, 사업추진 기본계획의 조정, 공법변경, 그 밖의 시설물 추가 등으로 설계변경이 필요한 경우에는 다음 각 호의 서류를 첨부하여 반드시 서면으로 감리원에게 설계변경을 하도록 지시하여야 한다. 다만, 발주자가 설계변경 도서를 작성할 수 없을 경우에는 설계변경개요서만 첨부하여 설계변경 지시를 할 수 있다.

1. 설계변경 개요서
2. 설계변경 도면, 설계설명서, 계산서 등
3. 수량산출 조서
4. 그 밖에 필요한 서류

④ 제3항의 지시를 받은 책임감리원은 지체 없이 공사업자에게 그 내용을 통보하여야 한다.

⑤ 공사업자는 설계변경 지시내용의 이행가능 여부를 당시의 공정, 자재수급 상황 등을 검토하여 확정하고, 만약 이행이 불가능하다고 판단될 경우에는 그 사유와 근거자료를 첨부하여 감리원에게 보고하여야 하고, 감리원은 그 내용을 검토 · 확인하여 지체 없이 발주자에게 보고하여야 한다. 이 경우 설계변경 도서작성에 소요되는 비용은 원칙적으로 발주자가 부담하여야 한다.

⑥ 감리원은 발주자의 방침에 따라 공사업자로부터 제3항에 따른 설계변경 관련

서류를 받아 그 타당성에 관한 자료를 감리업자 명으로 발주자에게 제출하여야 한다. 이때 비상주감리원은 현지여건 등을 확인하여 감리원에게 기술검토서를 작성 제출할 수 있다.

⑦ 감리원은 공사업자가 현지여건과 설계도서가 부합되지 않거나 공사비의 절감 및 공사의 품질향상을 위한 개선사항 등 설계변경이 필요하다고 설계변경사유서, 설계변경도면, 개략적인 수량증감내역 및 공사비 증감내역 등의 서류를 첨부하여 제출하면 이를 검토 · 확인하여야한다.

⑧ 필요시 기술검토 의견서를 첨부하여 발주자에게 실정을 보고하고, 발주자의 방침을 받은 후 시공하도록 조치하여야 한다. 감리원은 공사업자로부터 현장실정보고를 접수 후 발주자에게 보고하고 공사업자에게도 통보하여야 한다.

⑨ 공사업자는 기초공사 또는 주 공정에 중대한 영향을 미치는 설계변경으로 방침확정이 긴급히 요구되는 사항이 발생하는 경우에는 감리원에게 긴급현장 실정보고를 할 수 있으며, 감리원은 발주자에게 지체 없이 유선 또는 FAX 등으로 보고하여야 한다.

2.3.16 설계변경 사유 법령

공사계약일반조건 제19조(설계변경 등) ①설계변경은 다음 각호의 어느 하나에 해당하는 경우에 한다.

1. 설계서의 내용이 불분명하거나 누락 · 오류 또는 상호 모순되는 점이 있을 경우
2. 지질, 용수등 공사현장의 상태가 설계서와 다를 경우
3. 새로운 기술 · 공법사용으로 공사비의 절감 및 시공기간의 단축 등의 효과가 현저할 경우
4. 기타 발주기관이 설계서를 변경할 필요가 있다고 인정할 경우 등

② 〈삭제 2007. 10. 10.〉

③ 제1항에 의한 설계변경은 그 설계변경이 필요한 부분의 시공전에 완료하여야 한다. 다만, 계약담당공무원은 공정이행의 지연으로 품질저하가 우려되는 등 긴급하게 공사를 수행할 필요가 있는 때에는 계약상대자와 협의하여 설계변경의 시기 등을 명확히 정하고, 설계변경을 완료하기 전에 우선시공을 하게 할 수 있다.

2.3.17 발주자의 설계변경 지시와 감리원 수행 방법

① 발주자는 설계변경 원인이 설계자의 하자라고 판단되는 경우에는 설계자에게 설계변경을 지시할 수 있다.

② 감리원은 설계변경 등으로 인한 계약금액의 조정을 위한 각종서류를 공사업자로부터 제출받아 검토 · 확인한 후 감리업자에게 보고하여야 하며, 감리업자는 소속 감리원에게 검토 · 확인하게 하고 대표자 명의로 발주자에게 제출하여야 한다.

③ 감리원은 설계변경 등으로 인한 계약금액 조정 업무처리를 지체함으로써 공사업자가 지급자재 수급 및 기성부분을 인정받지 못하여 공사추진에 지장을 초래하지 않도록 적기에 계약변경이 이루어질 수 있도록 조치하여야 한다. 최종 계약금액의 조정은 예비 준공검사기간 등을 고려하여 발주자에 제출되어야 한다.

2.3.18 공사 진척부분 시공 중 검사업무 법령

정보통신공사업법시행령 제12조(감리원의 업무범위) 정보통신공사업법 제8조제7항에 따른 감리원의 업무범위는 다음 각 호와 같다.

5. 공사 진척부분에 대한 조사 및 검사

2.3.19 감리원의 공사 진척에 따른 조사 및 검사업무 수행방법

① 감리원은 공사 진척부분 시공 중 검사업무 수행 기본방향에 따라 검사업무를 수행하여야 한다.

1. 감리원은 현장에서의 시공확인을 위한 검사는 해당 공사와 현장조건을 감안한 "검사업무지침"을 현장별로 작성 · 수립하여 발주자의 승인을 받은 후 이를 근거로 검사업무를 수행함을 원칙으로 한다. 검사업무지침은 검사하여야 할 세부공종, 검사절차, 검사 시기 또는 검사빈도, 검사 체크리스트 등의 내용을 포함하여야 한다.
2. 수립된 검사업무지침은 모든 시공 관련자에게 배포하고 주지시켜야 하며, 보다 확실한 이행을 위하여 교육한다.
3. 현장에서의 검사는 체크리스트를 사용하여 수행하고, 그 결과를 검사 체크리스트에 기록한 후 공사업자에게 통보하여 후속 공정의 승인여부와 지적사항을 명확히 전달한다.

4. 검사 체크리스트에는 검사항목에 대한 시공기준 또는 합격기준을 기재하여 검사결과의 합격여부를 합리적으로 신속 판정한다.
5. 단계적인 검사로는 현장 확인이 곤란한 공종은 시공 중 감리원의 계속적인 입회 · 확인으로 시행한다.
6. 공사업자가 검사요청서를 제출할 때 시공기술자 실명부가 첨부되었는지를 확인한다.
7. 공사업자가 요청한 검사일에 감리원이 정당한 사유없이 검사를 하지 않는 경우에는 공정추진에 지장이 없도록 요청한 날 이전 또는 휴일 검사를 하여야 하며 이때 발생하는 감리대가는 감리업자가 부담한다.

② 감리원은 다음 각 호의 사항이 유지될 수 있도록 검사 체크리스트를 작성하여야 한다.

1. 체계적이고 객관성 있는 현장 확인과 승인
2. 부주의, 착오, 미확인에 따른 실수를 사전 예방하여 충실한 현장 확인업무 유도
3. 확인 · 검사의 표준화로 현장의 시공기술자에게 작업의 기준 및 주안점을 정확히 주지시켜 품질향상을 도모
4. 객관적이고 명확한 검사결과를 공사업자에게 제시하여 현장에서의 불필요한 시비를 방지하는 등의 효율적인 확인 · 검사업무 도모

③ 감리원은 다음 각 호의 검사절차에 따라 시공 중 검사업무를 수행하여야 한다.

1. 검사 체크리스트에 따른 검사는 1차적으로 시공관리책임자가 검사하여 합격된 것을 확인한 후 그 확인한 검사 체크리스트를 첨부하여 검사 요청서를 감리원에게 제출하면 감리원은 1차 점검내용을 검토한 후, 현장 확인 검사를 실시하고 검사결과 통보서를 시공관리책임자에게 통보한다.
2. 검사결과 불합격인 경우에는 그 불합격된 내용을 공사업자가 명확히 이해할 수 있도록 상세하게 불합격 내용을 첨부하여 통보하고, 보완시공 후 재검사를 받도록 조치한 후 감리일지와 감리보고서에 반드시 기록하고 공사업자가 재검사를 요청할 때에는 잘못 시공한 시공기술자의 서명을 받아 그 명단을 첨부하도록 하여야 한다.

④ 감리원은 검사할 검사항목(Check Point)을 계약설계도면, 설계설명서, 기술기준, 지침 등의 관련 규정을 기준으로 작성하며 공사 목적물을 소정의 규격과 품질로 완성하는데 필수적인 사항을 포함하여 검사항목을 결정하여야 한다.

⑤ 감리원은 시공계획서에 따른 일정 단계의 작업이 완료되면 공사업자로부터 검사 요청서를 제출받아 그 시공상태를 확인 · 검사하는 것을 원칙으로 하고, 가능한 한 공사의 효율적인 추진을 위하여 시공과정에서 수시 입회하여 확인 · 검사하도록 한다.

⑥ 감리원은 검사할 세부공종과 시기를 작업 단계별로 정확히 파악하여 검사를 수행하여야 한다.

2.3.20 사용자재의 규격 및 적합성 검토 법령

1) 정보통신공사업법시행령 제12조(감리원의 업무범위) 정보통신공사업법 제8조 제7항에 따른 감리원의 업무범위는 다음 각 호와 같다.

6. 사용자재의 규격 및 적합성에 관한 검토 · 확인

2) 정보통신공사업법시행령 제14조(감리결과의 통보) 용역업자는 정보통신공사업법 제11조에 따라 공사에 대한 감리를 완료한 때에는 공사가 완료된 날부터 7일 이내에 다음 각 호의 사항이 포함된 감리결과를 발주자에게 통보하여야 한다.

4. 사용자재의 규격 및 적합성 평가결과

2.3.21 자재 공급원의 검토·승인 수행방법

① 감리원은 공사업자에게 공정계획에 따라 사전에 자재 공급원 승인신청서를 자재 일반시방서에 요구한 일자 혹은 반입 7일 전까지 제출하도록 하여야 한다.

② 감리원은 모든 자재가 특별시방서(규격서)와 일치하는지를 확인하여야하고 시험성적서가 품질기준을 만족하는지 여부를 확인하고 품명, 공급원, 납품실적 등을 고려하여 적합한 것으로 판단될 경우에는 자재 공급승인 요청서를 제출받은 날부터 7일 이내에 검토하여 발주처와 협의를 거치고 승인 통보하여야 한다.

③ 감리원은 자재가 KS마크가 표시된 양질의 기자재를 확인하여야 한다.

④ 감리원은 자재 공급원 승인 후에도 반입 사용자재에 대한 품질관리시험 및 품질변화여부 등에 대하여도 수시로 확인하여야 한다.

⑤ 감리원은 자재 공급승인 요청서를 공사업자로부터 제출받을 때 주요기자재에 대하여는 생산중지 등 부득이한 경우에 대처할 수 있도록 대책을 마련할 것을 지시하여야 한다.

⑥ 감리원은 자재 공급승인 요청서에 다음 각 호의 관계 서류를 첨부하도록 하여

야 한다.

1. 품질시험 대행 국 · 공립시험기관의 시험성과
2. 납품실적 증명
3. 시험성과 대비표

2.3.22 공사자재의 검사 법령

공사계약일반조건 제12조(공사자재의 검사) ①공사에 사용할 자재는 신품이어야 하며 품질 · 규격 등은 반드시 설계서와 일치되어야 한다. 다만, 설계서에 명확히 규정되지 아니한 자재는 표준품 이상으로서 계약의 목적을 달성하는 데에 가장 적합한 것이어야 한다.

② 계약상대자는 공사자재를 사용하기 전에 공사감독관의 검사를 받아야 하며, 불합격된 자재는 즉시 대체하여 다시 검사를 받아야 한다.

③ 제2항에 의한 검사에 이의가 있을 경우에 계약상대자는 계약담당공무원에 대하여 재검사를 요청할 수 있으며, 재검사가 필요하다고 인정되는 경우에 계약담당공무원은 지체없이 재검사하도록 조치하여야 한다.

④ 계약담당공무원은 계약상대자로부터 공사에 사용할 자재의 검사를 요청받거나 제3항에 의한 재검사의 요청을 받은 때에는 정당한 이유없이 검사를 지체할 수 없다.

⑤ 계약상대자가 불합격된 자재를 즉시 이송하지 않거나 대체하지 아니하는 경우에는 계약담당공무원이 일방적으로 불합격 자재를 제거하거나 대체시킬 수 있다.

⑥ 계약상대자는 시험 또는 조합이 필요한 자재가 있는 경우 공사감독관의 참여하에 그 시험 또는 조합을 하여야 한다.

⑦ 수중 또는 지하에 매몰하는 공작물 기타 준공후 외부로부터 검사할 수 없는 공작물의 공사는 공사감독관의 참여하에 시공하여야 한다.

⑧ 계약상대자가 제1항 내지 제7항이 정한 조건에 위배하거나 또는 설계서에 합치되지 않는 시공을 하였을 때에는 계약담당공무원은 공작물의 대체 또는 개조를 명할 수 있다.

⑨ 제2항 내지 제8항의 경우에 계약금액을 증감하거나 계약기간을 연장할 수 없다. 다만, 제3항에 의하여 재검사 결과에서 적합한 자재인 것으로 판명될 경우에는 재검사에 소요된 기간에 대하여는 계약기간을 연장할 수 있다.

2.3.23 자재 및 지급자재의 검수 및 관리 수행 방법

① 감리원은 공사업자에게 공정계획에 따라 사전에 자재 수급계획을 수립하여 자재가 적기에 현장에 반입되도록 검토하고, 지급자재의 수급계획에 대하여는 발주자에 보고하여 자재의 수급차질에 따른 공정지연이 발생하지 않도록 하여야 한다.

② 감리원은 자재 수급계획이 공정계획과 부합되는지 확인하고 미비점이 있으면 공사업자에게 계획을 수정하도록 하여야 한다.

③ 감리원은 공사 목적물을 구성하는 기기, 설비, 제조품, 자재 등의 기자재가 공급원 승인을 받은 후 현장에 반입되면 공사업자로부터 송장 사본을 접수함과 동시에 반입된 기자재를 검수하고, 그 결과를 검수부에 기록·비치하여야 한다.

④ 감리원은 계약 품질조건과의 일치여부를 확인하는 자재 검수를 할 때에 규격, 성능, 수량뿐만 아니라 반드시 품질의 변질여부를 확인하여야 하고, 변질되었을 때에는 즉시 현장에서 반출하도록 하고 반출여부를 확인하여야 하며 의심스러운 것은 별도 보관하도록 한 후 품질시험 결과에 따라 검수여부를 확정하여야 한다.

⑤ 감리원은 공사업자에게 현장에 반입된 자재가 도난 및 우천에 따른 훼손 또는 유실되지 않게 품목별, 규격별로 관리·저장하도록 하여야 하고 공사현장에 반입된 검수자재 또는 시험합격 자재는 공사업자 임의로 공사현장 이외로 반출하지 못하도록 하여야 하고 자재 검수 및 수불부에 기록·관리하여야 한다.

⑥ 감리원은 수급 요청한 자재가 배정되면 납품지시서에 기록된 품명, 수량, 인도장소 등을 확인하고, 공사업자에게 인수 준비 후 인수하도록 하여야 한다.

⑦ 감리원은 현장에서 품질시험·검사를 실시할 수 없는 자재는 공사업자와 공동 입회하여 생산 공장에서 시험·검사를 실시하거나 의뢰시험을 요청하여 시험결과를 사전에 검토하여 품질을 확인하여야 한다.

⑧ 감리원은 자재가 현장에 반입되면 송장 또는 납품서를 확인하고 수량, 규격, 외관상태 등을 검사하며, 자재 운반차량의 송장을 확인하여 과적차량으로 확인되면 반입을 금지시켜야 한다.

⑨ 감리원은 지급자재의 현장 반입검사 이후 이의 제기 등을 예방하기 위하여 공사업자가 검사에 입회하도록 한다.

⑩ 감리원은 지급자재에 대한 검수조서를 작성할 때에는 공사업자가 입회하여 날인하도록 하고, 검수조서는 발주자에게 보고하여야 한다.

⑪ 공사업자는 현지 사정에 따라 지급자재가 적기에 공급되지 못하여 공사 추진

에 지장이 발생한 경우에는 대체 사용요청을 할 수 있다.

⑫ 감리원은 공정계획, 공기 등을 감안하여 공사업자의 요청으로 대체 사용이 불가피하다고 판단될 경우에는 발주자의 승인을 받은 후 허용하도록 한다.

⑬ 감리원은 대체 사용 자재에 대하여도 품질, 규격 등을 확인하고 검수를 해야 한다.

⑭ 감리원은 잉여지급 자재가 발생하였을 때에는 품명, 수량 등을 조사하여 발주자에게 보고하여야 하며, 공사업자에게 지정장소에 반납하도록 하여야 한다.

2.3.24 품질관리 관련 감리업무 수행 방법

① 감리원은 공사업자가 공사계약문서에서 정한 품질관리계획대로 품질에 영향을 미치는 모든 작업을 성실하게 수행하는지 검사 · 확인 및 관리할 책임이 있다.

② 감리원은 공사업자가 품질관리계획 이행을 위해 제출하는 문서를 검토 · 확인 후 필요한 경우에는 발주자에게 승인을 요청하여야 한다.

③ 감리원은 품질관리계획이 발주자로부터 승인되기 전까지는 공사업자에게 해당 업무를 수행하게 하여서는 아니 된다.

④ 감리원이 품질관리계획과 관련하여 검토 · 확인하여야 할 문서는 계획서, 절차 및 지침서 등을 말한다.

⑤ 감리원은 공사업자가 작성 제출한 품질관리계획서에 따라 품질관리 업무를 적정하게 수행하였는지 여부를 검사 · 확인하여야 하며, 검사결과 시정이 필요한 경우에는 공사업자에게 시정을 요구할 수 있으며, 시정을 요구받은 공사업자는 지체없이 시정하여야 한다.

⑥ 감리원은 부실시공으로 인하여 재시공 또는 보완 시공되지 않도록 가급적 품질상태를 수시로 검사 · 확인하여 부실공사가 사전에 방지되도록 적극 노력하여야 한다.

2.3.25 성능시험 계획 수행 방법

① 감리원은 공사업자에게 각 공정마다 준비과정에서부터 작업완료까지의 각 과정마다 품질확보를 위한 수단, 절차 등을 규정한 총체적 품질관리계획서(TQC : Total Quality Control)를 작성 · 제출하도록 하고 이를 검토 · 확인하여야 한다.

② 감리원은 해당 공사에 사용될 전기기계 · 기구 및 자재가 규격에 적합한 것이 선정되고 시공시 품질관리가 효과적으로 수행되어 하자발생을 사전에 예방할 수 있

도록 품질관리 계획을 다음 각 호와 같이 지도한다.

1. 공정계획에 따라 시험 종목을 선정하여 공사업자가 적정 품질관리를 할 수 있도록 사전에 지도한다.
2. 공인기관에 의뢰시험을 실시해야 할 종목과 현장에서 실시 가능한 종목으로 구분하여 시험계획을 수립하고 의뢰시험의 경우에는 의뢰시험기관을 사전에 선정하여 소요 시험기간을 확인하며 현장시험의 경우에는 공정계획에 따라 소요 시험 장비를 사전에 현장 시험실에 비치하도록 한다.
3. 각종 시험기록 서식은 해당 공사의 특성에 적합하도록 결정하고 공사업자가 공정계획서를 제출할 때에는 품질관리에 필요한 시험요원수와 시험장비 등을 명시한 품질관리계획서를 첨부하도록 하여 효율적인 품질관리가 이루어질 수 있도록 사전 점검한다.
4. 공사업자가 품질관리 시험요원의 자격이나 능력을 보유하고 있는지 확인하고 미흡한 부분은 사전에 교육 · 지도하며, 품질관리에 부적합한 자를 형식적으로 배치하였을 경우에는 교체하도록 한다.
5. 1일 공정계획에 따른 품질관리 시험계획서를 접수하면 공종별, 시험 종목별 품질관리 시험요원을 확인하고 중점 품질관리 대상인 경우에는 품질관리 시험이 우선적으로 이루어질 수 있도록 지도한다.
6. 공사업자의 품질관리책임자는 책임기술자를 임명하여 품질관리에 대한 책임과 권한이 시공관리책임자와 동등 수준이 되어 실질적인 품질관리가 이루어질 수 있도록 확인한다.
7. 발주자는 품질관리시험의 비용과 시험장비 구입손료 등을 공사비에 계상하여야 하며, 누락되었을 경우에는 설계변경시 반영하도록 한다.

2.3.26 품질관리·검사 요령 수행 방법

① 감리원은 공사업자가 작성 · 제출한 품질관리계획서에 따라 검사 · 확인이 실시되는지를 확인하여야 한다.

② 감리원은 품질관리를 위한 검사 · 확인은 방송통신설비기술기준에 관한 규정 및 「산업표준화법」에 따른 한국산업규격에 따라 실시되는지 확인하여야 한다.

③ 감리원은 발주자 또는 공사업자가 품질검사 · 확인을 외부 전문기관 등에 대행시키고자 할 때에는 그 적정성 여부를 검토 · 확인하여야 한다.

2.3.27 검사성과에 관한 확인 수행 방법

감리원은 해당 공사의 품질관리를 효율적으로 수행하기 위하여 공정별 검사항목과 측정방법 및 품질관리기준을 숙지하고 공사업자가 제출한 품질관리 검사성과를 확인하여야 하며, 검사성과표를 다음 각 호와 같이 활용하여야 한다.

1. 감리원은 공사업자에게 공사의 검사성과표가 준공검사 완료까지 기록 · 보관되도록 하고 이를 기성검사, 준공검사 등에 활용하여야 한다.
2. 감리원은 검사결과 미비점이 발견되거나 불합격으로 판정되어 재검사를 실시하였을 경우에는 당초 검사성과표를 반드시 첨부하고 이를 모두 정비 · 보관하여야 한다.
3. 발주사는 시형 · 지세에 따라 달라지는 대지저항율과 접지저항측정 등의 확인 · 기록 및 입회절차를 생략하고 매몰하는 행위를 발견하였을 때에는 해당 부위에 대한 각종 시험 등을 무효로 처리하고 필요시 재시험을 할 수 있으며, 설계도서 및 관계 법령에 적합하게 유지 · 관리되도록 하여야 한다.

2.3.28 재해예방대책 및 안전관리의 확인 법령

1) 정보통신공사업법시행령 제12조(감리원의 업무범위) 정보통신공사업법 제8조 제7항에 따른 감리원의 업무범위는 다음 각 호와 같다.

7. 재해예방대책 및 안전관리의 확인

2) 정보통신공사업법시행령 제34조(정보통신기술자의 현장배치기준 등) ③ 공사현장에 배치된 정보통신기술자는 공사에 따른 위험 및 장해가 발생하지 아니하도록 모든 안전조치를 강구하여야 하며, 관계법령에 따라 그 업무를 성실히 수행하여야 한다.

2.3.29 안전관리 수행 방법

① 감리원은 공사의 안전 시공을 위해서 안전조직을 갖추도록 하고 안전조직은 현장 규모와 작업내용에 따라 구성하며 동시에 「산업안전보건법」에 명시된 업무가 수행되도록 조직을 편성하여야 한다.

② 책임감리원은 소속 직원 중 안전담당자를 지정하여 공사업자의 안전관리자를 지도 · 감독하도록 하여야 하며, 공사전반에 대한 안전관리계획의 사전검토, 실시확

인 및 평가, 자료의 기록유지 등 사고예방을 위한 제반 안전관리업무에 대하여 확인을 하도록 하여야 한다.

③ 감리원은 공사업자에게 공사현장에 배치된 소속 직원 중에서 안전보건관리책임자(시공관리책임자)와 안전관리자(법정자격자)를 지정하게 하여 현장의 전반적인 안전 · 보건문제를 책임지고 추진하도록 하여야 한다.

④ 감리원은 공사업자에게 「근로기준법」, 「산업안전보건법」, 「산업재해보험법」 및 그 밖의 관계 법규를 준수하도록 하여야 한다.

⑤ 감리원은 산업재해 예방을 위한 제반 안전관리 지도에 적극적인 노력과 동시에 안전 관계 법규를 이행하도록 하기 위하여 다음 각 호와 같은 업무를 수행하여야 한다.

1. 공사업자의 안전조직 편성 및 임무의 법상 구비조건 충족 및 실질적인 활동 가능성 검토
2. 안전관리자에 대한 임무수행 능력보유 및 권한부여 검토
3. 시공계획과 연계된 안전계획의 수립 및 그 내용의 실효성 검토
4. 유해, 위험 방지계획(수립 대상에 한함) 내용 및 실천가능성 검토「산업안전보건법」 제48조
5. 안전점검 및 안전교육 계획의 수립 여부와 내용의 적정성 검토「산업안전보건법」 제31조 및 제32조
6. 안전관리 예산 편성 및 집행계획의 적정성 검토
7. 현장 안전관리규정의 비치 및 그 내용의 적정성 검토
8. 표준 안전관리비는 다른 용도에 사용불가
9. 감리원이 공사업자에게 시공과정마다 발생될 수 있는 안전사고 요소를 도출하고 이를 방지할 수 있는 절차, 수단 등을 규정한 "총체적 안전관리계획서(TSC : Total Safety Control)"를 작성, 활용하도록 적극 권장하여야 한다.
10. 안전관리계획의 이행 및 여건 변동 시 계획변경 여부
11. 안전보건협의회 구성 및 운영상태
12. 안전점검 계획수립 및 실시(일일, 주간, 우기 및 해빙기 등 자체 안전점검 등)
13. 안전교육계획의 실시
14. 위험장소 및 작업에 대한 안전조치 이행(고소작업, 추락위험작업, 낙하비래위험작업, 중량물 취급작업, 화재위험 작업, 그 밖의 위험작업 등)

15. 안전표지 부착 및 유지관리
16. 안전통로 확보, 기자재의 적치 및 정리정돈
17. 사고조사 및 원인분석, 각종 통계자료 유지
18. 월간 안전관리비 사용실적 확인

⑥ 감리원은 안전에 관한 감리업무를 수행하기 위하여 공사업자에게 다음 각 호의 자료를 기록·유지하도록 하고 이행상태를 점검한다.

1. 안전업무일지(일일보고)
2. 안전점검 실시(안전업무일지에 포함가능)
3. 안전교육(안전업무일지에 포함가능)
4. 각종 사고보고
5. 월간 안전통계(무재해, 사고)
6. 안전관리비 사용실적(월별)

⑦ 감리원은 공사업자가 작성·제출하여 확인한 안전관리계획의 내용에 따라 안전조치·점검 등을 이행했는지 여부를 확인하고, 미 이행시 공사업자에게 안전조치·점검 등을 선행한 후 시공하게 하여야 한다.

⑧ 감리원은 공사업자가 자체 안전점검을 매일 실시하였는지 여부를 확인하여야 하며, 안전점검 전문기관에 의뢰하여 정기 및 정밀안전점검을 하는 때에는 입회하여 적정한 안전점검이 이루어지는지를 확인하여야 한다.

⑨ 감리원은 정기 및 정밀안전점검 결과를 공사업자로부터 제출받아 검토하여 발주자에게 보고하고, 발주자의 지시에 따라 공사업자에게 필요한 조치를 하여야 한다.

⑩ 감리원은 공사업자의 안전관리책임자 및 안전관리자로 하여금 현장 기술자에게 다음 각 호의 내용과 자료가 포함된 안전교육을 실시하도록 지도·감독하여야 한다.

1. 산업재해에 관한 통계 및 정보
2. 작업자의 자질에 관한 사항
3. 안전관리조직에 관한 사항
4. 안전제도, 기준 및 절차에 관한 사항
5. 작업공정에 관한 사항
6. 「산업안전보건법」 등 관계 법규에 관한 사항
7. 작업환경관리 및 안전작업 방법

8. 현장안전 개선방법
9. 안전관리 기법
10. 이상 발견 및 사고발생시 처리방법
11. 안전점검 지도요령과 사고조사 분석요령

2.3.30 안전관리결과 보고서의 검토 수행 방법

감리원은 매 분기마다 공사업자로부터 안전관리 결과보고서를 제출받아 이를 검토하고 미비한 사항이 있을 때에는 시정하도록 조치하여야 하며, 안전관리결과보고서에는 다음 각 호와 같은 서류가 포함되어야 한다.

1. 안전관리 조직표
2. 안전보건 관리체제
3. 재해발생 현황
4. 산재요양신청서 사본
5. 안전교육 실적표
6. 그 밖에 필요한 서류

2.3.31 사고처리 수행 방법

감리원은 현장에서 사고가 발생하였을 경우에는 공사업자에게 즉시 필요한 응급조치를 취하도록 하고, 그에 대한 상세한 경위 및 검토의견서를 첨부하여 지체 없이 발주자에게 보고하여야 한다.

2.3.32 정보통신기술자의 배치 법령

1) 정보통신공사업법 제33조(정보통신기술자의 배치) ① 공사업자는 공사의 시공관리와 그 밖의 기술상의 관리를 하기 위하여 대통령령으로 정하는 바에 따라 공사 현장에 정보통신기술자 1명 이상을 배치하고, 이를 그 공사의 발주자에게 알려야 한다.

② 제1항에 따라 배치된 정보통신기술자는 해당 공사의 발주자의 승낙을 받지 아니하고는 정당한 사유 없이 그 공사 현장을 이탈하여서는 아니 된다.

③ 발주자는 제1항에 따라 배치된 정보통신기술자가 업무수행의 능력이 현저히 부족하다고 인정되는 경우에는 수급인에게 정보통신기술자의 교체를 요청할 수 있다. 이 경우 수급인은 정당한 사유가 없으면 이에 따라야 한다.

2) 정보통신공사업법시행령 제34조(정보통신기술자의 현장배치기준 등) ① 정보통신공사업법 제33조제1항에 따라 공사의 현장에 배치하여야 하는 정보통신기술자는 해당 공사의 종류에 상응하는 정보통신기술자이어야 한다.

② 공사업자는 공사가 시공 중인 때에는 다음 각 호의 구분에 따라 정보통신기술자를 현장에 상주하게 하여 공사관리를 하여야 한다. 다만, 공사가 중단된 기간은 그러하지 아니하다.

1. 도급금액이 5억원 이상의 공사 : 중급기술자 이상인 정보통신기술자
2. 도급금액이 5천만원 이상 5억원 미만인 공사 : 초급기술자 이상인 정보통신기술자

③ 공사현장에 배치된 정보통신기술자는 공사에 따른 위험 및 장해가 발생하지 아니하도록 모든 안전조치를 강구하여야 하며, 관계법령에 따라 그 업무를 성실히 수행하여야 한다.

④ 공사업자는 다음 각 호의 어느 하나에 해당하는 경우에는 발주자의 승낙을 얻어 1명의 정보통신기술자에게 2개의 공사를 관리하게 할 수 있다.

1. 도급금액이 1억원 미만의 공사로서 동일한 시(특별시 · 광역시 및 특별자치시를 포함한다) · 군에서 행하여지는 동일한 종류의 공사
2. 이미 시공 중에 있는 공사의 현장에서 새로이 행하여지는 동일한 종류의 공사

3) 정보통신공사업법시행령 제14조(감리 결과의 통보) 용역업자는 법 제11조에 따라 공사에 대한 감리를 완료한 때에는 공사가 완료된 날부터 7일 이내에 다음 각 호의 사항이 포함된 감리결과를 발주자에게 통보하여야 한다.

5. 정보통신기술자배치의 적정성 평가결과

2.3.33 공사계약일반조건의 공사현장대리인 배치 법령

공사계약일반조건 제14조(공사현장대리인) ①계약상대자는 계약된 공사에 적격한 공사현장대리인(건설산업기본법시행령 제35조 [별표5] 등 공사관련 법령에 따른 기술자 배치기준에 적합한 자를 말한다. 이하 같다)을 지명하여 계약담당공무원에게 통지하여야 한다.

② 공사현장대리인은 공사현장에 상주하여 계약문서와 공사감독관의 지시에 따라 공사현장의 관리 및 공사에 관한 모든 사항을 처리하여야 한다. 다만, 공사가 일정기간 중단된 경우로서 발주기관의 승인을 얻은 경우에는 그러하지 아니한다.

2.3.34 시공기술자 등의 교체 수행 방법

① 감리원은 공사업자의 시공기술자 등이 해당 공사현장에 적합하지 않다고 인정되는 경우에는 공사업자 및 시공기술자에게 문서로 시정을 요구하고, 이에 불응하는 때에는 발주자에게 그 실정을 보고하여야 한다.

② 감리원으로부터 시공기술자의 실정보고를 받은 발주자는 지원업무담당자에게 실정 등을 조사·검토하게 하여 교체사유가 인정될 경우에는 공사업자에게 시공기술자의 교체를 요구하여야 한다. 이 경우 교체 요구를 받은 공사업자는 특별한 사유가 없으면 신속히 교체요구에 응하여야 한다.

1. 시공기술자 및 안전관리자가 관계 법령에 따른 배치기준, 겸직금지, 보수교육 이수 및 품질관리 등의 법규를 위반하였을 때
2. 시공관리책임자가 감리원과 발주자의 사전 승낙을 받지 아니하고 정당한 사유 없이 해당 공사현장을 이탈한 때
3. 시공관리책임자가 고의 또는 과실로 공사를 조잡하게 시공하거나 부실시공을 하여 일반인에게 위해(危害)를 끼친 때
4. 시공관리책임자가 계약에 따른 시공 및 기술능력이 부족하다고 인정되거나 정당한 사유 없이 기성 공정이 예정공정에 현격히 미달한 때
5. 시공관리책임자가 불법 하도급을 하거나 이를 방치하였을 때
6. 시공기술자의 기술능력이 부족하여 시공에 차질을 초래하거나 감리원의 정당한 지시에 응하지 아니할 때
7. 시공관리책임자가 감리원의 검사·확인 등 승인을 받지 아니하고 후속공정을 진행하거나 정당한 사유 없이 공사를 중단할 때

2.3.35 감리원의 공사중지명령 법령

정보통신공사업법 제9조(감리원의 공사중지명령 등) ① 감리원은 공사업자가 설계도서 및 관련 규정의 내용에 적합하지 아니하게 해당 공사를 시공하는 경우에는 발주자의 동의를 받아 재시공 또는 공사중지명령이나 그 밖에 필요한 조치를 할 수 있다.

② 제1항에 따라 감리원으로부터 재시공 또는 공사중지명령이나 그 밖에 필요한 조치에 관한 지시를 받은 공사업자는 특별한 사유가 없으면 이에 따라야 한다.

2.3.36 감리원의 공사 중지명령 수행 방법

① 감리원은 공사업자가 공사의 설계도서, 설계설명서 그 밖에 관계 서류의 내용과 적합하지 아니하게 시공하는 경우에는 재시공 또는 공사 중지명령이나 그 밖에 필요한 조치를 할 수 있다.

② 제1항에 따라 감리원으로부터 재시공 또는 공사 중지명령 그 밖에 필요한 조치에 대한 지시를 받은 공사업자는 특별한 사유가 없으면 이에 응하여야 한다.

③ 감리원이 공사업자에게 재시공 또는 공사 중지명령 그 밖에 필요한 조치를 취한 때에는 발주자에게 보고하여야 한다. 다만, 경미한 시정사항 및 재시공은 보고를 생략할 수 있다.

④ 발주자는 감리원으로부터 제3항에 따른 재시공 또는 공사 중지명령 그 밖에 필요한 조치에 관한 보고를 받은 때에는 이를 검토한 후 시정여부의 확인, 공사 재개지시 등 필요한 조치를 하여야 한다.

⑤ 감리원은 제1항에 따른 재시공 또는 공사 중지명령을 하였을 경우에는 발주자가 공사 중지 사유가 해소되었다고 판단되어 공사 재개를 지시할 때에는 특별한 사유가 없으면 이에 응하여야 한다.

⑥ 발주자는 제1항에 따른 감리원의 공사 중지명령 등의 조치를 이유로 감리원 등의 변경, 현장상주의 거부, 감리대가 지급의 거부 · 지체 등 감리원에게 불이익한 처분을 하여서는 아니 된다.

⑦ 공사중지 및 재시공 지시 등의 적용한계는 다음 각 호와 같다.

1. 재시공 : 시공된 공사가 품질확보 미흡 또는 위해를 발생시킬 우려가 있다고 판단되거나, 감리원의 확인 · 검사에 대한 승인을 받지 아니하고 후속 공정을 진행한 경우와 관계 규정에 맞지 아니하게 시공한 경우
2. 공사중지 : 시공된 공사가 품질확보 미흡 또는 중대한 위해를 발생시킬 우려가 있다고 판단되거나, 안전상 중대한 위험이 발견된 경우에는 공사중지를 지시할 수 있으며 공사중지는 부분중지와 전면중지로 구분한다.

⑧ 감리원은 공사업자가 재시공, 공사 중지명령 등에 대한 필요한 조치를 이행하지 아니한 때에는 정보통신공사업법 제9조 따라 공사업자에 대한 제재조치를 취하도록 발주자에게 요구하여야 한다.

2.3.37 하도급에 대한 타당성 검토 법령

정보통신공사업법시행령 제12조(감리원의 업무범위) 정보통신공사업법 제8조제7항에 따른 감리원의 업무범위는 다음 각 호와 같다.

9. 하도급에 대한 타당성 검토

2.3.38 하도급 계약서 의견 제출

① 감리원은 공사업자가 도급받은 공사를「정보통신공사업법」에 따라 하도급 하고자 발주자에게 통지하거나, 동의 또는 승낙을 요청하는 사항에 대해서는 공사 하도급 계약통지서에 관한 적정성 여부를 검토하여 요청받은 날부터 7일 이내에 발주자에게 의견을 제출하여야 한다.

② 감리원은 제1항에 따라 처리된 하도급에 대해서는 공사업자가「하도급거래 공정화에 관한 법률」에 규정된 사항을 이행하도록 지도·감독하여야 한다.

③ 감리원은 공사업자가 하도급 사항을 제1항과 제2항에 따라 처리하지 않고 위장 하도급 하거나 무면허업자에게 하도급 하는 등 불법적인 행위를 하지 않도록 지도하고, 공사업자가 불법하도급 하는 것을 안 때에는 공사를 중지시키고 발주자에게 서면으로 보고하여야 하며, 현장 입구에 불법하도급 행위신고 표지판을 공사업자에게 설치하도록 하여야 한다.

2.3.39 하도급의 제한 법령

정보통신공사업법 제31조(하도급의 제한 등) ① 공사업자는 도급받은 공사의 100분의 50을 초과하여 다른 공사업자에게 하도급을 하여서는 아니 된다. 다만, 다음 각 호의 어느 하나에 해당하는 경우에는 공사의 전부를 하도급하지 아니하는 범위에서 100분의 50을 초과하여 하도급할 수 있다.

1. 발주자가 공사의 품질이나 시공상의 능력을 높이기 위하여 필요하다고 인정하는 경우

2.4 준공단계 감리원 업무

2.4.1 준공도서의 검토 법령

정보통신공사업법시행령 제12조(감리원의 업무범위) 법 제8조제7항에 따른 감리원의 업무범위는 다음 각 호와 같다.

10. 준공도서의 검토 및 준공확인

2.4.2 준공도서의 검토

① 감리원은 준공 설계도서 등을 검토 · 확인하고 완공된 목적물이 발주자에게 차질 없이 인계될 수 있도록 지도 · 감독하여야 한다. 감리원은 공사업자로부터 가능한 한 준공예정일 1개월 전까지 준공 설계도서를 제출받아 검토 · 확인하여야 한다.

② 감리원은 공사업자가 작성 · 제출한 준공도면이 실제 시공된 대로 작성되었는지 여부를 검토 · 확인하여 발주자에게 제출하여야 한다. 준공도면은 계약서에 정한 방법으로 작성되어야 하며, 모든 준공도면에는 감리원의 확인 · 서명이 있어야 한다.

2.4.3 기성 및 준공검사자의 자격 법령 이해

① 정보통신공사업법시행령 제12조에서는 시공 중 검사업무를 말하고 준공검사를 감리원이 하도록 규정하지 않았으며 감리용역과업지시서에 준공검사와 기성검사를 하도록 요구한 경우에만 준공검사와 기성검사의 업무를 수행한다.

② 타 법령의 사례 : 전력기술관리법시행령 제23조에서는 준공검사의 업무를 규정하였으나 정보통신공사업법시행령 제12조에서는 준공검사를 하도록 감리원의 업무범위를 정하지 않았고 준공확인 업무만 정하였다.

전력기술관리법시행령 제23조(감리원의 업무 범위)	정보통신공사업법시행령 제12조(감리원의 업무 범위)
전력기술관리법시행령 제23조(감리원의 업무 범위)① 전력기술관리법법 제12조제4항에 따른 감리원의 업무 범위는 다음 각 호와 같다. 10. 공사 진행부분에 대한 조사 및 검사 11. 준공도서의 검토 및 준공검사	정보통신공사업법시행령 제12조(감리원의 업무범위) 정보통신공사업법 제8조제7항에 따른 감리원의 업무범위는 다음 각 호와 같다. 5. 공사 진척부분에 대한 조사 및 검사 10. 준공도서의 검토 및 준공확인

2.4.4 정보통신공사업법의 감리원의 준공업무 법령

정보통신공사업법시행령 제12조(감리원의 업무범위) 법 제8조제7항에 따른 감리원의 업무범위는 다음 각 호와 같다.

10. 준공도서의 검토 및 준공확인

2.4.5 국가를 당사자로 하는 계약에 관한 법률에서 검사

국가를 당사자로 하는 계약에 관한 법률 제14조(검사) ① 각 중앙관서의 장 또는 계약담당공무원은 계약상대자가 계약의 전부 또는 일부를 이행하면 이를 확인하기 위하여 계약서, 설계서, 그 밖의 관계 서류에 의하여 검사하거나 소속 공무원에게 그 사무를 위임하여 필요한 검사를 하게 하여야 한다. 다만, 대통령령으로 정하는 계약의 경우에는 전문기관을 따로 지정하여 필요한 검사를 하게 할 수 있다.

② 제1항에 따라 검사하는 자는 검사조서(檢査調書)를 작성하여야 한다. 다만, 대통령령으로 정하는 경우에는 검사조서의 작성을 생략할 수 있다.

③ 각 중앙관서의 장 또는 계약담당공무원은 제1항에도 불구하고 다른 법령에 따른 품질인증을 받은 물품 또는 품질관리능력을 인증받은 자가 제조한 물품 등 대통령령으로 정하는 물품에 대하여는 같은 항에 따른 검사를 하지 아니할 수 있다.

④ 물품구매계약 또는 물품제조계약의 경우 물품의 특성상 필요한 시험 등의 검사에 드는 비용과 검사로 인하여 생기는 변형, 파손 등의 손상은 계약상대자가 부담한다.

2.4.6 공사계약 일반조건에서 검사 법령

공사계약 일반조건 제27조(검사) ① 계약상대자는 공사를 완성하였을 때에는 그 사실을 준공신고서 등 서면으로 계약담당공무원(「건설기술 진흥법」 제39조제2항에 의하여 건설사업관리 또는 감리를 하는 공사에 있어서는 건설기술용역업자를 말한다. 이하 이조 제2항, 제3항 및 제6항에서 같다)에게 통지하고 필요한 검사를 받아야 한다.

② 계약담당공무원은 제1항의 통지를 받은 날로부터 14일 이내에 계약서, 설계서, 준공신고서 기타 관계 서류에 의하여 계약상대자의 입회하에 그 이행을 확인하기 위한 검사를 하여야 한다. 다만, 천재 · 지변 등 불가항력적인 사유로 인하여 검사를

완료하지 못한 경우에는 해당사유가 존속되는 기간과 해당사유가 소멸된 날로부터 3일까지는 이를 연장할 수 있으며, 공사계약금액(관급자재가 있는 경우에는 관급자재 대가를 포함한다)이 100억원 이상이거나 기술적 특수성 등으로 인하여 14일이내에 검사를 완료할 수 없는 특별한 사유가 있는 경우에는 7일 범위내에서 검사기간을 연장할 수 있다.

③ 계약담당공무원은 제2항의 검사에서 계약상대자의 계약이행내용의 전부 또는 일부가 계약에 위반되거나 부당함을 발견한 때에는 계약상대자에게 필요한 시정조치를 요구하여야 한다. 이 경우에는 계약상대자로부터 그 시정을 완료한 사실을 통지받은 날로부터 제2항의 기간을 계산한다.

④ 제3항에 의하여 계약이행기간이 연장될 때에는 계약담당공무원은 제25조에 의한 지체상금을 부과하여야 한다.

⑤ 계약상대자는 제2항에 의한 검사에 입회 · 협력하여야 한다. 계약상대자가 입회를 거부하거나 검사에 협력하지 아니함으로써 발생하는 지체에 대하여는 제3항 및 제4항을 준용한다.

⑥ 계약담당공무원은 검사를 완료한 때에는 그 결과를 지체없이 계약상대자에게 통지하여야 한다. 이 경우에 계약상대자는 검사에 대한 이의가 있을 때에는 재검사를 요청할 수 있으며, 계약담당공무원은 필요한 조치를 하여야 한다.

⑦ 계약상대자는 제6항에 의한 검사완료통지를 받은 때에는 모든 공사시설, 잉여자재, 폐기물 및 가설물을 공사장으로부터 즉시 철거반출하여야 하며 공사장을 정돈하여야 한다.

⑧ 제39조에 의한 기성대가지급시의 기성검사는 공사감독관이 작성한 감독조서의 확인으로 갈음할 수 있다. 다만, 기성 섬사 3회마다 1회는 제1항에 의한 검사를 실시하여야 한다.

⑨ 제8항에 의한 기성검사 시에 검사에 합격된 자재라도 단순히 공사현장에 반입된 것만으로는 기성부분으로 인정되지 아니한다. 다만, 계약상대자가 직접 또는 제3자에게 위탁하여 가공 · 조립 또는 제작된 자재인 때에는 해당 자재의 특성, 용도 및 시장거래상황 등을 고려하여 반입(해당 자재를 계약목적물에 투입하는 과정의 특수성으로 인하여 가공 · 조립 또는 제작하는 공장에서 기성검사를 실시, 동 검사에 합격한 경우를 포함)된 자재의 100분의 50 범위내에서 기성부분으로 인정될 수 있다.

2.4.7 기성 및 준공검사자의 임명 수행 방법

① 감리용역과업지시서에 준공검사와 기성검사를 하도록 규정한 경우 감리원은 기성부분 검사원 또는 준공 검사원을 접수하였을 때에는 신속히 검토·확인하고, 기성부분 감리조서와 다음의 서류를 첨부하여 지체 없이 감리업자에게 제출하여야 한다.

1. 주요기자재 검수 및 수불부
2. 감리원의 검사기록 서류 및 시공 당시의 사진
3. 품질시험 및 검사성과 총괄표
4. 발생품 정리부
5. 그 밖에 감리원이 필요하다고 인정하는 서류와 준공검사원에는 지급기자재 잉여분 조치현황과 공사의 사전검사·확인서류, 안전관리점검 총괄표 추가 첨부

② 감리업자는 기성부분 검사원 또는 준공 검사원을 접수하였을 때에는 3일 이내에 비상주 감리원을 임명하여 검사하도록 하고 이 사실을 즉시 검사자로 임명된 자에게 통보하고, 발주자에게 보고하여야 한다. 다만, 「국가를 당사자로 하는 계약에 관한 법률 시행령」에 따른 약식 기성검사 시에는 책임감리원을 검사자로 임명하여 검사하도록 한다.

③ 감리업자는 부득이한 사유로 소속 직원이 검사를 할 수 없다고 인정할 때에는 발주자와 협의하여 소속 직원 이외의 자 또는 전문검사기관에게 그 검사를 하게 할 수 있다. 이 경우 검사결과는 서면으로 작성하여야 한다.

④ 감리업자는 각종설비, 복합공사 등 특수공종이 포함된 공사의 준공검사를 할 때 필요한 경우에는 발주자와 협의하여 전문기술자를 포함한 합동 준공검사반을 구성할 수 있다.

⑤ 발주자는 필요한 경우에는 소속 직원에게 기성검사 과정에 입회하도록 하고, 준공검사 과정에는 소속 직원을 입회시켜 준공검사자가 계약서, 설계설명서, 설계도서 등 관계 서류에 따라 준공검사를 실시하는지 여부를 확인하여야 하며, 필요시 완공된 시설물 인수기관 또는 유지관리기관의 직원에게 검사에 입회·확인할 수 있도록 조치하여야 한다.

⑥ 발주자는 준공검사에 입회할 경우에는 해당 공사가 복합공종인 경우에는 공종별로 팀을 구성하여 공동 입회하도록 할 수 있으며, 준공검사 실시여부를 확인하여야 한다.

⑦ 감리업자는 기성부분검사 및 준공검사 전에 검사에 필요한 전문기술자의 참여,

필수적인 검사공종, 검사를 위한 시험장비 등 체계적으로 작성한 검사 계획서를 발주자에게 제출하여 승인을 받고, 승인을 받은 계획서에 따라 검사를 실시하여야 한다.

2.4.8 검사기간에 따른 수행 방법

① 감리용역과업지시서에 준공검사와 기성검사를 하도록 규정한 경우 기성 또는 준공검사자(이하 "검사자"라 한다.) 는 계약에 소정 기일이 명시되지 않는 한 임명통지를 받은 날부터 8일 이내에 해당 공사의 검사를 완료하고 검사조서를 작성하여 검사 완료일부터 3일 이내에 검사결과를 소속 감리업자에게 보고하여야 하며, 감리업자는 신속히 검토 후 발주자에게 지체 없이 통보하여야 한다.

② 검사자는 검사조서에 검사사진을 첨부하여야 한다.

③ 감리업자는 천재지변 등 불가항력으로 인해 제1항에서 정한 기간을 준수할 수 없을 때에는 검사에 필요한 최소한의 범위에서 검사기간을 연장할 수 있으며 이를 발주자에게 통보하여야 한다.

④ 불합격 공사에 대한 보완, 재시공 완료 후 재검사 요청에 대한 검사기간은 공사업자로부터 그 시정을 완료한 사실을 통보받은 날부터 제1항의 기간을 계산한다.

2.4.9 기성 및 준공검사 수행 방법

① 감리용역과업지시서에 준공검사와 기성검사를 하도록 규정한 경우 검사자는 해당 공사 검사시에 상주감리원 및 공사업자 또는 시공관리책임자 등을 입회하게 하여 계약서, 설계설명서, 설계도서, 그 밖의 관계 서류에 따라 다음 각 호의 사항을 검사하여야 한다. 다만, 「국가를 당사자로 하는 계약에 관한 법률 시행령」 제55조제7항 본문에 따른 약식 기성검사의 경우에는 책임감리원의 감리조사와 기성부분 내역서에 대한 확인으로 갈음할 수 있다.

1. 기성검사
   가. 기성부분 내역이 설계도서대로 시공되었는지 여부
   나. 사용된 가자재의 규격 및 품질에 대한 실험의 실시여부
   다. 시험기구의 비치와 그 활용도의 판단
   라. 지급기자재의 수불 실태
   마. 주요 시공과정을 촬영한 사진의 확인

바. 감리원의 기성검사원에 대한 사전검토 의견서

사. 품질시험 · 검사성과 총괄표 내용

아. 그 밖에 검사자가 필요하다고 인정하는 사항

2. 준공검사

가. 완공된 시설물이 설계도서대로 시공되었는지의 여부

나. 시공시 현장 상주감리원이 작성 비치한 제 기록에 대한 검토

다. 폐품 또는 발생물의 유무 및 처리의 적정여부

라. 지급 기자재의 사용적부와 잉여자재의 유무 및 그 처리의 적정여부

마. 제반 가설시설물의 제거와 원상복구 정리 상황

바. 감리원의 준공 검사원에 대한 검토의견서

사. 그 밖에 검사자가 필요하다고 인정하는 사항

② 검사자는 시공된 부분이 수중 또는 지하에 매몰되어 사후검사가 곤란한 부분과 주요 시설물에 중대한 영향을 주거나 대량의 파손 및 재시공 행위를 요하는 검사는 검사조서와 사전검사 등을 근거로 하여 검사를 시행할 수 있다.

2.4.10 불합격 공사에 대한 재시공 명령 수행 방법

검사자는 검사에 합격되지 아니한 부분이 있을 때에는 감리업자에게 지체 없이 그 내용을 보고하고, 감리업자의 지시에 따라 책임감리원은 즉시 공사업자에게 보완시공 또는 재시공을 하게한 후 공사가 완료되면 다시 검사 절차에 따라 검사원을 제출하도록 하여야 하며, 감리업자는 해당 공사의 검사자에게 재검사를 하게 하여야 한다.

2.4.11 준공검사 수행 방법

① 감리원은 해당 공사 완료 후 준공검사 전에 사전 시운전 등이 필요한 부분에 대하여는 공사업자에게 다음 각 호의 사항이 포함된 시운전을 위한 계획을 수립하여 시운전 30일 이내에 제출하도록 하고, 이를 검토하여 발주자에게 제출하여야 한다.

1. 시운전 일정
2. 시운전 항목 및 종류
3. 시운전 절차
4. 시험장비 확보 및 보정

5. 기계 · 기구 사용계획
6. 운전요원 및 검사요원 선임계획

② 감리원은 공사업자로부터 시운전 계획서를 제출받아 검토, 확정하여 시운전 20일 이내에 발주자 및 공사업자에게 통보하여야 한다.

③ 감리원은 공사업자에게 다음 각 호와 같이 시운전 절차를 준비하도록 하여야 하며 시운전에 입회하여야 한다.

1. 기기점검
2. 예비운전
3. 시운전
4. 성능보장운전
5. 검수
6. 운전인도

④ 감리원은 시운전 완료 후에 다음 각 호의 성과품을 공사업자로부터 제출받아 검토 후 발주자에게 인계하여야 한다.

1. 운전개시, 가동절차 및 방법
2. 점검항목 점검표
3. 운전지침
4. 기기류 단독 시운전 방법 검토 및 계획서
5. 실가동 Diagram
6. 시험구분, 방법, 사용매체 검토 및 계획서
7. 시험성적서
8. 성능시험 성석서(성능시험 보고시)

2.4.12 예비준공검사

① 공사현장에 주요공사가 완료되고 현장이 정리단계에 있을 때에는 준공예정일 1개월 전에 준공기한 내 준공가능 여부 및 미진한 사항의 사전 보완을 위해 예비 준공검사를 실시하여야 한다. 다만, 소규모 공사인 경우에는 발주자와 협의하여 생략할 수 있다.

② 감리업자는 전체공사 준공시에는 책임감리원, 비상주감리원 중에서 고급감리원 이상으로 검사자를 지정하여 합동으로 검사하도록 하여야 하며, 필요시 지원업

무담당자 또는 시설물 유지관리 직원 등을 입회하도록 하여야 한다. 연차별로 시행하는 장기계속공사의 예비준공검사의 경우에는 해당 책임감리원을 검사자로 지정할 수 있다.

③ 예비준공검사는 감리원이 확인한 정산설계도서 등에 따라 검사하여야 하며, 그 검사내용은 준공검사에 준하여 철저히 시행되어야 한다.

④ 책임감리원은 예비준공검사를 실시하는 경우에는 공사업자가 제출한 품질시험 · 검사총괄표의 내용을 검토하여야 한다.

⑤ 예비준공 검사자는 검사를 행한 후 보완사항에 대하여는 공사업자에게 보완을 지시하고 준공검사자가 검사시 확인할 수 있도록 감리업자 및 발주자에게 검사결과를 제출하여야 한다. 공사업자는 예비준공검사의 지적사항 등을 완전히 보완하고 책임감리원의 확인을 받은 후 준공 검사원을 제출하여야 한다.

2.4.13 감리 결과의 통보업무 법령

1) 정보통신공사업법 제11조(감리 결과의 통보) 제8조제1항에 따라 공사의 감리를 발주받은 용역업자는 공사에 대한 감리를 끝냈을 때에는 대통령령으로 정하는 바에 따라 그 감리 결과를 발주자에게 서면으로 알려야 한다.

2) 정보통신공사업법시행령 제14조(감리 결과의 통보) 용역업자는 법 제11조에 따라 공사에 대한 감리를 완료한 때에는 공사가 완료된 날부터 7일 이내에 다음 각 호의 사항이 포함된 감리결과를 발주자에게 통보하여야 한다.

1. 착공일 및 완공일
2. 공사업자의 성명
3. 시공 상태의 평가결과
4. 사용자재의 규격 및 적합성 평가결과
5. 정보통신기술자배치의 적정성 평가결과

2.4.14 발주자가 지방자치단체에 감리결과 민원신청 하도록 지원

정보통신공사업법시행령 제35조(착공전 설계도 확인 및 사용전검사의 대상공사) ① 법 제36조제1항에서 "대통령령으로 정하는 공사"란 별표 1에 따른 구내통신선로 · 이동통신구내선로 · 방송공동수신설비의 공사를 말한다. 다만, 다음 각 호의 구분에 따른 공사는 제외한다.

1. 착공전 설계도 확인의 경우
   가. 연면적 150제곱미터 이하인 건축물에 설치되는 공사
   나. 「건축법」 제14조에 따른 신고대상건축물에 설치되는 공사
2. 사용전검사의 경우
   가. 제1호가목 또는 나목의 공사
   나. 감리를 실시한 공사

② 공사를 발주한 자는 제1항제2호나의 경우 제14조에 따라 발주자에게 통보한 감리결과보고서의 사본(설계도면 등 부속서류는 제외한다)을 특별자치시장 · 특별자치도지사 · 시장 · 군수 · 구청장(자치구의 구청장을 말한다. 이하 같다)에게 제출하여야 한다.

2.5 공사의 시설물의 인수 · 인계 감리업무

2.5.1 공사의 시설물 인수·기성부분 인수 법령

1) 공사계약일반조건 제28조(인수) ①계약담당공무원은 제27조제6항에 의하여 검사완료통지를 한 후에 계약상대자가 서면으로 인수를 요청하였을 때에는 즉시 현장인수증명서를 발급하고 해당 공사목적물을 인수하여야 한다.

② 계약담당공무원은 제1항에 의하여 인수를 요청받은 경우에 공사규모 등을 고려하여 필요하다고 인정할 때에는 계약상대자로 하여금 다음 각호의 사항이 첨부된 준공명세서를 제출하게 하여야 한다.

1. 완성된 공사목석물의 전면 · 후면 · 측면시진(10"×15") 각 5매 및 사진원본파일
2. 제27조의 주요검사과정을 촬영한 동영상물(CD 등) 5본
3. 착공에서 준공까지의 행정처리과정, 참여기술자, 관련참여업체 등의 내용을 포함하는「건설기술 진흥법 시행령」 제78조에 의한 준공보고서

③ 계약담당공무원은 계약상대자가 검사완료통지를 받은 날부터 7일이내에 제1항에 의한 인수요청을 아니할 때에는 계약상대자에게 현장인수증명서를 발급하고 해당 공사목적물을 인수할 수 있다. 이 경우 계약상대자는 지체없이 제2항에 의한 준공명세서를 제출하여야 한다.

④ 계약담당공무원은 공사목적물을 인수한 때에는 다음 사항을 기재한 표찰을 부

착하여 공시하여야 한다.

1. 공사명 및 발주기관(관리청)
2. 착공 및 준공년월일
3. 공사금액
4. 계약상대자
5. 공사감독관 및 검사관
6. 하자발생시 신고처
7. 기타 필요한 사항

⑤ 발주관서는 제3항에 의하여 인수된 공사목적물을 계약상대자에게 유지관리를 요구하는 경우에는 이에 필요한 비용을 지급하여야 한다.

2) 공사계약일반조건 제29조(기성부분의 인수) ①계약담당공무원은 전체 공사목적물이 아닌 기성부분(성질상 분할할 수 있는 공사에 대한 완성부분에 한한다)에 대하여 이를 인수할 수 있다.

② 제1항의 경우에는 제28조를 준용한다.

2.5.2 인수·인계 수행 방법

① 감리원은 공사업자에게 해당 공사의 예비준공검사(부분 준공, 발주자의 필요에 따른 기성부분 포함) 완료 후 14일 이내에 다음의 사항이 포함된 시설물의 인수·인계를 위한 계획을 수립하도록 하고 이를 검토하여야 한다.

1. 일반사항(공사개요 등)
2. 운영지침서(필요한 경우)
   가. 시설물의 규격 및 기능점검 항목
   나. 기능점검 절차
   다. Test 장비 확보 및 보정
   라. 기자재 운전지침서
   마. 제작도면·절차서 등 관련 자료
3. 시운전 결과 보고서(시운전 실적이 있는 경우)
4. 예비 준공검사결과
5. 특기사항

② 감리원은 공사업자로부터 시설물 인수·인계 계획서를 제출받아 7일 이내에

검토하여 발주자 및 공사업자에게 통보하여 인수·인계에 차질이 없도록 한다.

③ 감리원은 발주자와 공사업자 간 시설물 인수·인계의 입회자가 된다.

④ 감리원은 시설물 인수·인계에 대한 발주자 등 이견이 있는 경우, 이에 대한 현상파악 및 필요대책 등의 의견을 제시하여 공사업자가 수행하도록 조치한다.

⑤ 인수·인계서는 준공검사 결과를 포함하는 내용으로 한다.

⑥ 시설물의 인수·인계는 준공검사시 지적사항에 대한 시정완료일부터 14일 이내에 실시하여야 한다.

2.5.3 현장문서 인수·인계 수행 방법

① 감리원은 해당 공사와 관련한 감리기록서류 중 다음 각 호의 시류를 포함하여 발주자에게 인계할 문서의 목록을 발주자와 협의하여 작성하여야 한다.

1. 준공사진첩
2. 준공도면
3. 품질시험 및 검사성과 총괄표
4. 기자재 구매서류
5. 시설물 인수·인계서
6. 그 밖에 발주자가 필요하다고 인정하는 서류

② 감리업자는 정보통신공사업법 제11조 및 시행령 제14조에 따라 해당 감리용역이 완료된 때에는 15일 이내에 공사감리 완료보고서를 발주자에게 제출한다.

연 | 습 | 문 | 제

1. 정보통신공사업법 제8조에서 발주자는 (　　)에게 공사의 감리를 발주하여야 한다.

답 용역업자

[근거 : 정보통신공사업법 제8조]

2. 정보통신공사업법 제8조에서 공사의 감리를 발주 받은 (　　)자는 감리원에게 그 공사에 대하여 감리를 하게 하여야 한다.

답 용역업자

[근거 : 정보통신공사업법 제8조]

3. 용역업자는 해당 공사의 규모 및 공사의 종류에 적합하다고 인정되는 자를 (　　)으로 현장에 상주시키되, 해당 공사 전반에 관한 감리업무를 총괄하는 자를 배치하여야 한다.

답 감리원

[근거 : 정보통신공사업법 제11조]

4. 해당 공사 전반에 관한 감리업무를 총괄하는 자를 배치하여야 하는데 틀린 것은?

가. 총공사금액 70억원 이상 100억원 미만인 공사 : 특급감리원

나. 총공사금액 30억원 이상 70억원 미만인 공사 : 고급감리원 이상의 감리원

다. 총공사금액 5억원 이상 30억원 미만인 공사 : 중급감리원 이상의 감리원

라. 총공사금액 6억원 미만의 공사 : 초급감리원 이상의 감리원

답 라. 총공사금액 5억원 미만의 공사 : 초급감리원 이상의 감리원

[근거 : 정보통신공사업법 제11조]

5. 감리원을 배치한 때에는 그 배치내용을 해당 공사의 (　　)자에게 통지하여야 하며, 배치된 감리원을 교체하려는 경우에는 미리 (　　)자의 승인을 받아야 한다.

답 발주자

[근거 : 정보통신공사업법 제11조]

6. 용역업자는 1명의 감리원에게 2 이상의 공사를 감리하게 하여서는 아니 되나 공사로서 발주자의 승낙을 얻어도 위반이 되는 것은?

가. 총공사금액이 2억원 미만의 공사로서 동일한 시(특별시 · 광역시 및 특별자치시를 포함한다) · 군에서 행하여지는 동일한 종류의 공사 해당하는 공사

나. 총공사금액이 2억원 미만의 공사로서 공사 현장 간의 직선거리가 20킬로미터 이내인 지역에서 행하여지는 동일한 종류의 공사

다. 이미 시공 중에 있는 공사의 현장에서 새로이 행하여지는 동일한 종류의 공사

라. 총공사금액이 2억원 미만의 공사로서 공사 현장 간의 직선거리가 20킬로미터 이내인 지역에서 행하여지는 다른 종류의 공사

답 라.

[근거 : 정보통신공사업법 제8조]

7. 감리원의 업무범위가 아닌 것은?

가. 공사계획 및 공정표의 검토

나. 공사업자가 작성한 시공상세도면의 검토 · 확인

다. 설계도서와 시공도면의 내용이 현장 조건에 적합한지 여부와 시공가능성 등에 관한 사전검토
라. 공사계획서 작성

답 가. 공사계획서 작성은 시공사 업무이다.
[근거 : 정보통신공사업법시행령 제12조]

8. 감리원의 업무범위가 아닌 것은?
가. 공사가 설계도서 및 관련규정에 적합하게 행하여지고 있는지에 대한 확인
나. 공사 진척부분에 대한 조사 및 검사
다. 현장 기술자의 근무자 수 결정
라. 사용자재의 규격 및 적합성에 관한 검토·확인

답 다. 현장 기술자의 근무자 수 결정 해당 없음.
[근거 : 정보통신공사업법시행령 제12조]

9. 감리원의 업무범위가 아닌 것은?
가. 재해예방대책 및 안전관리의 확인
나. 설계변경에 관한 사항의 검토·확인
다. 하도급에 대한 타당성 검토와 결정
라. 준공도서의 검토 및 준공확인

답 다. 하도급에 대한 타당성 검토만 하고 결정 권한 없음.
[근거 : 정보통신공사업법시행령 제12조]

10. 공사감독관은 ( )의 승인없이 계약상대자의 의무와 책임을 면제시키거나 증감시킬 수 없다.

답 계약담당공무원
[근거 : 공사계약일반조건 제16조]

11. 감리원은 ( )와 관련 규정에 적합하게 공사를 감리하여야 한다.

답 설계도서
[근거 : 정보통신공사업법 제6조]

12. 공사 착공시 착공신고서를 발주기관(감리원)에게 제출 하는 서류가 아닌 것은?
가. 현장기술자지정신고서
나. 공사공정예정표
다. 안전·환경 및 품질관리계획서
라. 공정별 인력 및 장비투입계획서
라. 계약서 사본

답 용역업자
[근거 : 공사계약 일반조건 제17조]

13. 계약담당공무원은 계약상대자로 하여금 월별로 수행한 공사에 대하여 익월 14일까지 발주기관에 제출하는 공정보고 내용이 아닌 것은?
가. 월별 공정율 및 수행공사금액
나. 인력·장비 및 자재구매 계획
다. 계약사항의 변경 및 계약금액의 조정 내용
라. 공정상황을 나타내는 현장사진

답 나. 인력·장비 및 자재현황
[근거 : 공사계약 일반조건 제17조]

14. 설계변경의 조건이 아닌 것은?
가. 설계서의 내용이 불분명하거나 누락·오류 또는 상호 모순되는 점이 있을 경우
나. 공사현장의 상태가 설계서와 다를 경우
다. 새로운 기술·공법사용으로 공사비의 절감 및 시공기간의 단축 등의 효과가 현저할 경우
라. 계약한 자재 가격의 급등이 발생한 경우

답 라.
[근거 : 공사계약일반조건 제19조]

15. 감리결과의 통보를 하는 경우 용역업자는 정보통신공사에 대한 감리를 완료한 때에는 공사가 완료된 날부터 ( )일 이내에 감리결과를 발주자에게 통보하여야 하는가?

답 7일 이내

[근거 : 정보통신공사업법 제8조]

16. 공사에 사용할 자재는 신품이어야 하며 품질·규격 등은 반드시 (　　)와 일치되어야 한다.

답 설계서

[근거 : 공사계약일반조건 제12조]

17. 자재 검사에 대한 설명 중 다른 것은?

가. 계약상대자는 공사자재를 사용하기 전에 공사감독관의 검사를 받아야 하며, 불합격된 자재는 즉시 대체하여 다시 검사를 받아야 한다.

나. 검사에 이의가 있을 경우에 계약상대자는 계약담당공무원에 대하여 재검사를 요청할 수 있으며, 재검사가 필요하다고 인정되는 경우에 계약담당공무원은 지체없이 재검사하도록 조치하여야 한다.

다. 계약담당공무원은 계약상대자로부터 공사에 사용할 자재의 검사를 요청받거나 제3항에 의한 재검사의 요청을 받은 때에는 정당한 이유없이 검사를 지체할 수 없다.

라. 계약상대자가 불합격된 자재를 즉시 이송하지 않거나 대체하지 아니하는 경우에는 계약담당공무원이 일방적으로 불합격 자재를 제거하거나 대체시킬 수 없다.

답 라. 계약상대자가 불합격된 자재를 즉시 이송하지 않거나 대체하지 아니하는 경우에는 계약담당공무원이 일방적으로 불합격 자재를 제거하거나 대체시킬 수 있다.

[근거 : 공사계약일반조건 제12조]

18. 자재 검사에 방법에 대한 설명 중 다른 것은?

가. 계약상대자는 시험 또는 조합이 필요한 자재가 있는 경우 공사감독관의 참여하에 그 시험 또는 조합을 하여야 한다.

나. 수중 또는 지하에 매몰하는 공작물 기타 준공후 외부로부터 검사할 수 없는 공작물의 공사는 공사감독관의 참여하에 시공하여야 한다.

다. 계약상대자가 제1항 내지 제7항이 정한 조건에 위배하거나 또는 설계서에 합치되지 않는 시공을 하였을 때에는 계약담당공무원은 공작물의 대체 또는 개조를 명할 수 있다.

라. 검사를 한 경우에 재검사 결과에서 적합한 자재인 것으로 판명될 경우에는 재검사에 소요된 기간에 대하여는 계약기간을 연장할 수 없다.

답 라. 검사를 한 경우에 재검사 결과에서 적합한 자재인 것으로 판명될 경우에는 재검사에 소요된 기간에 대하여는 계약기간을 연장할 수 있다.

[근거 : 공사계약일반조건 제12조]

19. 정보통신공사현장에 재해예방대책 및 안전관리의 확인을 누가하는가?

답 감리원

[근거 : 정보통신공사업법시행령 제12조]

20. 정보통신기술자를 현장에 상주하게 하여 공사관리를 하여야 하는데 배치 자격 설명이 다른 것은?

가. 도급금액이 6억원 공사는 중급정보통신기술자

나. 도급금액이 5천만원 이상 5억원 미만인 공사는 초급정보통신기술자

다. 도급금액이 5천만원 이하는 초급정보통신기술자

라. 도급금액이 5억원 공사 고급정보통신 기술자

답 다.

[근거 : 정보통신공사업법 제33조]

21. 감리원은 공사업자가 설계도서 및 관련 규정의 내용에 적합하지 아니하게 해당 공사를 시공하는 경우에는 (　　)의 동의를 받아 재시공 또는 공사중지명령이나 그 밖에 필요한 조치를 할 수 있다.

답 발주자

[근거 : 정보통신공사업법 제9조]

22. 공사감독관은 공사의 전부 또는 일부의 이행을 정지시킬 수 있는 경우가 아닌 것은?

가. 공사의 이행이 계약내용과 일치하여도 공정보고가 늦어지는 경우

나. 공사의 전부 또는 일부의 안전을 위하여 공사의 정지가 필요한 경우

다. 발주기관의 필요에 의하여 계약담당공무원이 지시한 경우

라. 응급조치의 경우

답 가. 공사의 이행이 계약내용과 일치하지 아니하는 경우

[근거 : 정보통신공사업법 제8조]

23. 검사에 대한 설명 중 다른 것은?

가. 계약담당공무원은 계약상대자가 계약의 전부 또는 일부를 이행하면 이를 확인하기 위하여 계약서, 설계서, 그 밖의 관계 서류에 의하여 검사하거나 소속 공무원에게 그 사무를 위임하여 필요한 검사를 하게 하여야 한다.

나. 검사하는 자는 검사조서(檢查調書)를 작성하여야 한다.

다. 계약담당공무원은 다른 법령에 따른 품질인증을 받은 물품 또는 품질관리능력을 인증받은 자가 제조한 물품 등 대통령령으로 정하는 물품에 대하여는 다른 항에 따른 검사를 하지 아니할 수 있다.

라. 물품구매계약 또는 물품제조계약의 경우 물품의 특성상 필요한 시험 등의 검사에 드는 비용과 검사로 인하여 생기는 변형, 파손 등의 손상은 계약상대자가 부담한다.

답 다. 계약담당공무원은 다른 법령에 따른 품질인증을 받은 물품 또는 품질관리능력을 인증받은 자가 제조한 물품 등 대통령령으로 정하는 물품에 대하여는 같은 항에 따른 검사를 하지 아니할 수 있다.

[근거 : 정보통신공사업법 제8조]

24. 계약담당공무원은 준공신고의 통지를 받은 날로부터 (　　)일 이내에 계약서, 설계서, 준공신고서 등 관계 서류에 의하여 확인을 위한 검사를 하는가?

답 14일 이내

[근거 : 정보통신공사업법 제8조]

25. 공사업자는 도급받은 공사의 100분의 50을 초과하여 다른 공사업자에게 하도급을 하여서는 아니 되나 공사의 전부를 하도급하지 아니하는 범위에서 100분의 50을 초과하여 하도급할 수 있는 경우가 아닌 것은?

가. 발주자가 공사의 시공상의 능력을 높이기 위하여 필요하다고 인정하는 경우

나. 공사에 사용되는 자재를 납품하는 공사업자가 그 납품한 자재를 설치하기 위하여 공사하는 경우

다. 발주자가 준공 후 유지보수의 품질을 높이기 위하여 필요하다고 인정하는 경우

라. 발주자가 공사의 품질의 능력을 높이기 위하여 필요하다고 인정하는 경우

답 다.

[근거 : 정보통신공사업법 제31조]

제3장 기본설계 및 실시설계 관리업무

3.1 기본설계와 실시설계의 용역 관리

3.1.1 적용 규정

설계공모, 기본설계 등의 시행 및 설계의 경제성 등 검토에 관한 지침[국토교통부 고시 제2018-244호]

3.1.2 설계용역 관리 감독의 근거 규정

국가를 당사자로 하는 계약에 관한 법률 제13조(감독) ① 각 중앙관서의 장 또는 계약담당공무원은 공사, 제조, 용역 등의 계약을 체결한 경우에 그 계약을 적절하게 이행하도록 하기 위하여 필요하다고 인정하면 계약서, 설계서, 그 밖의 관계 서류에 의하여 직접 감독하거나 소속 공무원에게 그 사무를 위임하여 필요한 감독을 하게 하여야 한다. 다만, 대통령령으로 정하는 계약의 경우에는 전문기관을 따로 지정하여 필요한 감독을 하게 할 수 있다.

② 제1항에 따라 감독하는 자는 감독조서(監督調書)를 작성하여야 한다.

3.1.3 제2조(용어의 정의)

이 지침에서 사용하는 용어의 정의는 다음과 같다.

1. "기본설계"라 함은 예비타당성조사, 타당성조사 및 기본계획를 감안하여 시설물의 규모, 배치, 형태, 개략공사방법 및 기간, 개략 공사비 등에 관한 조사, 분석, 비교ㆍ검토를 거쳐 최적안을 선정하고 이를 설계도서로 표현하여 제시하는 설계업무로서 각종사업의 인ㆍ허가를 위한 설계를 포함하며, 설계기준 및 조건 등 실시설계용역에 필요한 기술자료를 작성하는 것을 말한다.
2. "실시설계"라 함은 기본설계의 결과를 토대로 시설물의 규모, 배치, 형태, 공사방법과 기간, 공사비, 유지관리 등에 관하여 세부조사 및 분석, 비교ㆍ검토를 통하여 최적안을 선정하여 시공 및 유지관리에 필요한 설계도서, 도면, 시방

서, 내역서, 구조 및 수리계산서 등을 작성하는 것을 말한다.

12. "용역감독자"라 함은 기본설계 · 실시설계 · 측량 · 조사용역을 발주한 발주기관의 장을 대리하여 용역 전반에 관한 감독업무에 종사할 것을 명받은 자로서 계약자에게 통고한 자를 말한다.
13. "용역업자"라 함은 발주청으로부터 기본설계, 실시설계, 설계감리 용역을 도급받아 설계용역을 수행하는 자를 말한다.

3.2 기본설계 및 실시설계

3.2.1 기본설계의 수행 근거 제22조(기본설계의 내용 등)

① 기본설계는 예비타당성조사, 타당성조사 및 기본계획 결과를 감안하여 다음 각 호의 업무를 수행하는 것을 말한다.

1. 설계 개요 및 법령 등 제기준의 검토
2. 예비타당성조사, 타당성조사 및 기본계획 결과의 검토
3. 공사지역의 문화재 등에 대한 문화재지표조사 및 설계반영 필요성 검토
4. 기본적인 구조물 형식의 비교 · 검토
5. 형식별 적용 공법의 비교 · 검토
6. 기술적 대안 비교 · 검토
7. 대안별 시설물의 규모의 검토
8. 대안별 시설물의 경제성 및 현장적용타당성 검토
9. 시설물의 기능별 배치 검토
10. 개략 공사비 및 공기 산정
11. 측량, 지반, 지장물, 수리, 수문, 지질, 기상, 기후, 용지조사
12. 주요 자재 · 장비 사용성 검토
13. 설계도서 및 개략 공사시방서 작성
14. 설계설명서 및 계산서 작성
15. 관계법령 등의 규정에 따라 기본설계시 검토하여야 할 사항
16. 기타 발주청이 계약서 또는 과업지시서에서 정하는 사항

② 발주청은 기본설계 기간 중 주민 이해당사자 및 관계행정기관의 의견을 미리 청취하여 공사시행과정에서 예상되는 민원을 최소화하여야 한다.

③ 발주청은 기본설계를 시행함에 있어서 예비타당성조사 및 타당성조사에서 정한 총사업비를 감안하여 설계내용이 적절히 관리될 수 있도록 노력하여야 한다.

3.2.2 설계기간의 수행 근거 제23조(설계기간)

① 발주청은 기본설계 및 실시설계(이하 "설계"라 한다) 용역을 시행함에 있어 충분한 설계기간을 부여하여 최적의 설계품질이 확보되도록 하여야 한다.

② 발주청은 설계용역을 발주할 경우 공사의 규모와 특성과 발주청의 여건 등을 감안하여 정하되 공종별 설계 기간을 참고할 수 있다.

3.2.3 설계도서 작성의 수행 근거 제24조(설계도서 작성기준)

① 설계의 설계도서 작성기준은 정부가 정한 "건설공사의 설계도서 작성기준" 에 따른다.

② 발주청은 공사의 특성과 발주청의 필요에 따라 제1항의 규정에 의한 "건설공사의 설계도서 작성기준"과는 별도로 추가 설계도서를 작성하도록 할 수 있다.

③ 모든 도면은 전자화된 형태로 단체표준으로 공고된 "건설CALS/EC 전자도면 작성표준"에 따른다.

3.2.4 실시설계의 수행 근거 제25조(실시설계의 내용)

① 실시설계는 기본설계 결과를 바탕으로 공사 및 시설물의 설치 · 관리 등 관계법령 및 기준 등에 적합하게 시공에 필요한 설계도면 및 시방서 등 설계도서를 작성하는 것으로 다음 각 호의 업무를 수행하는 것을 말한다.

1. 설계 개요 및 법령 등 제기준 검토
2. 기본설계 결과의 검토
3. 형식 결정 및 설계
4. 적용 공법 결정 및 설계
5. 시설물의 기능별 배치 결정
6. 공사비 및 공사기간 산정

7. 조사확인
8. 측량 · 지반 · 지장물 · 수리 · 지질 · 기상 · 기후 · 용지조사
9. 기본공정표 및 상세공정표의 작성
10. 시방서, 물량내역서, 단가규정 및 구조 및 수리계산서 작성
11. 기타 발주청이 계약서 및 과업지시서에서 정하는 사항

② 실시설계의 경우 기본설계를 포함하여 실시설계를 하여야 한다.

3.3 설계관리 감독 업무

3.3.1 용역감독자의 지정의 수행 근거 제27조(용역감독자의 지정)

발주청의 장은 기본설계 · 실시설계 · 측량 · 지반조사 용역을 발주하는 경우 소속 직원으로 하여금 당해 용역의 감독업무를 수행하도록 용역감독자를 지정하여야 한다.

3.3.2 서류 작성·비치의 수행 근거 제28조(작업일지 등의 서류 작성 · 비치)

용역감독자는 다른 법령에 특별한 규정이 있는 경우를 제외하고는 다음 각 호의 서류를 작성 · 비치하여야 한다.

1. 착수보고서
2. 세부시행계획서(분야별 세부공정계획 및 업무흐름도 포함)
3. 분야별 참여기술자 투입계획 및 작업계획서
4. 보안대책 및 보안각서
5. 용역업자가 작성한 작업일지(분야별 참여기술자의 명부 포함)
6. 용역업자가 작성한 공정보고서
7. 기타 설계용역의 관리에 필요한 서류 및 도표

3.3.3 용역감독자의 임무의 수행 방법 제29조(용역감독자의 임무)

① 용역감독자와 설계감리원(이하 “용역감독자 등”이라 한다)은 용역계약서, 과업지시서, 예정공정표, 도급내역서 등에 따라 용역과업이 적합하게 수행되도록 성실한 자세로 임하여야 하며, 다음 각 호의 임무를 수행하여야 한다.

1. 용역계약자 또는 책임기술자가 용역계약서 및 용역과업지시서 등에 따라 과업을 수행하고 있는지 여부의 확인 및 발주청장에게 보고
2. 참여기술자의 관리 및 이동상황 점검
3. 보안실태의 점검
4. 관련규정에 의한 명령 또는 지시의 이행사항 점검
5. 용역과업수행과 관련하여 발주청이 보유하고 있는 정보와 자료를 계약자에게 제공
6. 공정계획에 따라 용역 추진상황 점검 및 부진시 만회대책 수립 · 조치
7. 기타 용역계약 내용의 원활한 수행을 위한 관계기관 협의, 민원 등 업무
8. 용역업자가 제출한 도면이 "건설CALS/EC 전자도면 작성표준"에 따라 성과품을 작성 · 납품하는지 확인.

② 용역감독자는 제1항의 각 호의 항목을 점검 확인하고, 미비시 발주기관의 장에게 보고하고 관계법령에 따라 조치하여야 한다.

③ 용역감독자는 임의로 설계를 변경시키거나 기일 연장 등 용역계약조건과 다른 지시나 결정을 하여서는 아니된다.

④ 용역감독자는 용역 추진상황에 대하여 설계업자가 작성한 작업일지를 확인하여야 한다.

⑤ 용역감독자로서의 품위를 유지하여야 한다.

3.3.4 설계변경의 수행 근거 제30조(설계변경 등)

용역감독자는 설계변경시에 다음 각 호의 조치를 취하여야 한다.

1. 설계시행과정에서 주요 설계과업내용에 대한 변경없이 경미한 설계변경사항이 발생한 경우에는, 변경사항 등에 대한 타당성 여부를 면밀히 검토하여 타당한 경우, 변경으로 인한 전체 용역비의 증감이 균형을 이루는 범위내에서 우선 과업 변경하도록 지시하고 발주기관의 장에게 서면보고 하여야 한다.
2. 주요 설계과업의 변경이 필요한 경우에는 그 사유와 의견을 첨부하여 발주기관의 장에게 서면보고하고 승인을 얻은 후 변경토록 하여야 한다.
3. 용역업자로부터 설계변경에 필요한 내역서 등 관계자료를 제출받아 설계변경도서를 작성하여 발주기관의 장에게 제출하여야 한다.
4. 용역감독자는 용역업자로 하여금 계약서 및 과업지시서에서 규정하는 과업범

위를 초과하는 추가과업을 지시하는 경우 필요한 예산을 확보하여 반드시 추가과업에 따른 비용을 지급하여야 한다.

5. 용역감독자는 적절한 설계변경없이 과업지시서에서 규정하는 과업범위를 벗어난 작업을 용역업자에게 요구하여서는 아니되며 임의로 설계를 변경시키거나 공기연장 등 용역계약조건과 다른 지시나 결정을 하지 않아야 한다.
6. 용역감독자는 설계의 경제성 등 검토에 관한 시행지침에 따라 설계경제성 검토를 하여야 하며, 이를 시행하기 위하여 필요한 조치를 하여야 한다.

3.3.5 과업수행계획서의 검토의 수행 근거 제31조(과업수행계획서의 검토)

① 용역감독자는 용역착수전 용역업자로부터 다음 각 호의 사항을 포함한 과업수행계획서를 제출받아 검토하고 설계진행과정에서 과업수행계획서의 이행여부를 점검하여야 하며 문제가 있다고 판단될 경우에는 발주기관의 장에게 서면으로 보고하고 그 대책을 강구하여야 한다.

1. 착수보고서
2. 세부시행계획서(분야별 세부공정계획 및 업무흐름도 포함)
3. 용역업자가 용역업자의 선정을 위한 사업수행능력평가시 작성하여 제출한 참여기술자의 투입계획
4. 분야별 참여기술자 투입계획 및 작업계획서
5. 기술제안서
6. 보안대책 및 보안각서
7. 기타 설계에 관한 사항 등을 포함

② 제1항제1호의 규정에 의한 착수보고서를 제출할 때에는 나음 각 호의 서류를 첨부하여야 한다.

1. 책임기술자의 선임계(이력서, 기술자격증 사본 첨부)와 필요한 경우 분야별 책임기술자의 선임계 포함
2. 예정공정표(단순 용역에서는 세부시행계획서로 대체)
3. 내역서
4. 기타 법령이나 용역과업에서 제출하도록 한 사항

3.3.6 조사시험의 수행 근거 제32조(현지확인 점검 및 조사시험)

① 용역감독자 등은 계약자가 다음 각 호에 해당하는 과업을 수행할 때에는 현지 확인 및 점검계획서를 작성하여 발주청에 보고한 후 동 계획서에 따라 현지 확인 및 점검을 실시하고 그 결과를 계약자의 작업일지(과업수행)에 기록 · 서명날인 하여야 한다.

1. 조사, 재재의 선정 및 선정시험용 시료의 채취
2. 주요 시설물 위치의 선정
3. 주요 기준점 선정
4. 공사시행과 관련된 신고 또는 인 · 허가 등을 위한 관계기관과의 사전협의
5. 기타 용역수행에 필요한 사항

② 용역감독자 등은 KS 기준 및 과업지시서에 시험방법이 명시되지 않은 조사 및 시험의 실시가 필요할 경우 그 조사 및 시험방법 등에 관하여 책임기술자로 부터 자료를 받아 사전에 검토하고 문제가 있다고 판단될 경우에는 발주기관의 장에게 서면으로 보고하여 그 대책을 강구하여야 한다.

③ 용역감독자 등은 용역과업에 의하여 시행하는 조사 및 시험은 관계법령의 규정에 의하여 시험을 실시할 수 있는 자격이 있는 자에게 시행하도록 하여야 한다.

3.3.7 작업일지 기록의 수행 근거 제33조(지시사항 처리 및 작업일지 기록)

① 용역감독자 등은 용역과업의 수행에 관하여 발주청으로부터 명령을 받았을 때는 명령부에 기록하고 그 시행결과를 보고하여야 하며, 그 명령에 대한 시행에 문제가 있을 경우에는 의견을 제시할 수 있다.

② 용역감독자 등은 용역업무 수행에 관하여 사업책임기술자 또는 분야별 책임기술자에게 지시한 경우에는 그 지시내용을 기록하고 그 이행여부를 확인하여야 한다.

③ 용역감독자 등은 책임기술자로 하여금 기술자 투입현황 및 현장조사는 매일, 그 외의 과업은 각 과업의 특성에 따라 일정기간을 설정하여 작업일지에 작성하도록 하여야 한다.

④ 용역감독자 등은 제3항의 규정에 의하여 작성된 작업일지를 필요한 때에는 수시로 점검하고, 임무를 완료한 때에는 이를 제출받아야 한다.

3.3.8 품질관리 지도·감독의 수행 근거 제34조(품질관리 지도 · 감독)

① 용역감독자는 설계 진행상황을 검사함에 있어서 과업지시서 및 과업수행계획서 등 계약문서에 따라 설계의 품질이 관리될 수 있도록 용역업자의 품질관리여부를 지도 · 감독하고, 시험 및 검사결과를 기록 · 비치하게 하여야 한다.

② 용역감독자는 설계의 품질향상, 경제성 제고 및 효율적 공사수행을 위하여 용역업자로 하여금 설계 착수전 설계기준 · 표준시방서 · 관련 법령 등 제기준 · 유사설계사례 등 설계입력자료를 제출받아 관리하여야 하며 설계입력자료에 따라 설계된 설계출력자료를 제출하도록 하여 이를 용역성과품과 함께 별도로 관리하여야 한다.

3.3.9 용역 관리 제35조(용역 관리 등)

용역감독자는 다음의 사항이 발생한 경우에는 필요한 응급조치를 취한 후에 상세한 경위를 발주기관의 장에게 보고하여야 한다.

1. 천재 · 지변 또는 기타의 사유로 설계수행이 불가능한 때
2. 참여기술자가 계속하여 설계업무에 참여하지 아니한 때
3. 용역업자가 정당한 사유없이 설계를 중단한 때
4. 용역업자가 불성실하게 설계를 시행하거나 정당한 지시에 응하지 아니한 때

3.3.10 제출서류 보고의 수행 근거 제36조(제출서류의 검토 및 보고)

① 용역감독자 등은 계약자가 발주청에 제출하는 다음 각 호의 문서를 검토하고 필요하다고 판단되는 경우에는 의견을 첨부하여야 한다.

1. 착수보고서
2. 세부시행계획서(분야별 세부공정계획 및 업무흐름도 포함)
3. 분야별 참여기술자 투입계획 및 작업계획서
4. 용역기성부분 검사원
5. 준공기한 연기원
6. 준공검사원
7. 공정 보고서
8. 기타 용역과업의 수행중 필요한 보고 또는 신청

② 용역감독자 등은 그 임무가 완료될 때에는 서류를 정리하여 발주청에 보고하여야 한다.

3.3.11 각종보고의 수행 근거 제37조(각종보고)

① 용역과업을 수행중에 계약자의 요청 또는 용역감독자의 판단에 따라 용역과업의 중요내용에 대하여 발주기관장의 사전 의사결정이 필요할 때에는 발주청에 그 필요성을 보고하여 대책을 강구하여야 한다.

② 용역감독자 등은 다음 각 호의 사항에 대하여 매월 말일 현재의 진행상황을 다음달 7일까지 발주청에 보고하여야 한다.

1. 공정계획 및 실적
2. 참여건설기술자(분야별) 투입현황
3. 시험실적
4. 기타 필요한 사항

③ 용역감독자 등은 과업을 수행하는 과정에서 설계변경이 필요한 경우에는 극히 경미한 사항 외에는 책임기술자의 의견을 붙여 발주청에 보고한 후 필요한 조치를 하여야 한다.

④ 착수, 중간, 완료 보고회 개최

1. 착수보고회 개최 : 용역감독자는 설계용역 착수전 용역업자와 일정을 협의하여 착수보고회를 개최 하고 발주기관장, 해당 부서장, 사업에 관련되는 모든 담당자를 소집하여 본 사업에 관련한 설계 방향을 협의하고 의견을 모아 사업이 성공될 수 있도록 착수보고회를 실시한다.
2. 중간보고회 개최 : 용역감독자는 설계용역 시행 중간에 용역업자와 일정을 협의하여 중간보고회를 개최 하고 발주기관장, 해당 부서장, 사업에 관련되는 모든 담당자를 소집하여 현재까지 설계를 시행한 중간 실적을 중심으로 본 사업에 관련한 추가 및 보완 할 분야를 협의하고 의견을 모아 사업이 성공 될 수 있도록 중간보고회를 실시한다.
3. 완료보고회 개최의 수행 근거(용역과업지시서) : 용역감독자는 설계용역 완료전 용역업자와 일정을 협의하여 완료보고회를 개최 하고 발주기관장, 해당 부서장 등 사업에 관련되는 모든 담당자를 소집하여 설계결과 시공과 운영에 필요한 내용을 모두 반영이 되었는지 검토와 확인을 하고 전문가의 자문을 실시하는 등 최종 완료보고회를 실시한다.

3.3.12 참여기술자 관리의 수행 근거 제39조(참여기술자 관리 등)

① 용역감독자는 용역에 참여하는 기술자 등이 다음 각 호의 1에 해당하여 당해 설계업무에 적절치 않다고 인정되는 경우에는 발주기관의 장에게 실정을 보고하여 교체여부에 대한 방침을 받은 후 교체를 요구하고 관계법령에 따라 필요한 조치를 취하여야 한다.

1. 참여기술자가 관련법규를 위반하였을 때
2. 참여기술자가 사전승낙을 얻지 아니하고 정당한 사유없이 당해 용역에 참여하지 아니할 때
3. 참여기숟자의 고의 또는 과실로 인하여 설계를 조잡하게 수행 또는 부실설계를 하였을 때
4. 참여건설기술자가 계약에 따른 설계능력 및 기술이 부족하다고 인정되거나 정당한 사유없이 기성공정이 현격히 미달할 때
5. 참여기술자의 기술능력이 부족하여 설계시행에 차질을 초래하거나 용역감독자의 정당한 지시에 응하지 아니한 때
6. 기타 당해 용역 참여기술자가 질병, 사망, 퇴직 등의 개인적인 사유로 정상적인 업무수행이 어려울 경우

② 용역감독자 등은 책임기술자가 일정기간 과업을 수행할 수 없는 사유가 있는 경우에는 그 기간 동안 대리인을 지정하여 그 과업을 수행하게 할 수 있다.

③ 제2항의 규정에 의한 교체 또는 지정시에는 사전에 발주청에 그 사유를 보고하여야 한다.

④ 업체선정 평가대상인 책임기술자 및 분야별 책임기술자의 교체에 대하여는 당해 용역수행의 적정성 등을 감안하여 적용하여야 한다.

3.3.13 용역참여자의 명시의 근거 제40조(용역참여자의 명시)

용역감독자 등은 용역에 참여한 기술자 등의 성명, 담당업무와 기간에 관한 사항을 분야별 참여기술자 명단에 수록하고 용역보고서 후면에 붙여야 한다.

3.3.14 설계도면 전산화의 근거 제41조(설계도면등의 전산화 활용 등)

① 발주청은 공사의 생산성 향상을 위하여 설계도면, 시방서 등 설계용역 성과품

을 전산자료화하고 인터넷 홈페이지 등을 이용하여 공사발주시 시공업자와 책임감리원 등이 활용할 수 있도록 하여야 한다.

② 제1항의 규정에 의한 인터넷홈페이지에 게재하는 설계성과품은 다음 각 호와 같다.

1. 설계도면
2. 시방서
3. 구조계산서, 수리계산서, 보링 등 지반조사 결과
4. 기타 공사의 생산성 향상을 위하여 발주청이 필요하다고 판단하여 정하는 사항

③ 발주청은 제1항에 의한 인터넷 홈페이지 제작 및 운영에 소요되는 비용을 미리 확보하여야 한다.

④ 제1항의 규정에 의한 설계성과품의 활용을 위한 인터넷 홈페이지 운영하는 경우 적절한 보안대책을 수립하여야 한다.

3.3.15 용역업자의 시정 요청의 근거 제42조(설계자의 시정 요청)

용역업자는 용역감독자가 다음의 각 호의 1에 해당하는 경우 서면으로 발주청의 장에게 이의 시정을 요청할 수 있다.

1. 용역감독자가 설계과업 범위 이외의 부당한 업무를 지시할 때
2. 용역감독자가 정당한 사유없이 건설기술자의 교체를 요구할 때
3. 용역감독자가 정당한 사유없이 용역업무를 지연시킬 때

3.3.16 용역의 준공의 근거 제43조(용역의 준공)

용역감독자는 용역이 준공된 때에는 다음 각 호의 사항을 조치하여야 한다.

1. 준공검사전에 충분한 기간을 두고 용역성과를 정밀히 확인·점검하여 지적사항을 미리 시정조치하도록 하고 계약만료 30일 전에 예비준공검사를 신청하도록 하여야 한다. 단, 용역기간이 100일 이하일 경우에는 계약만료 15일 전, 60일 이하일 경우에는 계약만료 7일 전에 예비준공검사를 신청할 수 있다
2. 설계자가 제출한 준공검사원을 검토하여 계약대로 완료되었는지 여부를 확인하고 감독조서를 첨부하여 발주기관의 장에게 접수되도록 하여야 한다.
3. 준공보고서 및 정산설계도서 등을 검토·확인하고 설계용역 목적물이 발주기관의 장에게 차질없이 인계될 수 있도록 하여야 한다.

4. 용역감독자는 그 임무가 완료된 때에는 계약서 및 과업지시서에 의한 성과품과 제34조제2항의 규정에 의한 설계입력자료 및 설계출력자료를 발주기관의 장에게 제출하여야 한다야 한다.

3.3.17 검사 관련 법률

용역감독자는 용역 준공검사원을 확인을 하고 준공검사를 실시하여야 하며 국가를 당사자로 하는 계약에 관한 법률 제14조(검사) ① 각 중앙관서의 장 또는 계약담당공무원은 계약상대자가 계약의 전부 또는 일부를 이행하면 이를 확인하기 위하여 계약서, 설계서, 그 밖의 관계 서류에 의하여 검사하거나 소속 공무원에게 그 사무를 위임하여 필요한 검사를 하게 하여야 한다. 다만, 대통령령으로 정하는 계약의 경우에는 전문기관을 따로 지정하여 필요한 검사를 하게 할 수 있다.

② 제1항에 따라 검사하는 자는 검사조서(檢査調書)를 작성하여야 한다. 다만, 대통령령으로 정하는 경우에는 검사조서의 작성을 생략할 수 있다.

연 | 습 | 문 | 제

1. 기술적 대안 비교·검토 대안별 시설물의 규모의 검토, 대안별 시설물의 경제성 및 현장적용타당성 검토, 시설물의 기능별 배치 검토, 개략 공사비 및 공기 산정하는 업무수행 과정을 (　　)설계라 한다.

답 기본설계

[근거 : 기본설계 등의 시행에 관한 지침 제22조]

2. 예비타당성조사, 타당성조사 및 기본계획를 감안하여 시설물의 규모, 배치, 형태, 개략공사방법 및 기간, 개략 공시비 등에 관한 조사, 분석, 비교·검토를 거쳐 최적안을 선정하고 이를 설계도서로 표현하여 제시하는 설계업무로서 각종사업의 인·허가를 위한 설계를 포함하며, 설계기준 및 조건 등 실시설계용역에 필요한 기술자료를 작성하는 것을 (　　)설계라 한다.

답 기본설계

[근거 : 기본설계 등의 시행에 관한 지침 제2조]

3. 기본설계의 결과를 토대로 시설물의 규모, 배치, 형태, 공사방법과 기간, 공사비, 유지관리 등에 관하여 세부조사 및 분석, 비교·검토를 통하여 최적안을 선정하여 시공 및 유지관리에 필요한 설계도서, 도면, 시방서, 내역서, 구조 및 수리계산서 등을 작성하는 업무수행 과정을 (　　)설계라 한다.

답 실시설계

[근거 : 기본설계 등의 시행에 관한 지침 제2조]

4. 적용 공법 결정 및 설계, 시설물의 기능별 배치 결정, 공사비 및 공사기간 산정 시방서, 물량내역서, 단가규정 및 구조 및 수리계산서 작성업무 수행 과정을(　　) 설계라 한다.

답 실시설계

[근거 : 기본설계 등의 시행에 관한 지침 제25조]

5. 착수보고서, 세부시행계획서, 분야별 참여기술자 투입계획 및 작업계획서, 기술제안서를 제출 받아 과업수행계획서의 검토하는 담당자를 (　　)자라고 한다.

답 용역감독자

[근거 : 기본설계 등의 시행에 관한 지침 제31조]

6. 용역감독자가 필요한 응급조치를 취한 후에 상세한 경위를 발주기관의 장에게 보고하는 내용이 아닌 것은?

가. 천재 · 지변 또는 기타의 사유로 설계수행이 불가능한 때

나. 참여기술자가 1일 설계업무에 참여하지 아니한 때

다. 용역업자가 정당한 사유없이 설계를 중단한 때

라. 용역업자가 불성실하게 설계를 시행하거나 정당한 지시에 응하지 아니한 때

답 나. 참여기술자가 계속하여 설계업무에 참여하지 아니한 때

[근거 : 기본설계 등의 시행에 관한 지침 제35조]

7. 용역감독자는 용역 준공검사전에 충분한 기간을 두고 용역성과를 정밀히 확인·점검하여 지적사항을 미리 시정조치하도록 하고 계약만료 (　　)일 전에 예비준공검사를 신청하도록 하여야 한다.

답 30일 전

[근거 : 기본설계 등의 시행에 관한 지침 제43조]

8. 용역업자가 제출한 준공검사원을 검토하여 계약대로 완료되었는지 여부를 확인하고 (   )를 첨부하여 발주기관의 장에게 접수되도록 하여야 한다.

답 감독조서

[근거 : 기본설계 등의 시행에 관한 지침 제43조]

9. 용역감독자 분야별 참여기술자 투입계획 및 작업계획서, 용역기성부분 검사원, 준공기한 연기원, 준공검사원, 공정 보고서 등 용역감독자 등은 계약자가 발주청에 제출하는 문서를 검토하고 필요하다고 판단되는 경우에는 (   )을 첨부하여 보고하는가?

답 의견

[근거 : 기본설계 등의 시행에 관한 지침 제36조]

10. 용역감독자 품질관리 지도·감독에 대한 설명 중 다른 것은?

가. 설계 진행상황을 검사함에 있어서 과업지시서 및 과업수행계획서 등 계약문서에 따라 설계의 품질이 관리될 수 있도록 한다.

나. 설계의 품질향상, 경제성 제고 및 효율적 공사수행을 위하여 설계자로 하여금 설계 착수후 설계기준 · 표준시방서 · 관련 법령 등 제기준 · 유사설계사례 등 설계입력자료를 제출받아 관리한다.

다. 설계입력자료에 따라 설계된 설계출력자료를 설계회사가 관리하도록 한다.

라. 설계자의 품질관리여부를 지도 · 감독하고, 시험 및 검사결과를 기록 · 비치하게 하여야 한다.

답 다. 감독자가 설계입력자료에 따라 설계된 설계출력자료를 제출하도록 하여 이를 용역성과품과 함께 별도로 관리하여야 한다.

[근거 : 기본설계 등의 시행에 관한 지침 제34조]

11. 용역감독자는 설계참여기술자가 당해 설계업무에 적절치 않다고 인정되어 발주청의 장에게 실정보고 조치를 할 사항이 아닌 것은?

가. 참여기술자가 사전승낙을 얻지 아니하고 정당한 사유없이 당해 용역에 참여하지 아니할 때

나. 참여기술자가 정당한 사유로 기성공정이 미달할 때

다. 설계시행에 차질을 초래하거나 용역감독자의 정당한 지시에 응하지 아니한 때

라. 참여기술자가 개인적인 사유로 정상적인 업무수행이 어려울 경우

답 참여기술자가 정당한 사유 없이 기성공정이 현격히 미달할 때

[근거 : 기본설계 등의 시행에 관한 지침 제39조]

12. 용역감독자는 그 임무가 완료된 때에는 계약서 및 (   )에 의한 성과품과 설계입력자료 및 설계출력자료를 발주기관의 장에게 제출하여야 하는가?

답 과업지시서

[근거 : 기본설계 등의 시행에 관한 지침 제43조]

참고 자료

1. 전기통신기본법[법률 제14839호]
2. 방송통신발전기본법[법률 제14839호]
3. 전기통신사업법[법률 제14576호]
4. 정보통신공사업법[법률 제15375호]
5. 정보통신 진흥 및 융합 활성화 등에 관한 특별법
6. 방송통신설비의 기술기준에 관한 규정[대통령령 제28210호]
7. 접지설비 · 구내통신설비 · 선로설비 및 통신공동구등에 대한 기술기준[국립전파연구원고시 제2017-13호]
8. 지능형 홈네트워크 설비 설치 및 기술기준[과학기술정보통신부고시 제2017-7호]
9. 방송통신설비의 안전성 · 신뢰성 및 통신규약에 대한 기술기준[국립전파연구원고시 제2016-5호]
10. 설계공모, 기본설계 등의 시행 및 설계의 경제성 등 검토에 관한 지침[국토교통부고시 제2018-244호]
11. 공사계약일반조건[기획재정부 계약 예규]
12. 국가를 당사자로 하는 계약에 관한 법률[법률 제15219호]
13. 정보통신감리 수행지침[2006 한국엔지니어링협회 발간]
14. 정보통신감리실무[채해수 2015 상학당]
15. 정보통신설비설계공사실무[채해수 2015 상학당]
16. 방송통신설비기술기준이해[채해수 2015 상학당]

‖‖ 저자약력 ‖‖

1. 대한민국산업현장교수(노동부장관 위촉, 현재)
2. ICT폴리텍대학 산학협력단 외래교수(현재)
3. 방송통신설비기술기준, 구내통신설비기술기준 연구검토위원(현재)
4. 한국정보통신감리협회 전문위원(현재)
5. 대한민국신지식인 선정(행정자치부장관)
6. 지방행정의 달인 선정(행정안전부장관)
7. 국가직무능력표준(NCS) 구내통신구축계획 공동집필(2015)
8. 국가직무능력표준(NCS) 무선통신시스템구축 공동집필(2018)
9. 고려사이버대학교 외래교수(2013～2017)
10. 숭실사이버대학교 외래교수(2010～2013)
11. 영진전문대학 외래교수(2001～2005)
12. (전)대구광역시 방송통신기술직 공무원
13. 저자 홈페이지 : www.smartcityro.com(스마트시티로)

[저 서]

1. 정보통신감리실무[상학당]
2. 정보통신설비설계 공사실무[상학당]
3. 방송통신설비기술기준 이해[상학당]
4. 정보통신장비구축 운영실무[상학당]
5. 정보통신설비설계 해설[상학당]
6. 유비쿼터스 무선통신시스템 기술기준[상학당]
7. 정보통신설비 기술기준[상학당]

정보통신설비기준 · 선로설비기준 이해

2018년 8월 25일 1판 1쇄 발행

저 자 채 해 수

발행인 남 승 우

발행처 도서출판 상尙 학學 당堂

서울시 동작구 사당로9가길 6(사당동)

TEL : 02) 595-1692~4

FAX : 02) 595-1394

E-mail : namdoo6@unitel.co.kr

신고 : 2-155호 (1968. 11. 29)

정가 24,000원

ISBN 978-89-6587-171-2 93560

〈디자인〉 편집 엄해숙 / 표지 나아기획